崧燁文化

曹永忠、許智誠、蔡英德 著

工業基本控制程式設計(手機APP控制篇)

An APP to Control the Relay Device based on Automatic Control (Industry 4.0 Series)

自序

工業 4.0 系列的書是我出版至今七年多，出書量也破百本大關，當初出版電子書是希望能夠在教育界開一門 Maker 自造者相關的課程，沒想到一寫就已過 4 年，繁簡體加起來的出版數也已也破百本的量，這些書都是我學習當一個 Maker 累積下來的成果。

這本書可以說是我的書另一個里程碑，很久以前，這個系列開始以駭客的觀點為主，希望 Maker 可以擁有駭客的觀點、技術、能力，駭入每一個產品設計思維，並且成功的重製、開發、超越原有的產品設計，這才是一位對社會有貢獻的『駭客』。

如許多學習程式設計的學子，為了最新的科技潮流，使用著最新的科技工具與軟體元件，當他們面對許多原有的軟體元件沒有支持的需求或軟體架構下沒有直接直持的開發工具，此時就產生了莫大的開發瓶頸，這些都是為了追求最新的科技技術而忘卻了學習原有基礎科技訓練所致。

筆著鑒於這樣的困境，思考著『如何駭入眾人現有知識寶庫轉換為我的知識』的思維，如果我們可以駭入產品結構與設計思維，那麼了解產品的機構運作原理與方法就不是一件難事了。更進一步我們可以將原有產品改造、升級、創新，並可以將學習到的技術運用其他技術或新技術領域，透過這樣學習思維與方法，可以更快速的掌握研發與製造的核心技術，相信這樣的學習方式，會比起在已建構好的開發模組或學習套件中學習某個新技術或原理，來的更踏實的多。

目前許多學子在學習程式設計之時，恐怕最不能了解的問題是，我為何要寫九九乘法表、為何要寫遞迴程式，為何要寫成函式型式…等等疑問，只因為在學校的學子，學習程式是為了可以了解『撰寫程式』的邏輯，並訓練且建立如何運用程式邏輯的能力，解譯現實中面對的問題。然而現實中的問題往往太過於複雜，授課的老師無法有多餘的時間與資源去解釋現實中複雜問題，期望能將現實中複雜問題淬鍊成邏輯上的思路，加以訓練學生其解題思路，但是眾多學子宥於現實問題的困惑，無法單純用純粹的解題思路來進行學習與訓練，反而以現實中的複雜來反駁老師教學太過學理，沒有實務上的應用為由，拒絕深入學習，這樣的情形，反而自己造成了學習上的障礙。

本系列的書籍，針對目前學習上的盲點，希望讀者當一位產品駭客，將現有產品的產品透過逆向工程的手法，進而了解核心控制系統之軟硬體，再透過簡單易學的 Arduino 單晶片與 C 語言，重新開發出原有產品，進而改進、加強、創新其原有產品固有思維與架構。如此一來，因為學子們進行『重新開發產品』過程之中，可以很有把握的了解自己正在進行什麼，對於學習過程之中，透過實務需求導引著開發過程，可以讓學子們讓實務產出與邏輯化思考產生關連，如此可以一掃過去陰霾，更踏實的進行學習。

這七年多以來的經驗分享，逐漸在這群學子身上看到發芽，開始成長，覺得 Maker 的教育方式，極有可能在未來成為教育的主流，相信我每日、每月、每年不斷的努力之下，未來 Maker 的教育、推廣、普及、成熟將指日可待。

最後，請大家可以加入 Maker 的 Open Knowledge 的行列。

曹永忠 於貓咪樂園

自序

記得自己在大學資訊工程系修習電子電路實驗的時候,自己對於設計與製作電路板是一點興趣也沒有,然後又沒有天分,所以那是苦不堪言的一堂課,還好當年有我同組的好同學,努力的照顧我,命令我做這做那,我不會的他就自己做,如此讓我解決了資訊工程學系課程中,我最不擅長的課。

當時資訊工程學系對於設計電子電路課程,大多數都是專攻軟體的學生去修習時,系上的用意應該是要大家軟硬兼修,尤其是在台灣這個大部分是硬體為主的產業環境,但是對於一個軟體設計,但是缺乏硬體專業訓練,或是對於眾多機械機構與機電整合原理不太有概念的人,在理解現代的許多機電整合設計時,學習上都會有很多的困擾與障礙,因為專精於軟體設計的人,不一定能很容易就懂機電控制設計與機電整合。懂得機電控制的人,也不一定知道軟體該如何運作,不同的機電控制或是軟體開發常常都會有不同的解決方法。

除非您很有各方面的天賦,或是在學校巧遇名師教導,否則通常不太容易能在機電控制與機電整合這方面自我學習,進而成為專業人員。

而自從有了 Arduino 這個平台後,上述的困擾就大部分迎刃而解了,因為 Arduino 這個平台讓你可以以不變應萬變,用一致性的平台,來做很多機電控制、機電整合學習,進而將軟體開發整合到機構設計之中,在這個機械、電子、電機、資訊、工程等整合領域,不失為一個很大的福音,尤其在創意掛帥的年代,能夠自己創新想法,從 Original Idea 到產品開發與整合能夠自己獨立完整設計出來,自己就能夠更容易完全了解與掌握核心技術與產業技術,整個開發過程必定可以提供思維上與實務上更多的收穫。

Arduino 平台引進台灣自今,雖然越來越多的書籍出版,但是從設計、開發、製作出一個完整產品並解析產品設計思維,這樣產品開發的書籍仍然鮮見,尤其是能夠從頭到尾,利用範例與理論解釋並重,完完整整的解說如何用 Arduino 設計出一個完整產品,介紹開發過程中,機電控制與軟體整合相關技術與範例,如此的書籍更是付之闕如。永忠、英德兄與敝人計畫撰寫 Maker 系列，就是基於這樣對市場需要的觀察，開發出這樣的書籍。

作者出版了許多的 Arduino 系列的書籍，深深覺的，基礎乃是最根本的實力，所以回到最基礎的地方，希望透過最基本的程式設計教學，來提供眾多的 Makers 在入門 Arduino 時，如何開始，如何攥寫自己的程式，進而介紹不同的週邊模組，主要的目的是希望學子可以學到如何使用這些週邊模組來設計程式，期望在未來產品開發時，可以更得心應手的使用這些週邊模組與感測器，更快將自己的想法實現，希望讀者可以了解與學習到作者寫書的初衷。

許智誠　於中壢雙連坡中央大學 管理學院

自序

隨著資通技術(ICT)的進步與普及，取得資料不僅方便快速，傳播資訊的管道也多樣化與便利。然而，在網路搜尋到的資料卻越來越巨量，如何將在眾多的資料之中篩選出正確的資訊，進而萃取出您要的知識？如何獲得同時具廣度與深度的知識？如何一次就獲得最正確的知識？相信這些都是大家共同思考的問題。

為了解決這些困惱大家的問題，永忠、智誠兄與敝人計畫製作一系列「Maker系列」書籍來傳遞兼具廣度與深度的軟體開發知識，希望讀者能利用這些書籍迅速掌握正確知識。首先規劃「以一個 Maker 的觀點，找尋所有可用資源並整合相關技術，透過創意與逆向工程的技法進行設計與開發」的系列書籍，運用現有的產品或零件，透過駭入產品的逆向工程的手法，拆解後並重製其控制核心，並使用 Arduino 相關技術進行產品設計與開發等過程，讓電子、機械、電機、控制、軟體、工程進行跨領域的整合。

近年來 Arduino 異軍突起，在許多大學，甚至高中職、國中，甚至許多出社會的工程達人，都以 Arduino 為單晶片控制裝置，整合許多感測器、馬達、動力機構、手機、平板...等，開發出許多具創意的互動產品與數位藝術。由於 Arduino 的簡單、易用、價格合理、資源眾多，許多大專院校及社團都推出相關課程與研習機會來學習與推廣。

以往介紹 ICT 技術的書籍大部份以理論開始、為了深化開發與專業技術，往往忘記這些產品產品開發背後所需要的背景、動機、需求、環境因素等，讓讀者在學習之間，不容易了解當初開發這些產品的原始創意與想法，基於這樣的原因，一般人學起來特別感到吃力與迷惘。

本書為了讀者能夠深入了解產品開發的背景，本系列整合 Maker 自造者的觀念與創意發想，深入產品技術核心，進而開發產品，只要讀者跟著本書一步一步研習與實作，在完成之際，回頭思考，就很容易了解開發產品的整體思維。透過這樣的思路，讀者就可以輕易地轉移學習經驗至其他相關的產品實作上。

所以本書是能夠自修的書，讀完後不僅能依據書本的實作說明準備材料來製作，盡情享受 DIY(Do It Yourself)的樂趣，還能了解其原理並推展至其他應用。有興趣的讀者可再利用書後的參考文獻繼續研讀相關資料。

本書的發行有新的創舉，就是以電子書型式發行，在國家圖書館(http://www.ncl.edu.tw/)、國立公共資訊圖書館 National Library of Public Information(http://www.nlpi.edu.tw/)、台灣雲端圖庫(http://www.ebookservice.tw/)等都可以免費借閱與閱讀，如要購買的讀者也可以到許多電子書網路商城、Google Books 與 Google Play 都可以購買之後下載與閱讀。希望讀者能珍惜機會閱讀及學習，繼續將知識與資訊傳播出去，讓有興趣的眾人都受益。希望這個拋磚引玉的舉動能讓更多人響應與跟進，一起共襄盛舉。

本書可能還有不盡完美之處，非常歡迎您的指教與建議。近期還將推出其他 Arduino 相關應用與實作的書籍，敬請期待。

最後，請您立刻行動翻書閱讀。

蔡英德 於台中沙鹿靜宜大學主顧樓

目 錄

工業 4.0 系列

本書是『工業 4.0 系列』介紹手機應用程式來控制工業裝置的書籍，書名為『工業基本控制程式設計(手機 APP 控制篇)』，主要是運用手機應用程式與藍芽通訊，轉接到 RS485 與 Modbus RTU 的通訊協定，整合的專書，是筆者針對工業上的應用為主軸，進行開發產業上控制電力設備的應用，主要是給讀者熟悉使用 Arduino 來開發物聯網之各樣產品之原型(ProtoTyping)，進而介紹這些產品衍伸出來的技術、程式攥寫技巧，以漸進式的方法介紹、使用方式、電路連接範例等等。

Arduino 開發板最強大的不只是它的簡單易學的開發工具，最強大的是它網路功能與簡單易學的模組函式庫，幾乎 Maker 想到應用於物聯網開發的東西，可以透過眾多的周邊模組，都可以輕易的將想要完成的東西用堆積木的方式快速建立，而且價格比原廠 Arduino Yun 或 Arduino + Wifi Shield 更具優勢，最強大的是這些周邊模組對應的函式庫，瑞昱科技有專職的研發人員不斷的支持，讓 Maker 不需要具有深厚的電子、電機與電路能力，就可以輕易駕御這些模組。

所以本書要介紹台灣、中國、歐美等市面上最常見的智慧家庭產品，使用逆向工程的技巧，推敲出這些產品開發的可行性技巧，並以實作方式重作這些產品，讓讀者可以輕鬆學會這些產品開發的可行性技巧，進而提升各位 Maker 的實力，希望筆者可以推出更多的入門書籍給更多想要進入『Arduino 』、『物聯網』、『工業 4.0』這個未來大趨勢，所有才有這個物聯網系列的產生。

CHAPTER

Modbus RTU 繼電器模組

本章我們使用目前當紅的 Ameba RTL 8195 開發板，結合 RS485 通訊模組，使用工業上 RS232/RS422/RS485/MODBUS RTU 等工業通訊方式，連接產業界常用的裝置或機器，進行通訊，進而控制這些裝置進行動作。

產業界最常見的裝置如 Modbus RTU 繼電器模組，因為產業界用來控制電氣電路的地方很多，然而這些控制電氣電路都是電壓(100V~250V，甚至更高電壓)，所以不太可能直接使用開發板驅動電路來控制電氣電路，而這些電器電路大多數是控制電力的供應與否，所以常用到繼電器模組來控制電力開啟與關閉，而 RS485 通訊是產業界常用的通訊協定，其中以 Modbus RTU 更是架構在 RS485 通訊上的企業級通訊，所以筆者使用 Modbus RTU 繼電器模組

八組繼電器模組

在工業上應用，控制電力供應與否是整個工廠上非常普遍且基礎的應用，然而工業上的電力基本上都是 110V、220V 等，甚至還有更高的伏特數，電流已都以數安培到數十安培，對於這樣高電壓與高電流，許多以微處理機為主的開發板，不要說能夠控制它，這樣的電壓與電流，連碰它一下就馬上燒毀，所以工業上經常使用繼電器模組來控制電路，然而這些控制，也常常與 PLC、工業電腦等通訊，接受這些工控電腦允許後，方能給予電力，所以具備通訊功能的繼電器模組為應用上的主流。如下圖所示，我們使用 Modbus RTU 繼電器模組(曹永忠, 2017; 曹永忠, 許智誠, & 蔡英德, 2018a, 2018b, 2018c, 2018d)，這個模組是深圳智嵌物联网电子技术有限公司 (網址: https://shop102708332.world.taobao.com/shop/view_shop.htm?spm=a1z09.2.0.0.67002e8dTLpq4m&user_number_id=832678620)生產的產品(網址:

https://item.taobao.com/item.htm?spm=a1z09.2.0.0.67002e8dTLpq4m&id=537348855524&u=ovlvti93b87)，其規格如下：

表格 1　RTU 繼電器模組規格表

序號	名稱	參數
1	型號	ZQWL-IO-1CNRR8-I
2	供電電壓	11V~13V（推薦 12V）
3	供電電流	小於 170ma
4	CPU	32 位高性能處理器
5	RS232/485	通訊帶隔離，注意 232/485 不能同時使用
6	輸入	4 路 NPN 型光電輸入
7	輸出（宏發繼電器：HF3FF-12V-1ZS）	8 路繼電器輸出，每路都有常開、常閉和公共端 3 個端子；光電隔離
8	指示燈	電源、輸入以及輸出都帶指示燈
9	出廠默認參數	串口：9600,8，n，1；控制板位址：1；
10	RESET 按鍵	小於 5 秒，系統重設；大於 5 秒，回到出廠設置
11	工作溫度	工業級：-40~85℃
12	儲存溫度	-65~165℃
13	濕度範圍	5~95%相對濕度

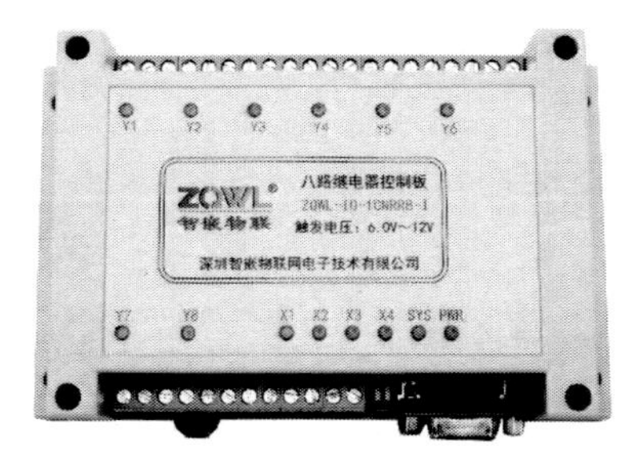

(a). 8 路繼電器控制板正面

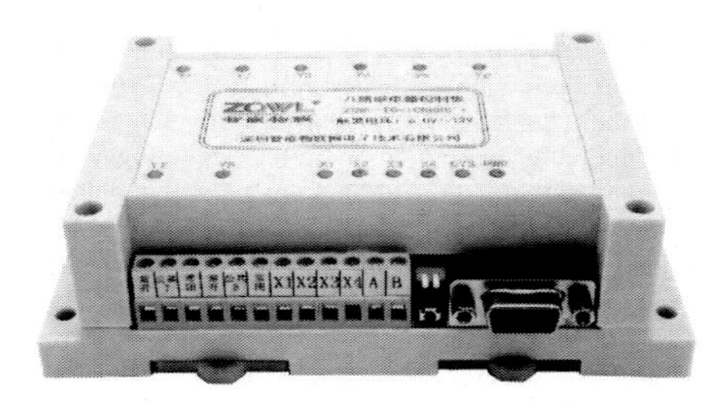

(B). 8 路繼電器控制板正側面

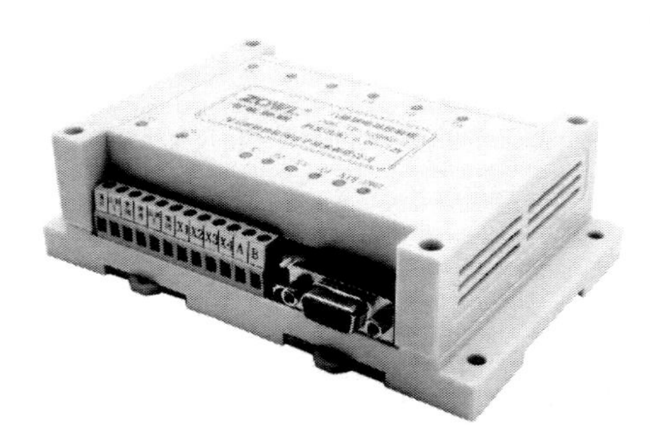

(c). 8 路繼電器控制板正側面

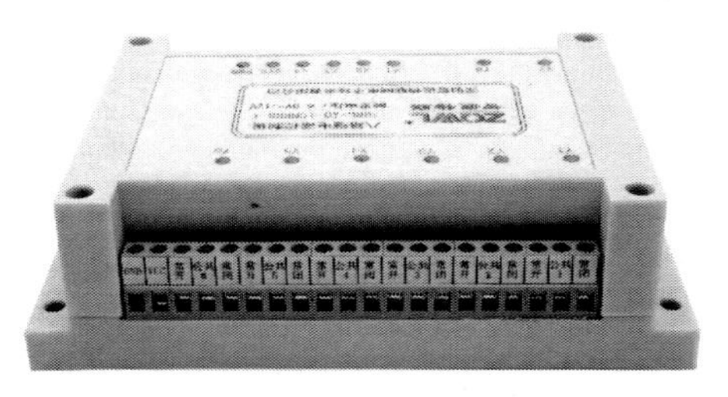

(d). 8 路繼電器控制板背側面

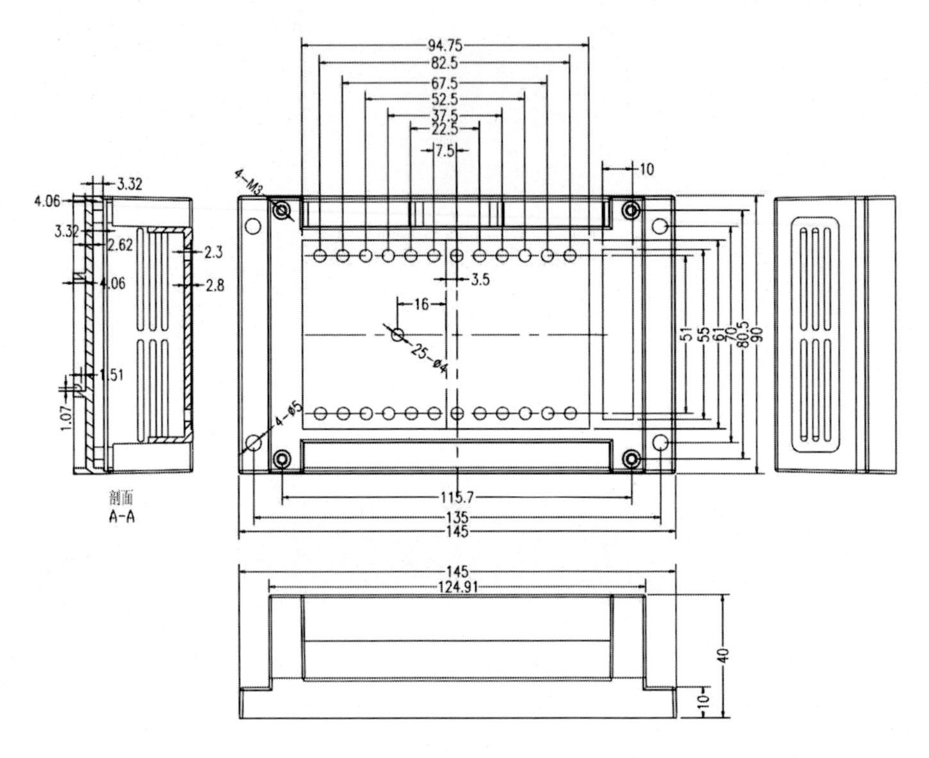

(e). 8 路繼電器控制板正面尺寸圖

圖 1 Modbus RTU8 路繼電器模組

由於這裡我們使用 RS 232 連接 Modbus RTU 繼電器模組，請參考下圖所示之用 RS232 連接 Modbus RTU 繼電器模組，目前雖然 RS 485 可以支援 253 組位址，但是 RS 232 只能連接一組實際 Modbus RTU 繼電器模組。

圖 2 用 RS232 連接 Modbus RTU 繼電器模組

此外參考下圖之 Modbus RTU 繼電器模組電力供應圖，來安裝 Modbus RTU 繼電器模組的電源供應線，請注意正負電源線不可以接反，否則會有燒毀的可能性，此外電壓也必須在 12VDC 之間，太高也會有燒毀的可能性，太低則不會運作。

(a). Modbus RTU 繼電器模電力輸入端點

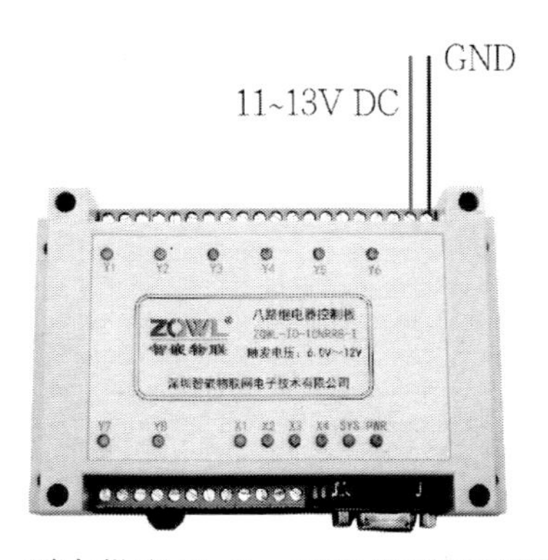

(b). 電力供應 Modbus RTU 繼電器模組圖

圖 3 Modbus RTU 繼電器模組電力供應圖

Modbus RTU 繼電器模組電路控制端

如下圖所示，我們看 Modbus RTU 繼電器模組之繼電器一端，由下圖可知，共有八組繼電器。

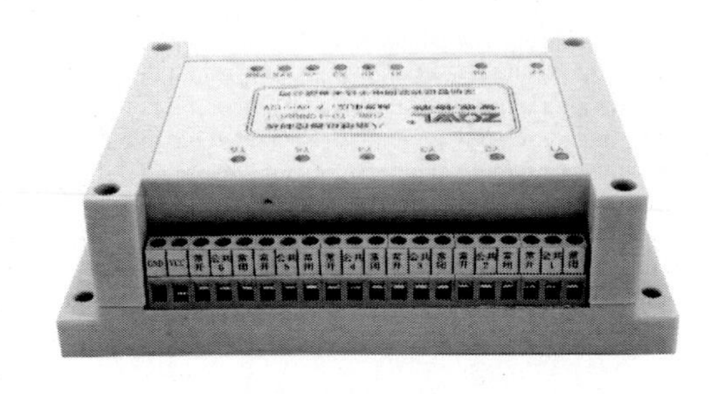

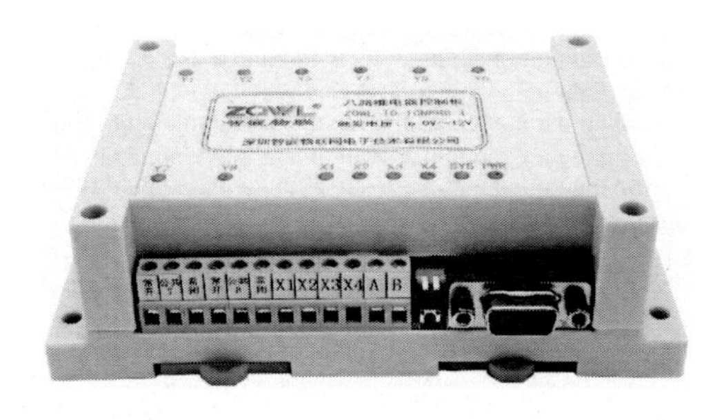

圖 4 Modbus RTU 繼電器模組之電力控制端(繼電器)

如下圖所示，筆者將上圖轉為下圖，可以知道每一組繼電器可以使用的腳位，每一個繼電器有三個腳位，中間稱為共用端(Com)，右邊為常閉端(NC)，就是如果沒有任何電力供應，或繼電器之電磁鐵未通電，則共用端(Com)與常閉端(NC)為一直為通路(可導電)；左邊為常開端(NO)，就是將電力供應到繼電器之後，其電磁鐵因通電而吸合，則共用端(Com)與常開端(NO)為可通路狀態(可導電)，這是由於我們使用控制電路將其電磁鐵因通電而吸合，導致可以形成通路，常用這個通路為控制電器開啟之開關。

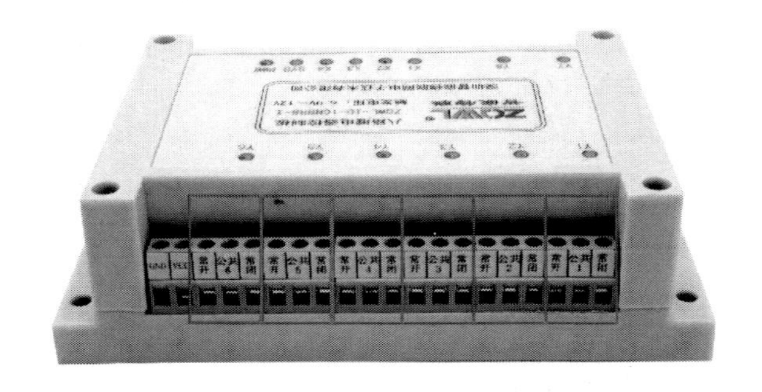

圖 5 Modbus RTU 繼電器模組之繼電器接點圖

由於 RS485 通訊採用隔離電源供電，信號採用高速光耦隔離，介面具有 ESD 防護器，採用自動換向高性能 485 晶片，為通訊的穩定性提供了強大的硬體支援。

如下圖所示，使用 RS-485 或 RS-232，由於使用 RS-485 大多需要 RS-485 的終端電阻（120 歐），我們可以透過可以通過撥碼開關選擇是否接入 RS-485。

圖 6 RS232 與 485 切換

電磁繼電器的工作原理和特性

電磁式繼電器一般由鐵芯、線圈、銜鐵、觸點簧片等組成的。如下圖.(a)所示，只要在線圈兩端加上一定的電壓，線圈中就會流過一定的電流，從而產生電磁效應，銜鐵就會在電磁力吸引的作用下克服返回彈簧的拉力吸向鐵芯，從而帶動銜鐵的動觸點與靜觸點（常開觸點）吸合(下圖.(b)所示)。當線圈斷電後，電磁的吸力也隨之消失，銜鐵就會在彈簧的反作用力下返回原來的位置，使動觸點與原來的靜觸點（常閉觸點）吸合(如下圖.(a)所示)。這樣吸合、釋放，從而達到了在電路中的導通、切斷的目的。對於繼電器的「常開、常閉」觸點，可以這樣來區分：繼電器線圈未通電時處於斷開狀態的靜觸點，稱為「常開觸點」(如下圖.(a)所示)。；處於接通狀態的靜觸點稱為「常閉觸點」(如下圖.(a)所示)(曹永忠, 2017; 曹永忠, 許智誠, & 蔡英德, 2014a, 2014b, 2014c, 2014d)。

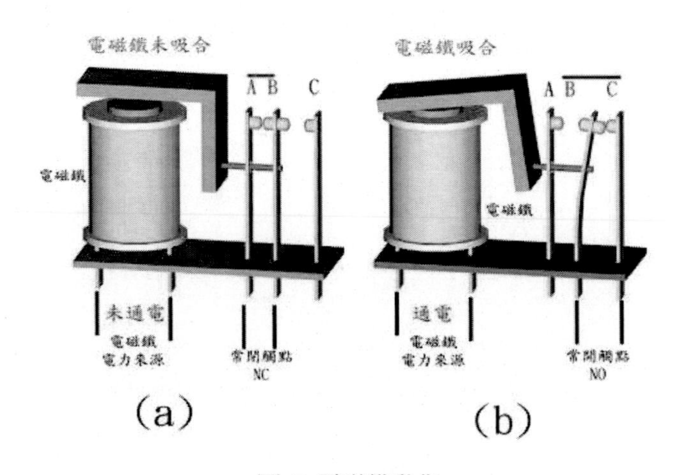

圖 7 電磁鐵動作

資料來源：(維基百科-繼電器, 2013)

由上圖電磁鐵動作之中，可以了解到，繼電器中的電磁鐵因為電力的輸入，產生電磁力，而將可動電樞吸引，而可動電樞在 NC 接典與ＮＯ接點兩邊擇一閉合。由下圖.(a)所示，因電磁線圈沒有通電，所以沒有產生磁力，所以沒有將可動電樞吸引，維持在原來狀態，就是共接典與常閉觸點(NC)接觸；當繼電器通電時，由下圖.(b)所示，因電磁線圈通電之後，產生磁力，所以將可動電樞吸引，往下移動，使共接典與常開觸點(NO)接觸，產生導通的情形。

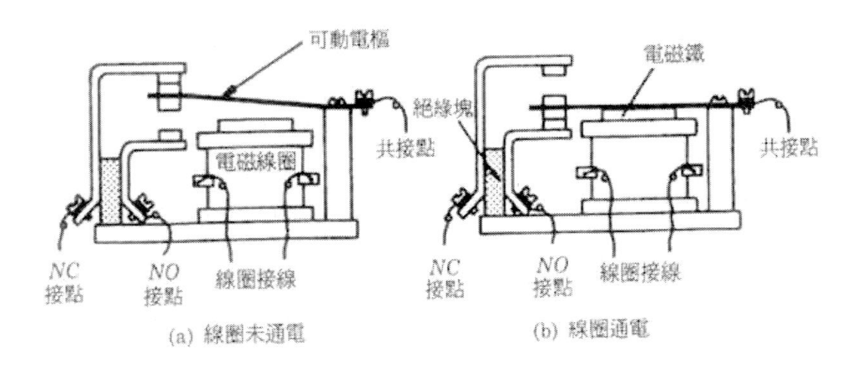

圖 8 繼電器運作原理

繼電器中常見的符號：

- COM（Common）表示共接點。
- NO（Normally Open）表示常開接點。平常處於開路，線圈通電後才與共接點 COM 接通（閉路）。
- NC（Normally Close）表示常閉接點。平常處於閉路（與共接點 COM 接通），線圈通電後才成為開路（斷路）。

繼電器運作線路

那繼電器如何應用到一般電器的開關電路上呢，如下圖所示，在繼電器電磁線圈的 DC 輸入端，輸入 DC 5V~24V(正確電壓請查該繼電器的資料手冊(DataSheet)得知)，當下圖左端 DC 輸入端之開關未打開時，下圖右端的常閉觸點與 AC 電流串接，與燈泡形成一個迴路，由於下圖右端的常閉觸點因下圖左端 DC 輸入端之開關未打開，電磁線圈未導通，所以下圖右端的 AC 電流與燈泡的迴路無法導通電源，所以燈泡不會亮。

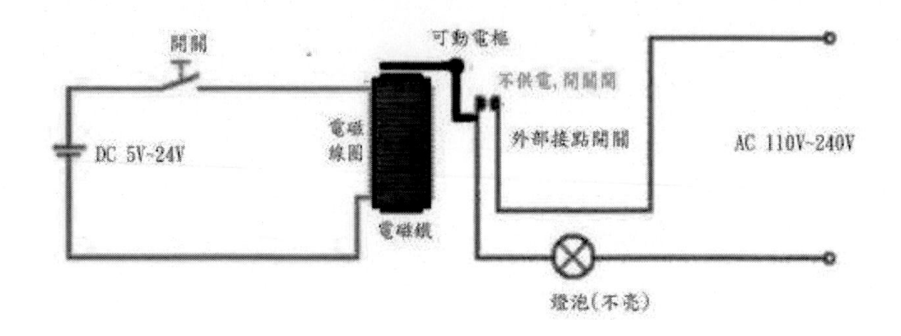

圖 9 繼電器未驅動時燈泡不亮

資料來源：(維基百科-繼電器, 2013)

如下圖所示，在繼電器電磁線圈的 DC 輸入端，輸入 DC 5V~24V(正確電壓請查該繼電器的資料手冊(DataSheet)得知)，當下圖左端 DC 輸入端之開關打開時，下圖右端的常閉觸點與 AC 電流串接，與燈泡形成一個迴路，由於下圖右端的常閉觸點因下圖左端 DC 輸入端之開關已打開，電磁線圈導通產生磁力，吸引可動電樞，使下圖右端的 AC 電流與燈泡的迴路導通，所以燈泡因有 AC 電流流入，所以燈泡就亮起來了。

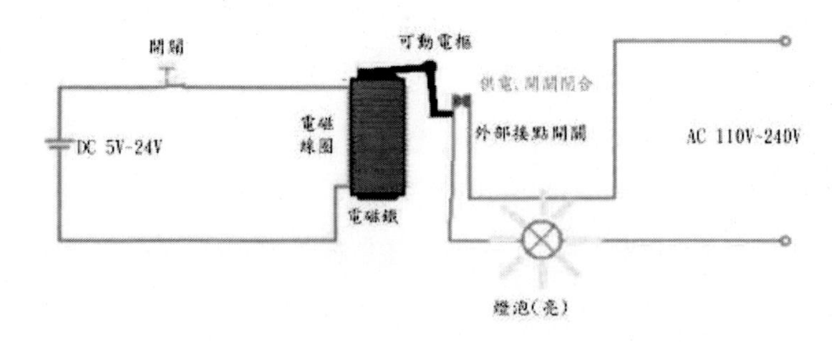

圖 10 繼電器驅動時燈泡亮

資料來源：(維基百科-繼電器, 2013)

由上二圖所示，輔以上述文字，我們就可以了解到如何設計一個繼電器驅動電路，來當為外界電器設備的控制開關了。

完成 Modbus RTU 繼電器模組電力供應

如下圖所示，我們看 Modbus RTU 繼電器模組之電源輸入端，本裝置可以使用 11~12V 直流電，我們使用 12V 直流電供應 Modbus RTU 繼電器模組。

圖 11 Modbus RTU 繼電器模組之電源供應端)

如下圖所示，筆者使用高瓦數的交換式電源供應器，將下圖所示之紅框區，+V 為 12V 正極端接到上圖之 VCC，-V 為 12V 負極端接到上圖之 GND，完成 Modbus RTU 繼電器模組之電力供應。

圖 12 電源供應器 12V 供應端

完成 Modbus RTU 繼電器模組之對外通訊端

如下圖所示，我們看 Modbus RTU 繼電器模組之 RS232 通訊端，如下圖紅框處，可以見到 RS232 通訊端圖示，我們需要使用 USB 轉 RS-232 的轉接線連接。

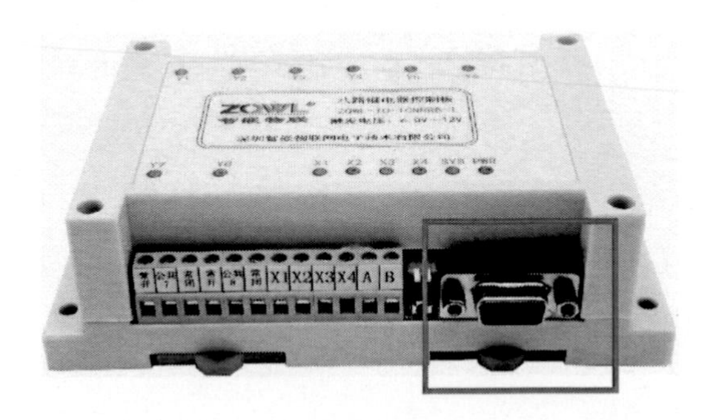

圖 13 Modbus RTU 繼電器模組之 RS232 通訊端

由於 RS-2325 的電壓與傳輸電氣方式不同，由於筆者筆電已經沒有 RS232 通訊端的介面，所以我們需要使用 USB 轉 RS-232 的轉換模組，如下圖所示， 筆者使用這個 USB 轉 RS-232 模組，進行轉換不同通訊方式。

圖 14 USB 轉 RS-232 模組

如上上圖紅框所示，接在上圖的 USB 轉 RS-232 模組，在將上圖的 USB 轉 RS-232 模組接到電腦，並接入燈泡，完成下圖所示之電路。

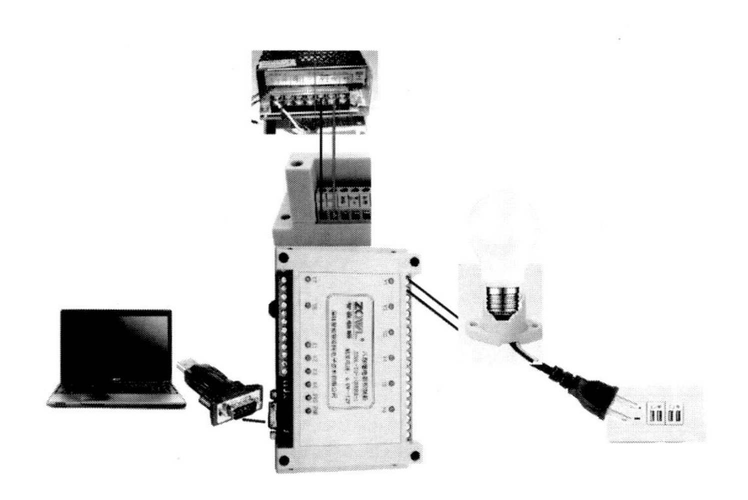

圖 15 電腦接 Modbus RTU 繼電器模組

如下圖所示，接在上圖的 USB 轉 RS-232 模組，在將上圖的 USB 轉 RS-232 模組接到電腦，並接入燈泡，完成下圖所示之電腦接 Modbus RTU 繼電器模組實際連接圖電路。

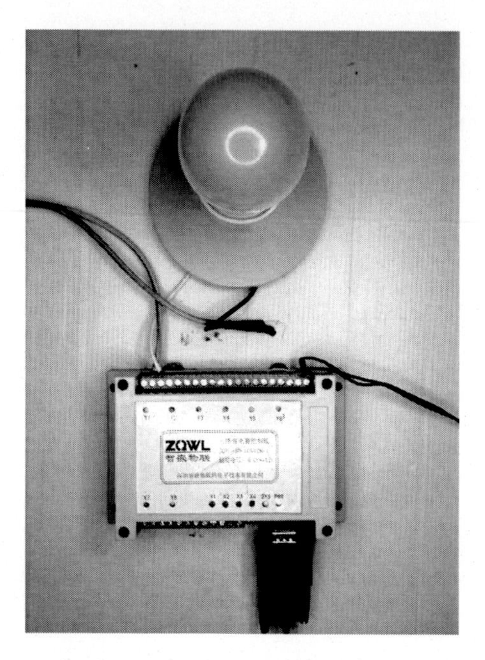

圖 16 電腦接 Modbus RTU 繼電器模組實際連接圖電路

章節小結

本章主要介紹之 Modbus RTU 繼電器模組主要規格、電路連接、單晶片如何透過 USB 轉 RS-232 模組連接 Modbus RTU 繼電器模組等介紹，透過本章節的解說，相信讀者會對連接、使用 USB 轉 RS-232 模組，連接 Modbus RTU 繼電器模，有更深入的了解與體認。

2
CHAPTER

控制 Modbus RTU 繼電器模組

本文我們要跟讀者說明，如何控制控制 Modbus RTU 繼電器模組，首先我們需要測試軟體：智嵌物聯串口 IO 控制軟體，讀者可以到官網下載：http://www.zhiqwl.com/，自行下載。

開啟軟體

如下圖所示，我們插入 USB 轉 RS-232 模組到電腦的 USB 插槽，如需要安裝驅動程式，請讀者先行安裝驅動程式，接下來查看裝置管理員，看看 USB 轉 RS-232 模組接到哪一個通訊埠，本文是 COM 25。

圖 17 裝置管理員

開啟智嵌物聯 IO 控制板控制軟體，如下圖所示，我們必須選擇軟體之通訊埠，如上圖所示，我們選擇 COM 25 之通訊埠。

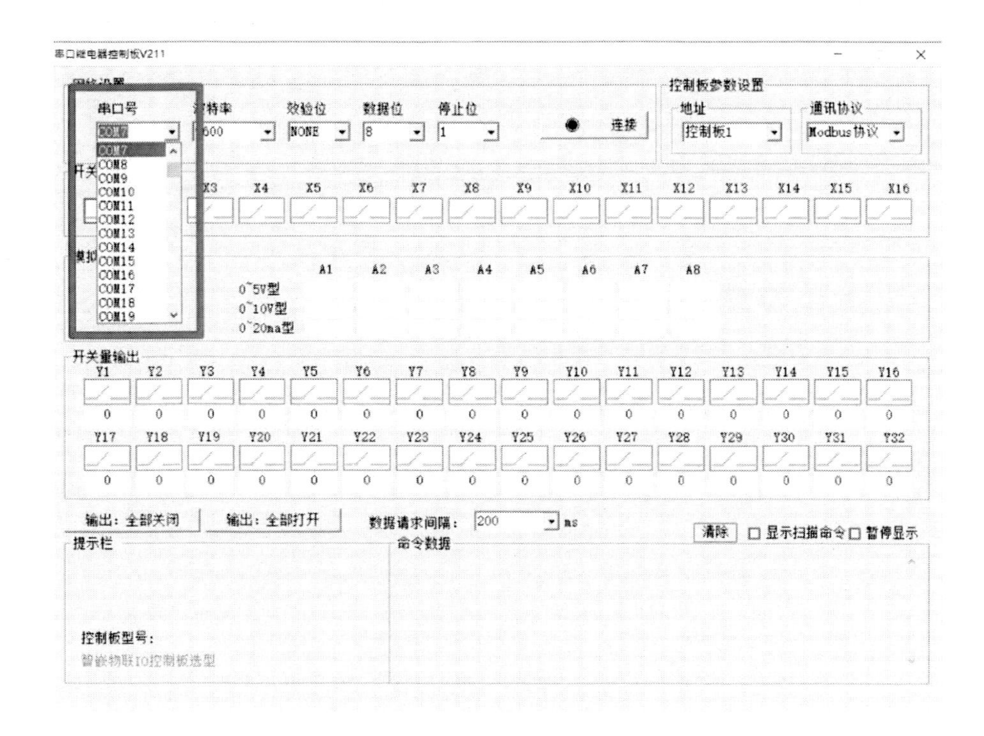

圖 18 選擇軟體之通訊埠

如下圖所示，我們設定正確的通訊埠相關資訊，通訊埠參數：通訊埠傳輸速率 9600；數據位元 8；不校驗；1 位停止位；控制板位址：1。

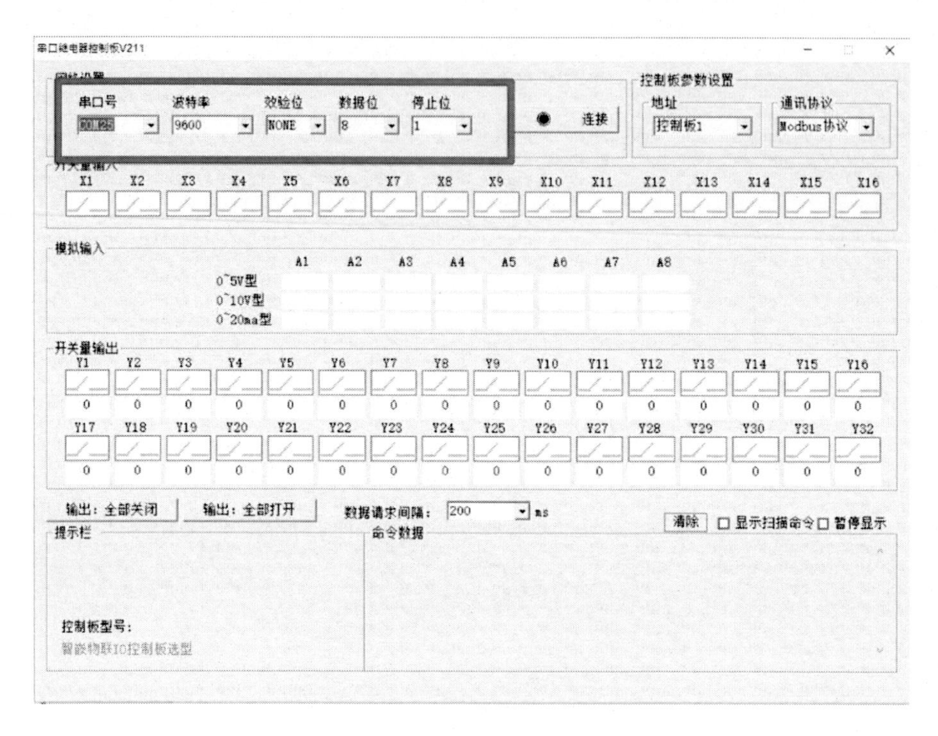

圖 19 設定正確的通訊埠相關資訊

如下圖所示，我們設定正確控制板參數通訊埠相關資訊，我們選擇 Modbus 通訊協定。

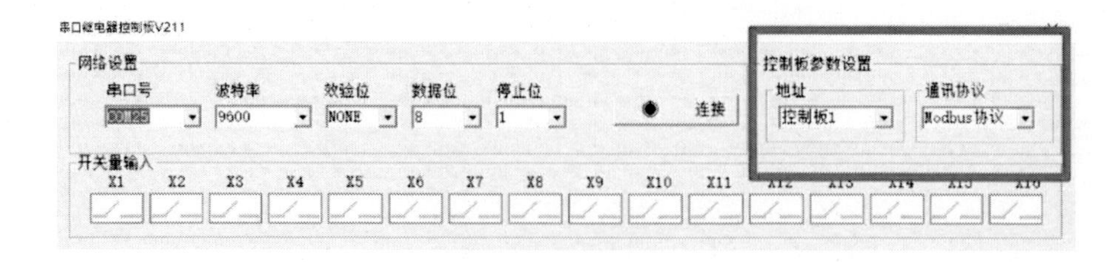

圖 20 設定正確控制板參數

如下圖紅框所示，我們開啟連接通訊埠。

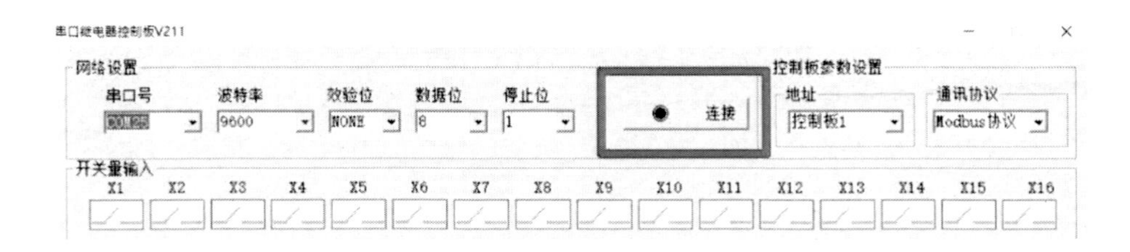

圖 21 開啟連接

如下圖紅框所示，我們連接到 Modbus RTU 繼電器模組。

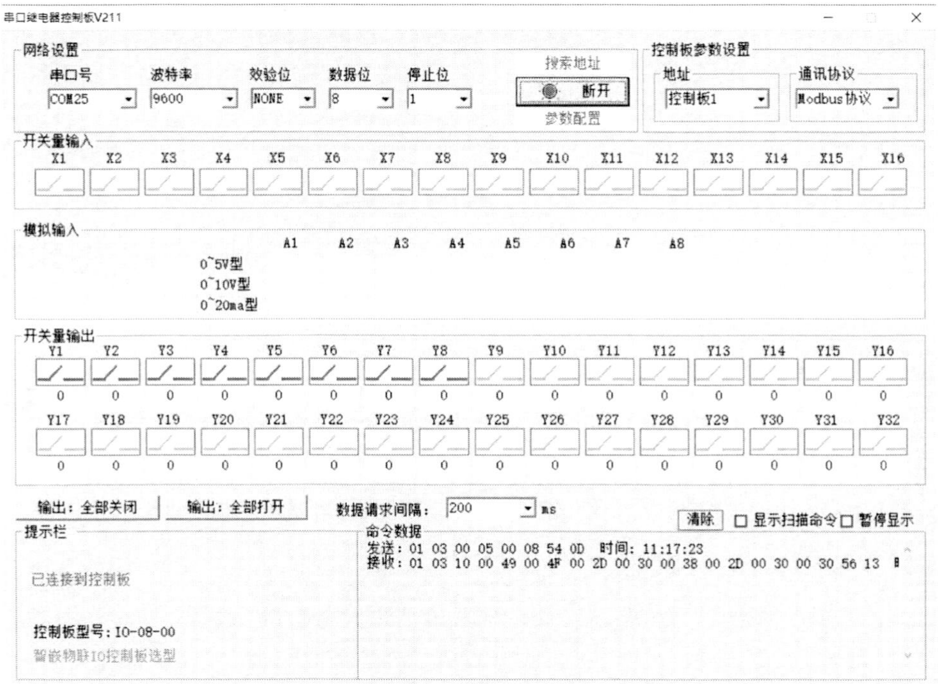

圖 22 連接到 Modbus RTU 繼電器模組

開始測試繼電器開啟與關閉

如下圖所示，我們開啟 Modbus RTU 繼電器模組第一組繼電器。

串口继电器控制板V211

网络设置

串口号 COM25
波特率 9600
效验位 NONE
数据位 8
停止位 1

搜索地址
断开
参数配置

控制板参数设置

地址 控制板1
通讯协议 Modbus 协议

开关量输入

X1 X2 X3 X4 X5 X6 X7 X8 X9 X10 X11 X12 X13 X14 X15 X16

模拟输入

	A1	A2	A3	A4	A5	A6	A7	A8
0~5V型								
0~10V型								
0~20ma型								

开关量输出

Y1	Y2	Y3	Y4	Y5	Y6	Y7	Y8	Y9	Y10	Y11	Y12	Y13	Y14	Y15	Y16
0	0	0	0	0	0	0	0	0	0	0	0	0	0	0	0

Y17	Y18	Y19	Y20	Y21	Y22	Y23	Y24	Y25	Y26	Y27	Y28	Y29	Y30	Y31	Y32
0	0	0	0	0	0	0	0	0	0	0	0	0	0	0	0

输出：全部关闭　输出：全部打开　数据请求间隔：200 ms　清除　□ 显示扫描命令 □ 暂停显示

提示栏

已连接到控制板

控制板型号：IO-08-00

智嵌物联IO控制板选型

命令数据

发送：01 05 00 00 FF 00 8C 3A 时间：11:34:07

接收：01 05 00 00 FF 00 8C 3A 时间：11:34:07

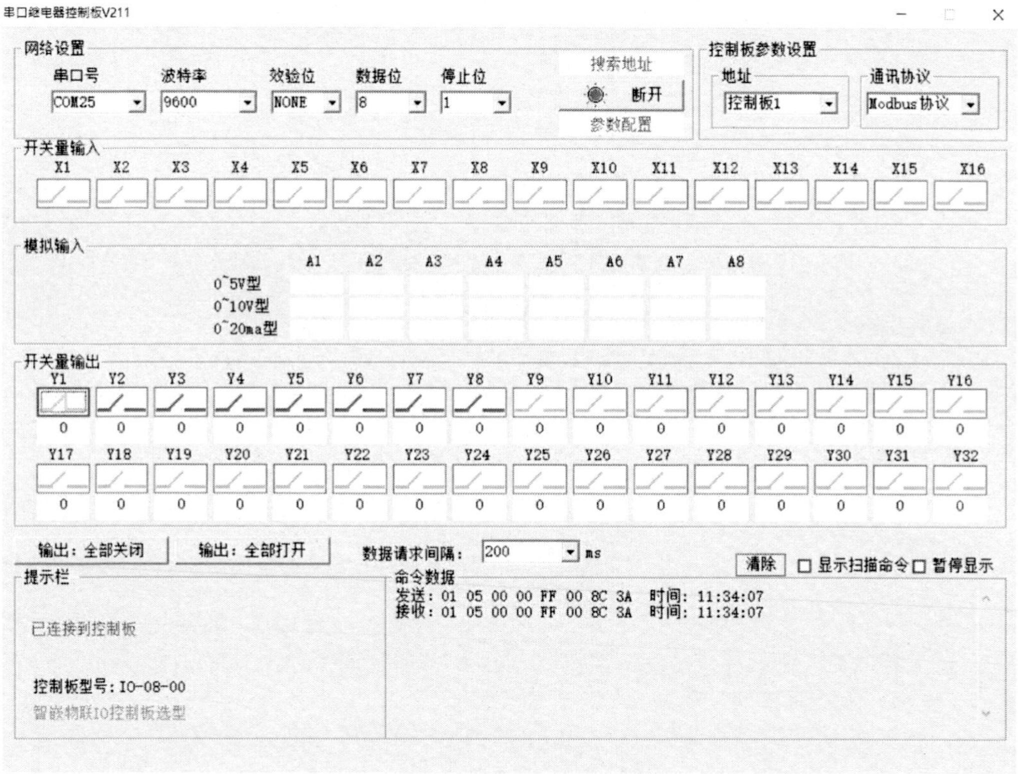

圖 23 開啟第一組繼電器

如下圖所示，我們關閉 Modbus RTU 繼電器模組第一組繼電器。

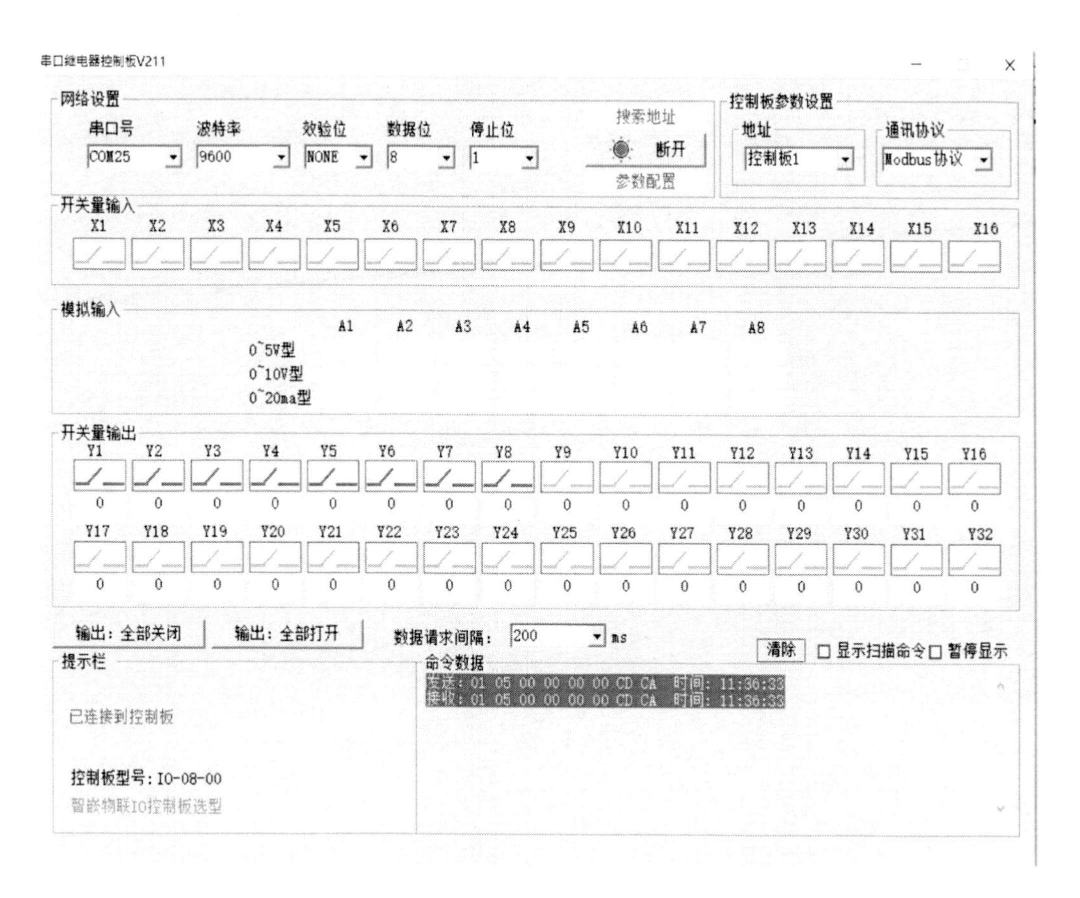

圖 24 關閉第一組繼電器

如下圖所示，我們開啟 Modbus RTU 繼電器模組第二組繼電器。

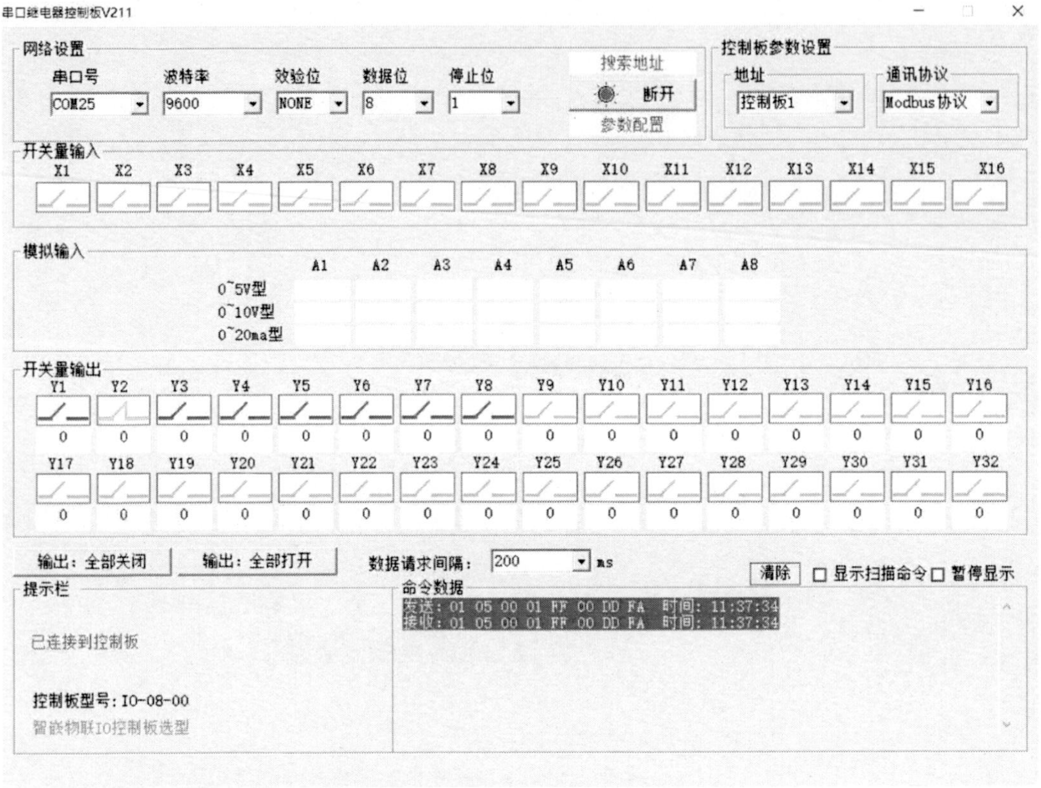

串口继电器控制板V211

网络设置
串口号 COM25
波特率 9600
效验位 NONE
数据位 8
停止位 1
搜索地址
断开
参数配置

控制板参数设置
地址 控制板1
通讯协议 Modbus协议

开关量输入
X1 X2 X3 X4 X5 X6 X7 X8 X9 X10 X11 X12 X13 X14 X15 X16

模拟输入
A1 A2 A3 A4 A5 A6 A7 A8
0~5V型
0~10V型
0~20ma型

开关量输出
Y1 Y2 Y3 Y4 Y5 Y6 Y7 Y8 Y9 Y10 Y11 Y12 Y13 Y14 Y15 Y16
0 0 0 0 0 0 0 0 0 0 0 0 0 0 0 0
Y17 Y18 Y19 Y20 Y21 Y22 Y23 Y24 Y25 Y26 Y27 Y28 Y29 Y30 Y31 Y32
0 0 0 0 0 0 0 0 0 0 0 0 0 0 0 0

输出：全部关闭　输出：全部打开　数据请求间隔： 200 ms　清除　□ 显示扫描命令 □ 暂停显示

提示栏
已连接到控制板
控制板型号: IO-08-00
智嵌物联IO控制板选型

命令数据
发送: 01 05 00 01 FF 00 DD FA 时间: 11:37:34
接收: 01 05 00 01 FF 00 DD FA 时间: 11:37:34

圖 25 開啟第二組繼電器

如下圖所示，我們關閉 Modbus RTU 繼電器模組第二組繼電器。

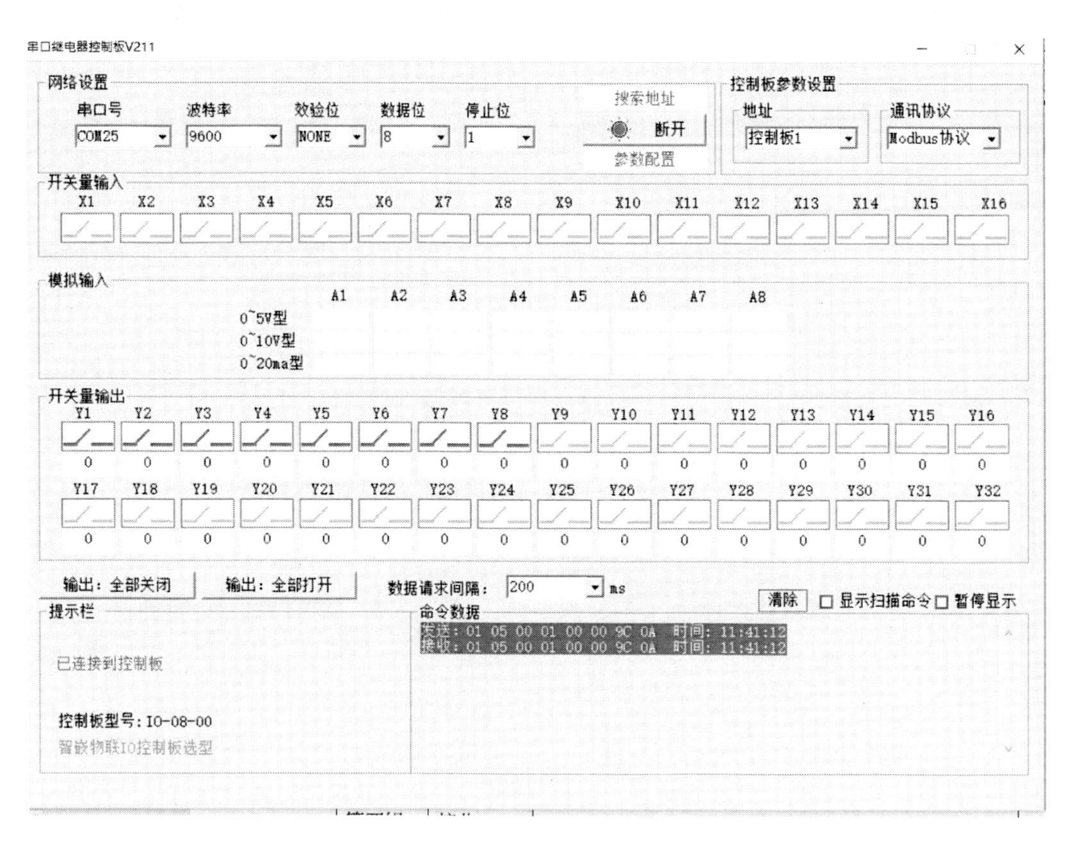

圖 26 關閉第二組繼電器

如下圖所示，我們開啟 Modbus RTU 繼電器模組第三組繼電器。

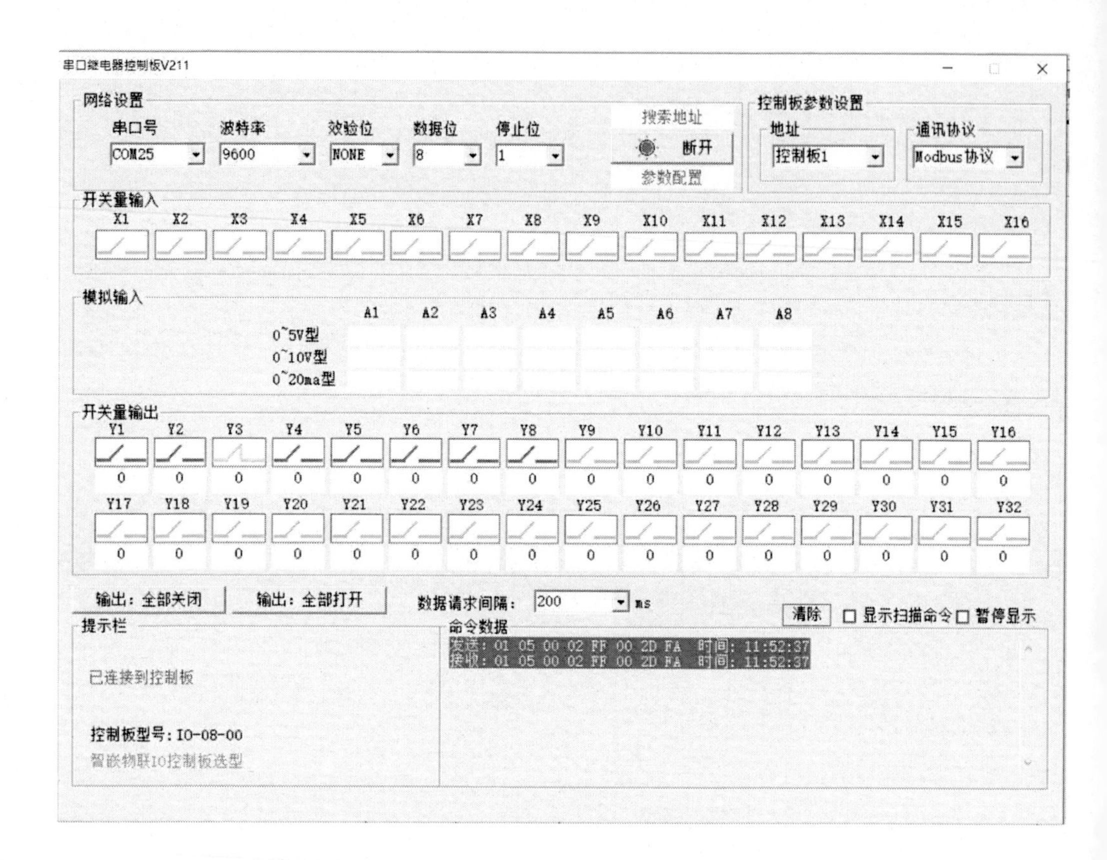

圖 27 開啟第三組繼電器

如下圖所示，我們關閉 Modbus RTU 繼電器模組第三組繼電器。

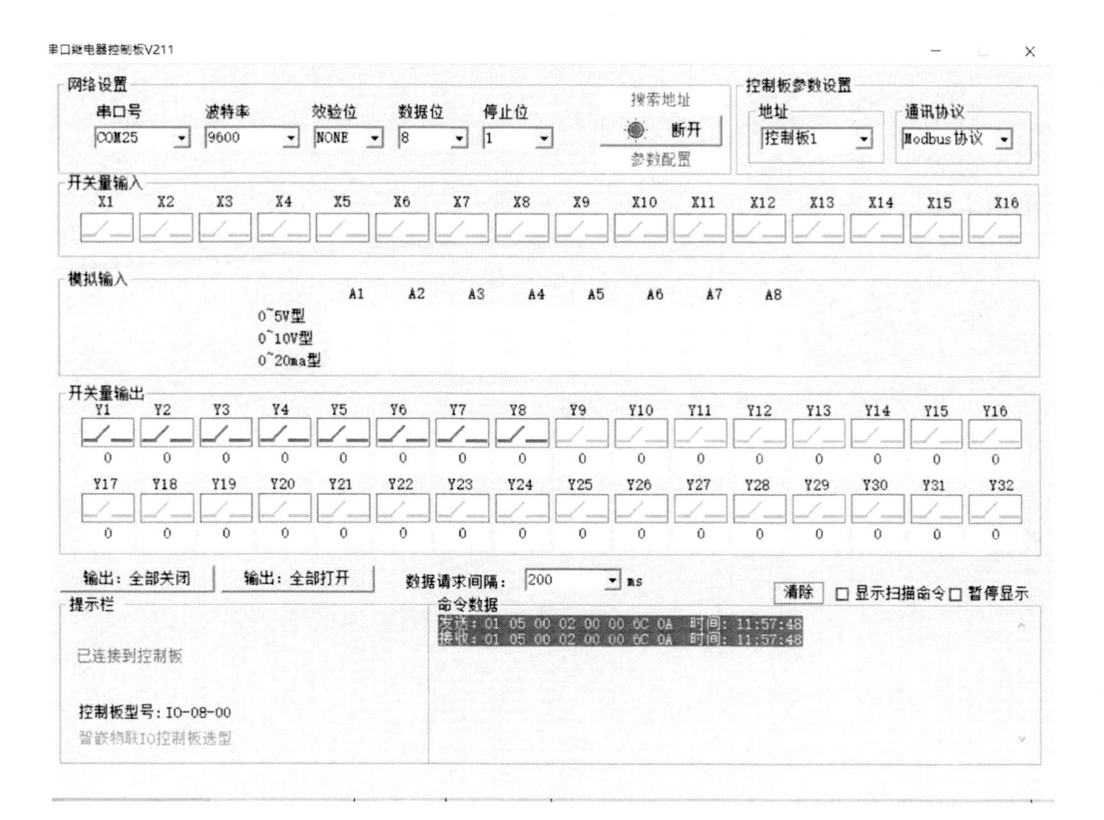

圖 28 關閉第三組繼電器

如下圖所示，我們開啟 Modbus RTU 繼電器模組第四組繼電器。

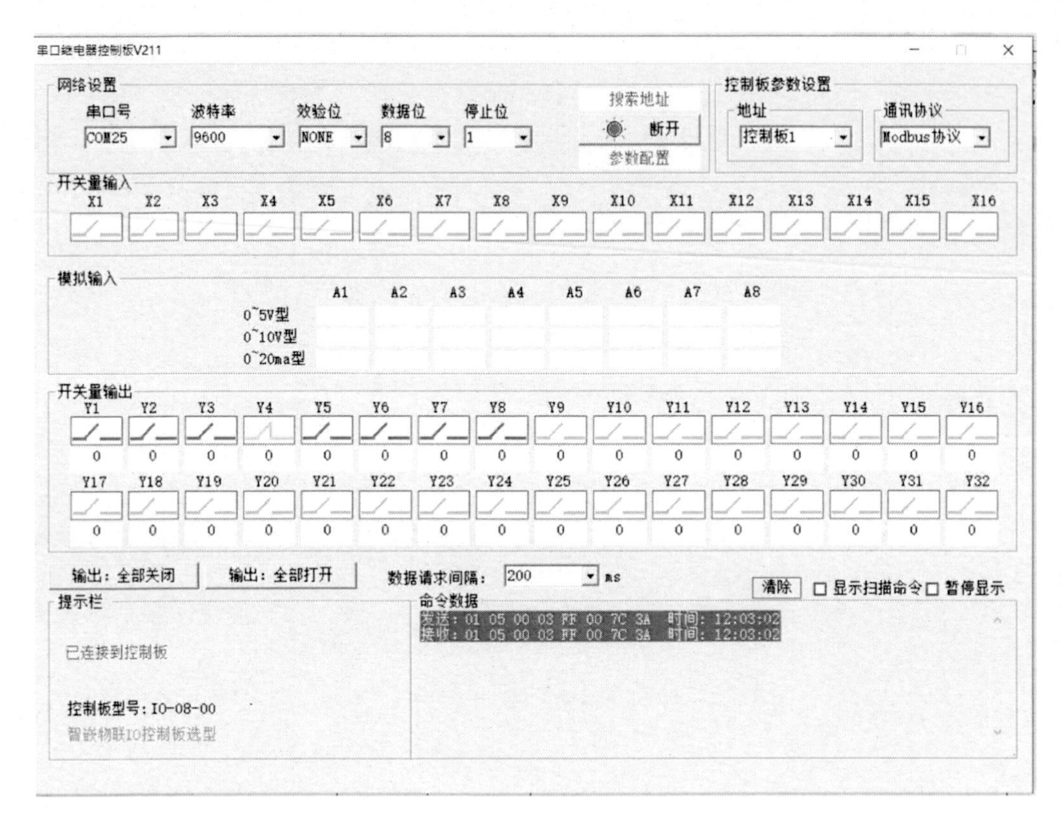

圖 29 開啟第四組繼電器

如下圖所示，我們關閉 Modbus RTU 繼電器模組第四組繼電器。

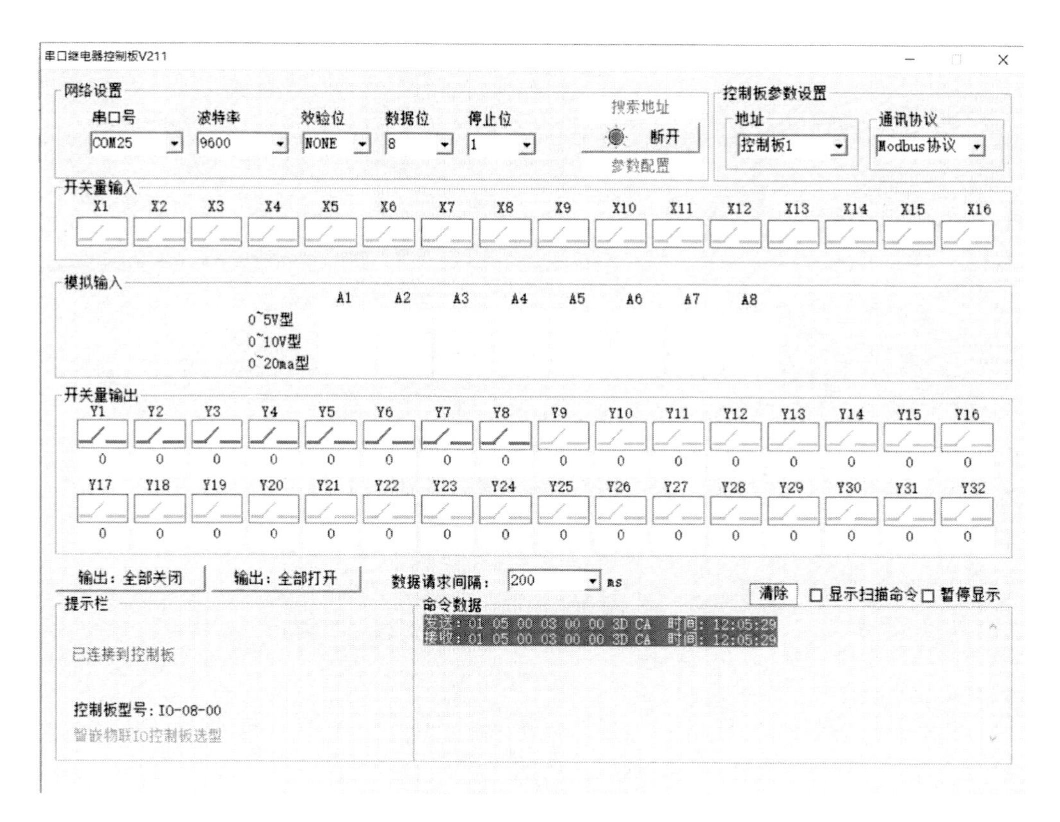

圖 30 關閉第四組繼電器

如下圖所示，我們開啟 Modbus RTU 繼電器模組第五組繼電器。

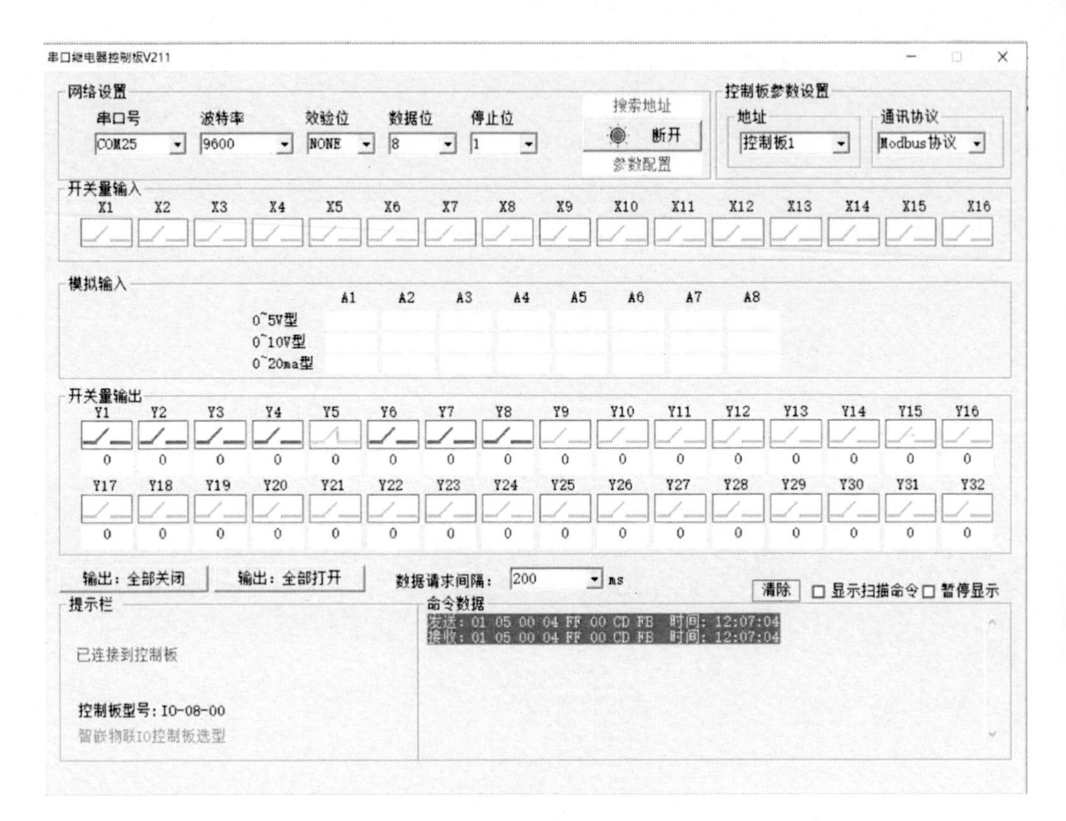

圖 31 開啟第五組繼電器

如下圖所示，我們關閉 Modbus RTU 繼電器模組第五組繼電器。

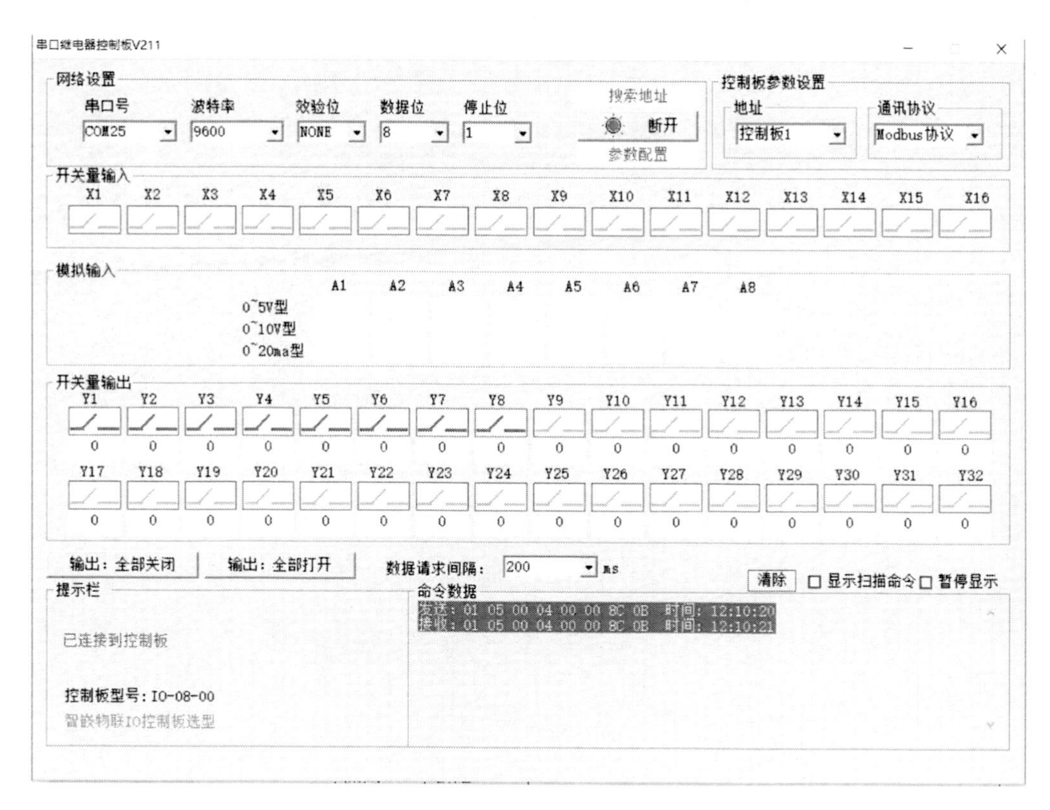

圖 32 關閉第五組繼電器

如下圖所示，我們開啟 Modbus RTU 繼電器模組第六組繼電器。

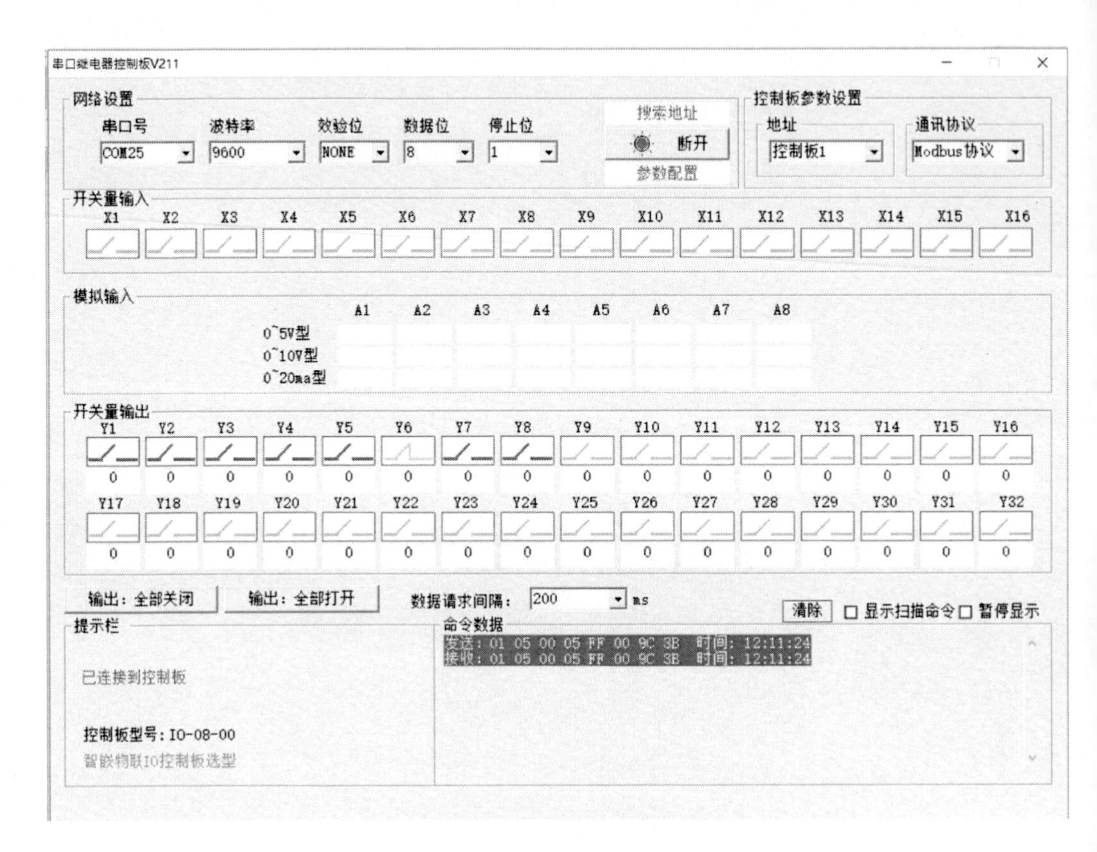

圖 33 開啟第六組繼電器

如下圖所示，我們關閉 Modbus RTU 繼電器模組第六組繼電器。

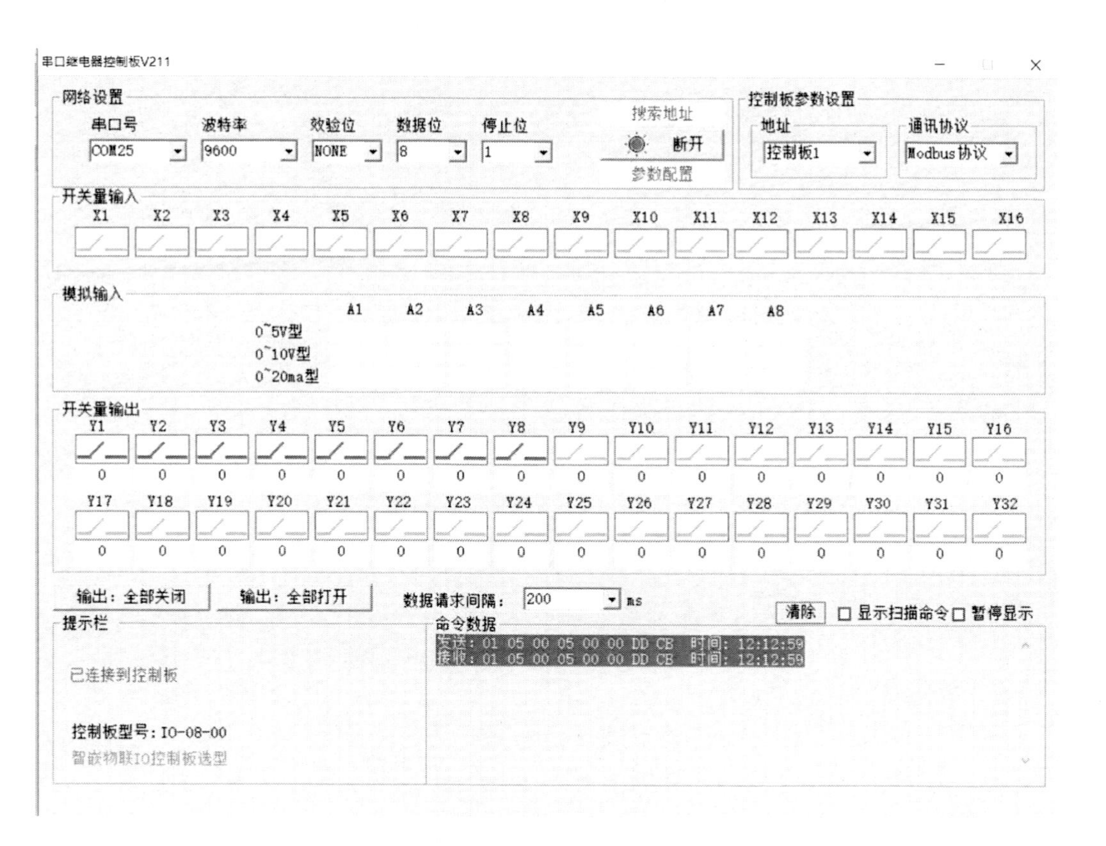

圖 34 關閉第六組繼電器

如下圖所示，我們開啟 Modbus RTU 繼電器模組第七組繼電器。

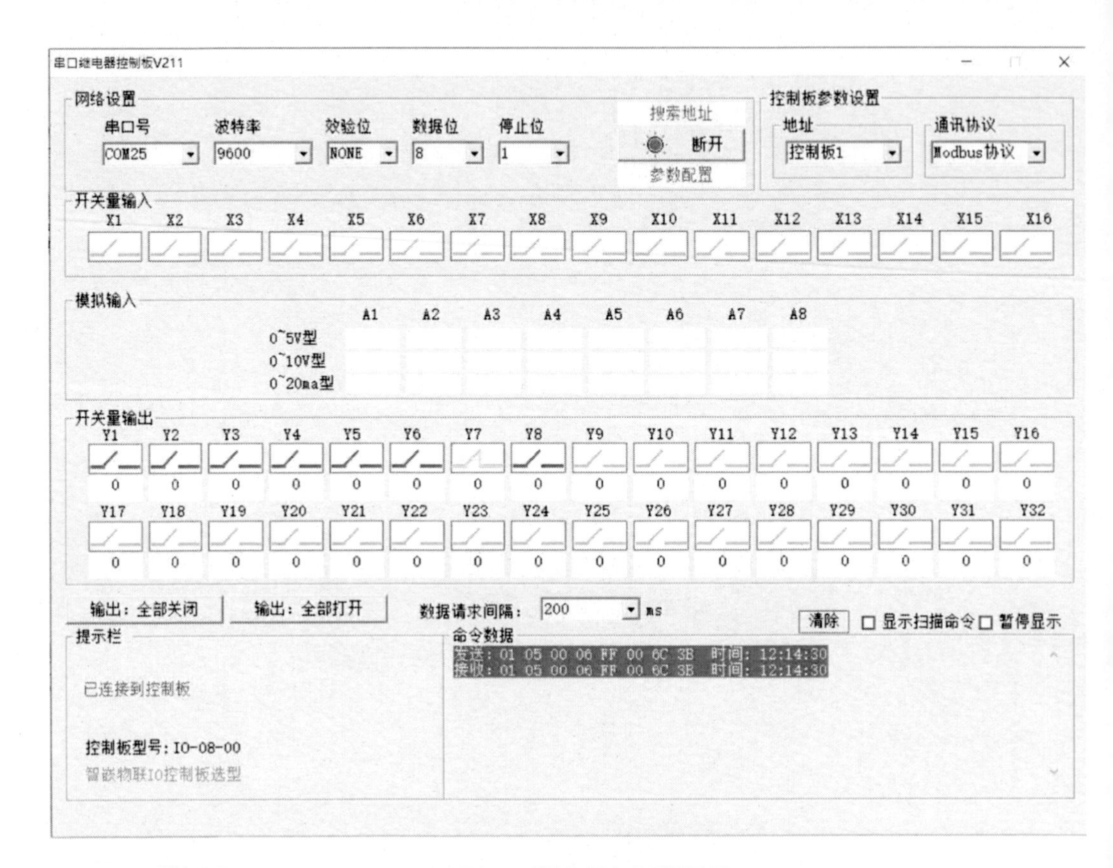

圖 35 開啟第七組繼電器

如下圖所示，我們關閉 Modbus RTU 繼電器模組第七組繼電器。

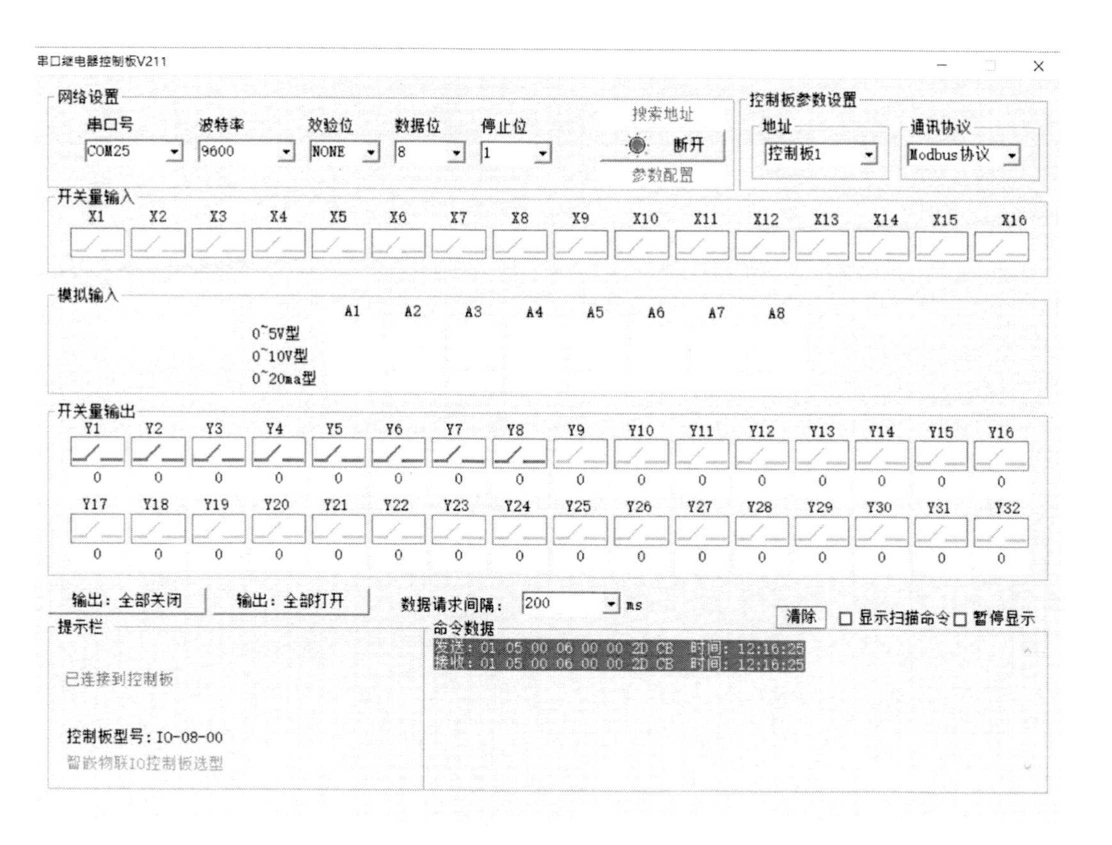

圖 36 關閉第七組繼電器

如下圖所示，我們開啟 Modbus RTU 繼電器模組第八組繼電器。

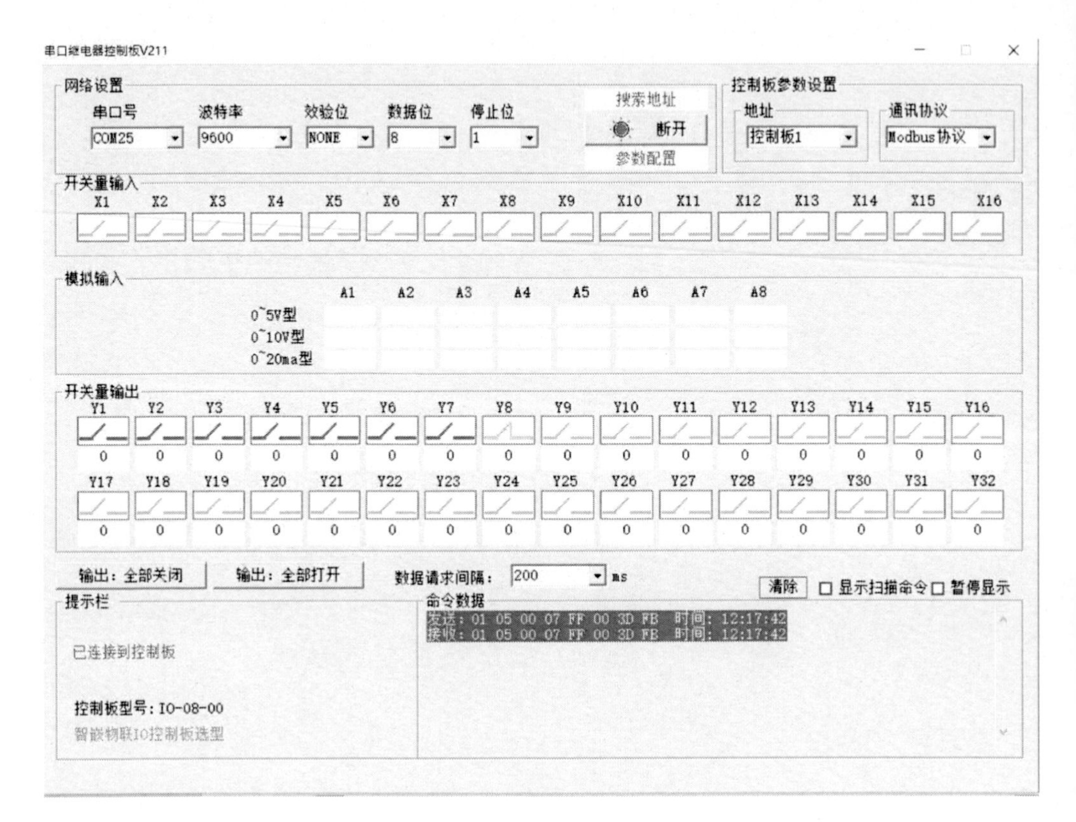

圖 37 開啟第八組繼電器

如下圖所示，我們關閉 Modbus RTU 繼電器模組第八組繼電器。

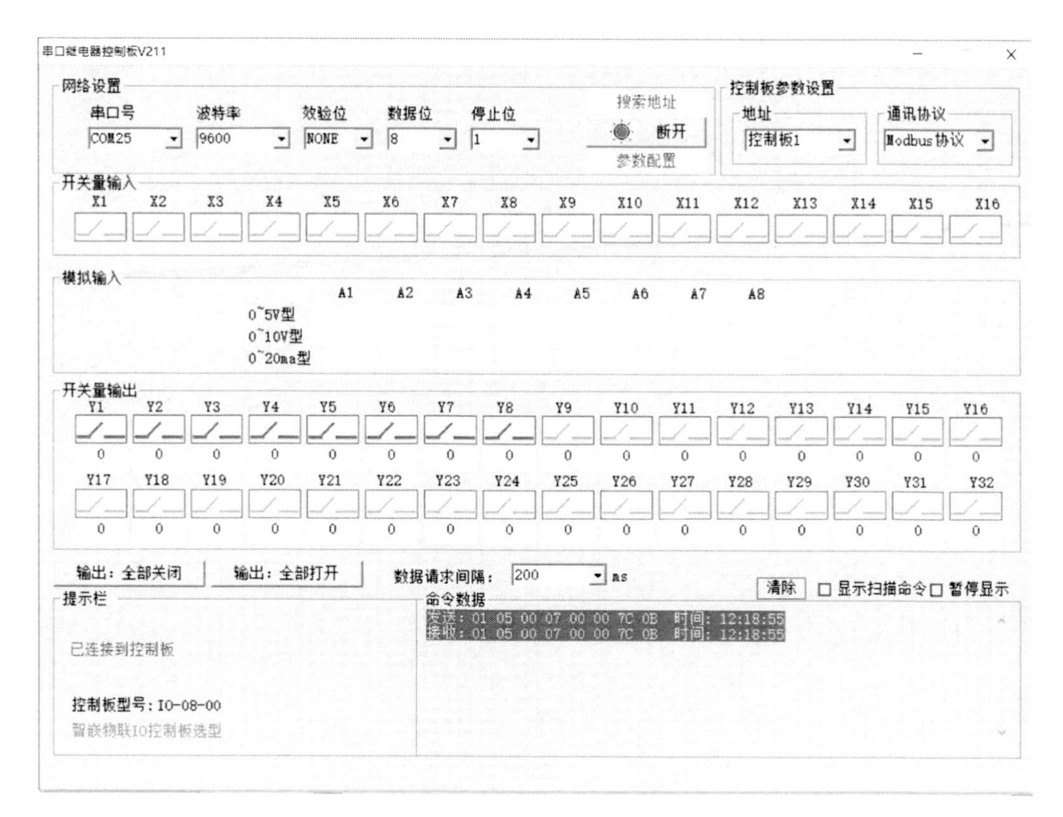

圖 38 關閉第八組繼電器

通訊命令解析

Modbus RTU 繼電器模組控制類指令分為 2 種格式：一種是集中控制指令，一種是單路控制指令。

集中控制指令

此類指令幀長為 15 位元組，可以實現對繼電器的集中控制（一幀資料可以控制全部繼電器狀態）。自訂協議採用固定幀長（每幀 15 位元組），採用十六進位格式，並具有幀頭幀尾標識，該協定適用於“ZQWL-IO” 系列帶外殼產品。該協議為“一問一答”形式，主機詢問，控制板應答，只要符合該協定規範，每問必答。

該協定指令可分為兩類：控制指令類和配置指令類。 控制指令只要是控制繼電器狀態和讀取開關量輸入狀態。配置指令類主要是配置板子的運行參數以及復位等。

詳細指令如下表所示，此類指令幀長為 15 位元組，可以實現對繼電器的集中控制（一幀資料可以控制全部繼電器狀態）。

表格 2　ZQWL-IO 集中控制指令表

	幀頭		**地址碼**	**命令碼**	**8 位元組資料**	**校驗和**	**幀尾**	
指令名稱	Byte1	Byte2	Byte3	Byte4	Byte5~ Byte12	Byte13	Byte14	Byte15
寫繼電器狀態	0X48	0X3A	Addr	0X57	DATA1~DATA8	前 12 位元組和（只取低 8 位）	0X45	0X44
應答“寫繼電器狀態”	0X48	0X3A	Addr	0X54	DATA1~DATA8	前 12 位元組和（只取低 8 位）	0X45	0X44
讀繼電器狀態	0X48	0X3A	Addr	0X53	全為 0XAA	前 12 位元組和（只取低 8 位）	0X45	0X44
應答“讀繼電器狀態”	0X48	0X3A	Addr	0X54	DATA1~DATA8	前 12 位元組和（只取低 8 位）	0X45	0X44

注：表中的“8 位元組資料”即對應繼電器板的狀態資料，0x01 表示有信號，0x00 表示無信號。

集中控制命令碼舉例（十六進位）

讀取位址為 1 的控制板開關量輸入狀態：48 3a 01 52 00 00 00 00 00 00 00 00 d5 45 44，而位址為 1 的控制板收到上述指令後應答：48 3a 01 41 01 01 00 00 00 00 00 00 c6 45 44，此應答表明，控制板的 X1 和 X2 輸入有信號（高電平），X3 和 X4 無信號（低電平）。

注意由於該控制板只有 4 路輸入，在應答幀 8 位元組資料的後 4 位元組(00 00 00 00）無意義，數值為隨機。

如果向位址為 1 的控制板寫繼電器狀態：48 3a 01 57 01 00 01 00 00 00 00 00 dc 45 44，此命令碼的含義是令位址為 1 的控制板的第 1 個和第 3 個繼電器常開觸點閉合，常閉觸點斷開；令第 2 和第 4 個繼電器的常開觸點斷開，常閉觸點閉合。

注意繼電器板只識別 0 和 1，其他資料不做任何動作，所以如果不想讓某一路動作，可以將該路賦為其他值。例如只讓第 1 和第 3 路動作，其他兩路不動作，可以發如下指令：48 3a 01 57 01 02 01 02 00 00 00 00 e0 45 44 ，只需要將第 2 和第 4 路置為 02（或其他值）即可。 控制板收到以上命令後，會返回控制板繼電器狀態，如：

48 3a 01 54 01 00 01 00 00 00 00 00 d9 45 44

單路控制指令

此類指令幀長為 10 位元組，可以實現對單路繼電器的控制（一幀資料只能控制一個繼電器狀態）。此類指令也可 以實現繼電器的延時關閉功能。

詳細指令如下表所示：

表格 3 ZQWL-IO 單路控制指令表

	幀頭		地址碼	命令碼	4 位元組資料				幀尾	
指令名稱	Byte1	Byte2	Byte3	Byte4	Byte5	Byte6	Byte7	Byte8	Byte9	Byte10
寫繼電器狀態	0X48	0X3A	Addr	0X70	繼電器序號	繼電器狀態	時間 TH	時間 TL	0X45	0X44
應答“寫繼電器狀態”	0X48	0X3A	Addr	0X71	繼電器序號	繼電器狀態	時間 TH	時間 TL	0X45	0X44
讀繼電器狀態	0X48	0X3A	Addr	0X72	繼電器序號	繼電器狀態	時間 TH	時間 TL	0X45	0X44
應答“讀繼電器狀態”	0X48	0X3A	Addr	0X71	繼電器序號	繼電器狀態	時間 TH	時間 TL	0X45	0X44

上表所示中，Byte3 是控制板的位址，固定為 0x01；Byte5 是要操作的繼電器

序號，取值範圍是 1 到 32（對應十六進制為 0x01 到 0x20）；Byte6 為要操作的繼電器狀態：0x00 為常閉觸點閉合常開觸點斷開，0x01 為常閉觸點斷開 常開觸點閉合，其他值無意義（繼電器保持原來狀態）；Byte7 和 Byte8 為延時時間 T（收到 Byte6 為 0x01 時開始計時，延時結束後關閉該路繼電器輸出），延時單位為秒，Byte7 是時間高位元組 TH，Byte8 是時間低位元組 TL。例如延 時 10 分鐘後關閉繼電器，則：時間 T=10 分鐘=600 秒，換算成十六進位為 0x0258，所以 TH=0x 02，TL=0x 58。

如果 Byte7 和 Byte8 都填 0x00，則不啟用延時關閉功能（即繼電器閉合後不會主動關閉）。

單路命令碼舉例（十六進位）：

- 將位址為 1 的控制板的第 1 路繼電器打開： 發送：48 3a 01 70 01 01 00 00 45 44，控制板收到以上命令後，將第 1 路的繼電器常閉觸點斷開，常開觸點閉合，並會返回控制板繼電器狀態：48 3a 01 70 01 01 00 00 45 44
- 將位址為 1 的控制板的第 1 個繼電器關閉： 發送：48 3a 01 70 01 00 00 00 45 44，控制板收到以上命令後，將第 1 路的繼電器常閉觸點閉合，常開觸點斷開，並會返回控制板繼電器狀態：48 3A 01 71 01 00 00 00 45 44
- 將位址為 1 的控制板的第 1 路繼電器打開延時 10 分鐘後關閉： 發送：48 3a 01 70 01 01 02 58 45 44，控制板收到以上命令後，將第 1 路的繼電器常閉觸點斷開，常開觸點閉合，並會返回控制板繼電器狀態，然後 開始計時，10 分鐘之後將第一路的繼電器常閉觸點閉合，常開斷開。
- 將位址為 1 的控制板的第 1 路繼電器打開延時 5 秒後關閉： 發送：48 3a 01 70 01 01 00 05 45 44，控制板收到以上命令後，將第 1 路的繼電器常閉觸點斷開，常開觸點閉合，並會返回控制板繼電器狀態，然後 開始計時，5 秒之後將第一路的繼電器常閉觸點閉合，常開斷開。

配置指令

如下表所示，當位址碼為 0xff 時為廣播位址，只有“讀控制板參數”命令使用廣播位址，其他都不能使用。

表格 4　ZQWL-IO 配置指令表

	幀頭		地址碼	命令碼	8 位元組資料	校驗和	幀尾	
讀控制板參數	0X48	0X3A	0XFF 或 Addr	0x60	任意	前 12 位元組和（只取低 8 位）	0X45	0X44
應答“讀控制板參數”	0X48	0X3A	Addr	0x61	參考表 3	前 12 位元組和（只取低 8 位）	0X45	0X44
修改串列傳輸速率	0X48	0X3A	Addr	0x62	參考表 4	前 12 位元組和（只取低 8 位）	0X45	0X44
應答“修改串列傳輸速率”	0X48	0X3A	Addr	0x63	全為 0X55	前 12 位元組和（只取低 8 位）	0X45	0X44
修改地址碼	0X48	0X3A	Addr	0x64	參考表 5	前 12 位元組和（只取低 8 位）	0X45	0X44
應答“修改後地址碼”	0X48	0X3A	Addr	0x65	全為 0X55	前 12 位元組和（只取低 8 位）	0X45	0X44
讀取版本號	0X48	0X3A	Addr	0x66	任意	前 12 位元組和（只取低 8 位）	0X45	0X44
應答“讀取版本號”	0X48	0X3A	Addr	0x67	參考表 6	前 12 位元組和（只取低 8 位）	0X45	0X44
恢復出廠	0X48	0X3A	Addr	0x68	任意	前 12 位元組和（只取低 8 位）	0X45	0X44
應答“恢復出廠”	0X48	0X3A	Addr	0x69	全為 0X55	前 12 位元組和（只取低 8 位）	0X45	0X44
復位	0X48	0X3A	Addr	0x6A	任意	前 12 位元組和（只取低 8 位）	0X45	0X44
應答“復位”	0X48	0X3A	Addr	0x6B	全為 0X55	前 12 位元組和（只取低 8 位）	0X45	0X44

下表所示為讀控制板參數命令回應之控制板參數表：

表格 5 控制板參數表

位元組	DATA 1	DATA 2	DATA 3	DATA 4	DATA 5	DATA 6	DATA 7	DATA 8
	含義	控制板位址	串列傳輸速率 0x01:1200 0x02:2400 0x03:4800 0x04:9600 0x05:14400 0x06:19200 0x07:38400 0x08:56000 0x09:57600 0x0A:115200 0x0B:128000 0x0C:230400 0x0D:256000 0x0E:460800 0x0F:921600	數據位元 7,8,9	校驗位 'N'： 不校驗 'E'： 偶校驗 'D'： 奇數同位檢查	停止位 1:1bit 2:1.5bit 3:2bit	未用	未用

下表所示為修改串列傳輸速率參數命令回應之傳輸速率表：

表格 6 修改串列傳輸速率表

位元組	1	2	3	4	5	6	7	8
含義	修改後串列傳	數據位元	校驗位	停止位	未用	未用	未用	未用

下表所示為修改地址參數命令回應之控制板地址表：

表格 7 修改地址表

位元組	1	2	3	4	5	6	7	8
含義	修改後地址	未用	未用	未用	未用	未用	未用	未用

下表所示為讀取版本參數命令回應之版本號表：

表格 8 讀取版本號表

位元組	1	2	3	4	5	6	7	8
含義	'I'	'O'	'-'	'0'	'4'	'-'	'0'	'0'

註：版本號為 ascii 字元格式，如“IO-04-00”，IO 表示產品類型為 IO 控制板；04 表示 4 路系列；00 表示固件版本號。

Modbus RTU 指令碼舉例

以地址碼 addr 為 0x01 為例說明。

讀線圈（0X01） 為方便和效能，建議一次讀取 8 個線圈的狀態。

外部設備請求幀：

表格 9 讀取版本號表

Addr（ID）	功能碼	起始位址（高位元組）	起始位址（低位元組）	線圈數量（高位元組）	線圈數量（低位元組）	CRC16 (高位元組)	CRC16（低位元組）
0X01	0X01	0X00	0X00	0X00	0X08	計算獲得	

控制板回應幀：

表格 10 讀取版本號表

Addr（ID）	功能碼	位元組數	線圈狀態	CRC16 (高位元組)	CRC16（低位元組）
0X01	0X01	0X01	XX	計算獲得	

其中線圈狀態 XX 釋義如下：

表格 11 線圈狀態 XX 釋義表

B7	B6	B5	B4	B3	B2	B1	B0
線圈 8	線圈 7	線圈 6	線圈 5	線圈 4	線圈 3	線圈 2	線圈 1

B0~B7 分別代表控制板 8 個繼電器狀態（Y1~Y8），位值為 1 代表繼電器常開觸點閉合，常閉觸點斷開；位值為 0 代表繼電器常開觸點斷開，常閉觸點閉合；

位值為其他值，無意義。

讀離散量輸入（0X02） 為方便和高效，建議一次讀取 4 個輸入量的狀態。

外部設備請求幀：

表格 12 外部設備請求幀

Addr（ID）	功能碼	起始位址（高位元組）	起始位址（低位元組）	輸入數量（高位元組）	輸入數量（低位元組）	CRC16(高位元組)	CRC16（低位元組）
0X01	0X02	0X00	0X00	0X00	0X04	計算獲得	

控制板回應幀：

表格 13 外部設備請求幀

Addr（ID）	功能碼	位元組數	輸入狀態（只取低 4 位）	CRC16(高位元組)	CRC16（低位元組）
0X01	0X02	0X01	XX	計算獲得	

其中輸入狀態 XX 釋義如下：

表格 14 外部設備請求幀

B7	B6	B5	B4	B3	B2	B1	B0
高 4 個 bit 位無意義				輸入 4	輸入 3	輸入 2	輸入 1

B0~B3 分別代表控制板 4 個輸入狀態(X1~X4)，位值為 1 代表輸入高電平；位值為 0 代表輸出低電平；位值為其他值，無意義。

讀暫存器（0X03）

暫存器位址從 0X0000 到 0X000E,一共 15 個暫存器。其含義參考下表所示。建議一次讀取全部暫存器。

外部設備請求幀：

表格 15 外部設備請求幀

Addr（ID）	功能碼	起始位址（高位元組）	起始位址（低位元組）	暫存器數量（高位元組）	暫存器數量（低位元組）	CRC16(高位元組)	CRC16（低位元組）
0X01	0X02	0X00	0X00	0X00	0x0F	計算獲得	

控制板回應幀：

表格 16 控制板回應幀

Addr（ID）	功能碼	位元組數	資料 1 (高位元組)	數據 1（低位元組）	…	資料 30 (高位元組)	數據 30（低位元組）	CRC16(高位元組)	CRC16（低位元組）
0X01	0X03	0X1E	XX	XX	…	XX	XX	計算獲得	

控制寫入單個線圈（0X05）

外部設備請求幀：

表格 17 外部設備請求幀

Addr（ID）	功能碼	起始位址（高位元組）	起始位址（低位元組）	線圈狀態（高位元組）	線圈狀態（低位元組）	CRC16(高位元組)	CRC16（低位元組）
0X01	0X05	0X00	XX	XX	0X00	計算獲得	

注意：起始位址（低位元組）取值範圍是 0X00~0X07 分別對應控制板的 8 個繼電器（Y1~Y8）;線圈狀態（高字節）為 0XFF 時，對應的繼電器常開觸點閉合，常閉觸點斷開； 線圈狀態（高位元組）為 0X00 時，對應的繼電器常開觸點斷開，常閉觸點閉合。 線圈狀態（高位元組）為其他值時，無意義。

控制板回應幀：

表格 18 控制板回應幀

Addr（ID）	功能碼	起始位址（高位元組）	起始位址（低位元組）	線圈狀態（高位元組）	線圈狀態（低位元組）	CRC16 (高位元組)	CRC16（低位元組）
0X01	0X05	0X00	XX	XX	0X00	計算獲得	

控制寫入單個暫存器（0X06） 用此功能碼既可以配置控制板的位址、串列傳輸速率等參數，也可以復位控制板和恢復出廠設置。

注意：使用協議修改控制板參數時（串列傳輸速率、位址），如果不慎操作錯誤而導致無法通訊時，可以按住“RESET”按鍵並保持 5 秒，等到“SYS”指示燈快閃時（10Hz 左右），鬆開按鍵，此時控制板恢復出廠參數，如下：

串口參數：串列傳輸速率 9600；數據位元 8；不校驗；1 位停止位； 控制板位址：1。

外部設備請求幀：

表格 19 外部設備請求幀

Addr（ID）	功能碼	起始位址（高位元組）	起始位址（低位元組）	暫存器資料（高位元組）	暫存器資料（低位元組）	CRC16 (高位元組)	CRC16（低位元組）
0X01	0X06	0X00	XX	XX	XX	計算獲得	

控制板回應幀：

表格 20 控制板回應幀

Addr（ID）	功能碼	起始位址（高位元組）	起始位址（低位元組）	暫存器資料（高位元組）	暫存器資料（低位元組）	CRC16 (高位元組)	CRC16（低位元組）
0X01	0X06	0X00	XX	XX	XX	計算獲得	

控制寫入多個線圈（0X0F）

建議一次寫入 8 個線圈狀態。 外部設備請求幀

表格 21 寫多個線圈

Addr (ID)	功能碼	起始位址（高位元組）	起始地址（低位元組）	線圈數量（高位元組）	暫存器資料（低位元組）	位元組數	線圈狀態	CRC16 (高位元組)	CRC16（低位元組）
0X01	0X0F	0X00	XX	0X00	0X08	0X01	XX	計算獲得	

其中，線圈狀態 XX 釋義如下：

表格 22 線圈狀態 XX 釋義

B7	B6	B5	B4	B3	B2	B1	B0
線圈 8	線圈 7	線圈 6	線圈 5	線圈 4	線圈 3	線圈 2	線圈 1

B0~B7 分別對應控制板的 8 個繼電器 Y1~Y8。位值為 1 代表繼電器常開觸點閉合，常閉觸點斷開；位值為 0 代表繼電器常開觸點斷開，常閉觸點閉合；位值為其他值，無意義。

控制板回應幀：

表格 23 控制板回應幀

Addr (ID)	功能碼	起始位址（高位元組）	起始位址（低位元組）	線圈數量（高位元組）	暫存器資料（低位元組）	CRC16 (高位元組)	CRC16（低位元組）
0X01	0X0F	0X00	XX	0X00	0X08	計算獲得	

控制繼電器之 Modbus 控制碼

如下圖所示，我們閱讀開始測試繼電器開啟與關閉一節後，我們把繼電器之 Modbus 控制碼整理如下表。

表格 24　控制繼電器之 Modbus 控制碼整理表

組別	控制	命令
開啟	發送	01 0F 00 00 00 08 01 FF BE D5
全部	接收	01 0F 00 00 00 08 54 0D BE D5
關閉	發送	01 0F 00 00 00 08 01 00 FE 95
全部	接收	01 0F 00 00 00 08 54 0D FE 95
開啟	發送	01 05 00 00 FF 00 8C 3A
第一組	接收	01 05 00 00 FF 00 8C 3A
關閉	發送	01 05 00 00 00 00 CD CA
第一組	接收	01 05 00 00 00 00 CD CA
開啟	發送	01 05 00 01 FF 00 DD FA
第二組	接收	01 05 00 01 FF 00 DD FA
關閉	發送	01 05 00 01 00 00 9C 0A
第二組	接收	01 05 00 01 00 00 9C 0A
開啟	發送	01 05 00 02 FF 00 2D FA
第三組	接收	01 05 00 02 FF 00 2D FA
關閉	發送	01 05 00 02 00 00 6C 0A
第三組	接收	01 05 00 02 00 00 6C 0A
開啟	發送	01 05 00 03 FF 00 7C 3A
第四組	接收	01 05 00 03 FF 00 7C 3A
關閉	發送	01 05 00 03 00 00 3D CA
第四組	接收	01 05 00 03 00 00 3D CA
開啟	發送	01 05 00 04 FF 00 CD FB
第五組	接收	01 05 00 04 FF 00 CD FB
關閉	發送	01 05 00 04 00 00 8C 0B
第五組	接收	01 05 00 04 00 00 8C 0B
開啟	發送	01 05 00 05 FF 00 9C 3B
第六組	接收	01 05 00 05 FF 00 9C 3B
關閉	發送	01 05 00 05 00 00 DD CB
第六組	接收	01 05 00 05 00 00 DD CB
開啟	發送	01 05 00 06 FF 00 6C 3B
第七組	接收	01 05 00 06 FF 00 6C 3B
關閉	發送	01 05 00 06 00 00 2D CB
第七組	接收	01 05 00 06 00 00 2D CB
開啟	發送	01 05 00 07 FF 00 3D FB
第八組	接收	01 05 00 07 FF 00 3D FB
關閉	發送	01 05 00 07 00 00 7C 0B

第八組	接收	01 05 00 07 00 00 7C 0B

註：透過『開始測試繼電器開啟與關閉』一節實驗整理所得

透過上表，筆者已經將控制繼電器之 Modbus 控制碼整理給各位讀者，接下來會使用這些繼電器之 Modbus 控制碼，透過手機 APP 方法來達到本書的目的。

測試軟體進行連線與控制測試

如下圖所示，我們 Accessport，不會用的讀者，可以參考小狐狸事務所的文章：串列埠測試軟體 AccessPort(網址：http://yhhuang1966.blogspot.com/2015/09/accessport.html)學習，軟體可以到網址：http://www.sudt.com/download/AccessPort137.zip，或作者網址：https://github.com/brucetsao/Tools，自行下載之。

請讀者下載之後，因為 Modbus RTU 繼電器模組對外只能 RS-232 或 RS-485 通訊，所以如下圖所示，我們看 Modbus RTU 繼電器模組之電源輸入端，本裝置可以使用 11~12V 直流電，我們使用 12V 直流電供應 Modbus RTU 繼電器模組。

圖 39 Modbus RTU 繼電器模組之電源供應端)

如下圖所示，筆者使用高瓦數的交換式電源供應器，將下圖所示之紅框區，+V 為 12V 正極端接到上圖之 VCC，-V 為 12V 負極端接到上圖之 GND，完成

Modbus RTU 繼電器模組之電力供應。

圖 40 電源供應器 12V 供應端

完成 Modbus RTU 繼電器模組之對外通訊端

如下圖所示，我們看 Modbus RTU 繼電器模組之 RS232 通訊端，如下圖紅框處，可以見到 RS232 通訊端圖示，我們需要使用 USB 轉 RS-232 的轉接線連接。

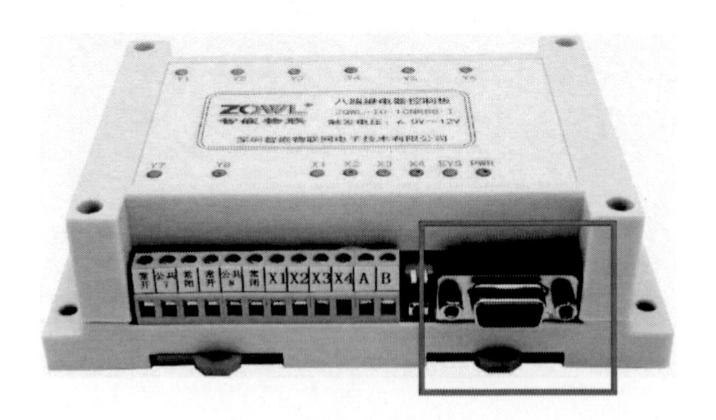

圖 41 Modbus RTU 繼電器模組之 RS232 通訊端

由於 RS-2325 的電壓與傳輸電氣方式不同，由於筆者筆電已經沒有 RS232 通訊端的介面，所以我們需要使用 USB 轉 RS-232 的轉換模組，如下圖所示， 筆者使用這個 USB 轉 RS-232 模組，進行轉換不同通訊方式。

圖 42 USB 轉 RS-232 模組

如上上圖紅框所示，接在上圖的 USB 轉 RS-232 模組，在將上圖的 USB 轉 RS-232 模組接到電腦，並接入燈泡，完成下圖所示之電路。

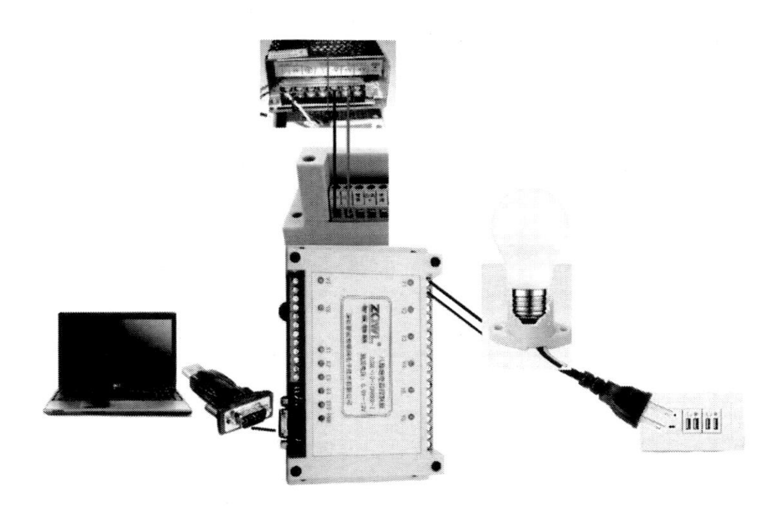

圖 43 電腦接 Modbus RTU 繼電器模組

如下圖所示，接在上圖的 USB 轉 RS-232 模組，在將上圖的 USB 轉 RS-232 模組接到電腦，並接入燈泡，完成下圖所示之電腦接 Modbus RTU 繼電器模組實際連接圖電路。

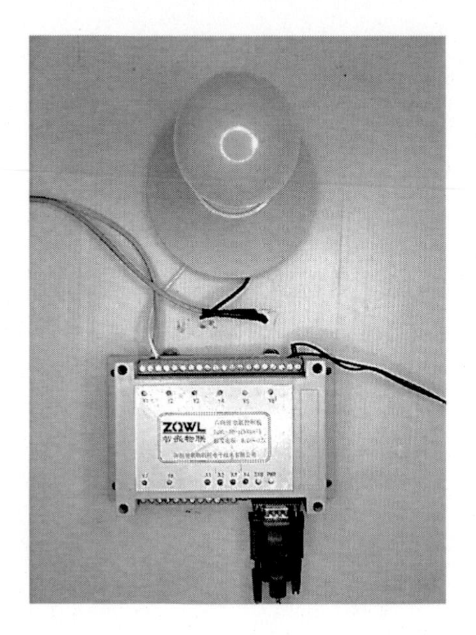

圖 44 電腦接 Modbus RTU 繼電器模組實際連接圖電路

實際進行連線與控制測試

我們 Accessport，不會用的讀者，可以參考小狐狸事務所的文章：串列埠測試軟體 AccessPort(網址：http://yhhuang1966.blogspot.com/2015/09/accessport.html)學習，軟體可以到網址：http://www.sudt.com/download/AccessPort137.zip，或作者網址：https://github.com/brucetsao/Tools，自行下載之。

我們開始連線進行測試，如下圖所示，為開啟所有繼電器之 AccessPort 畫面擷取圖：

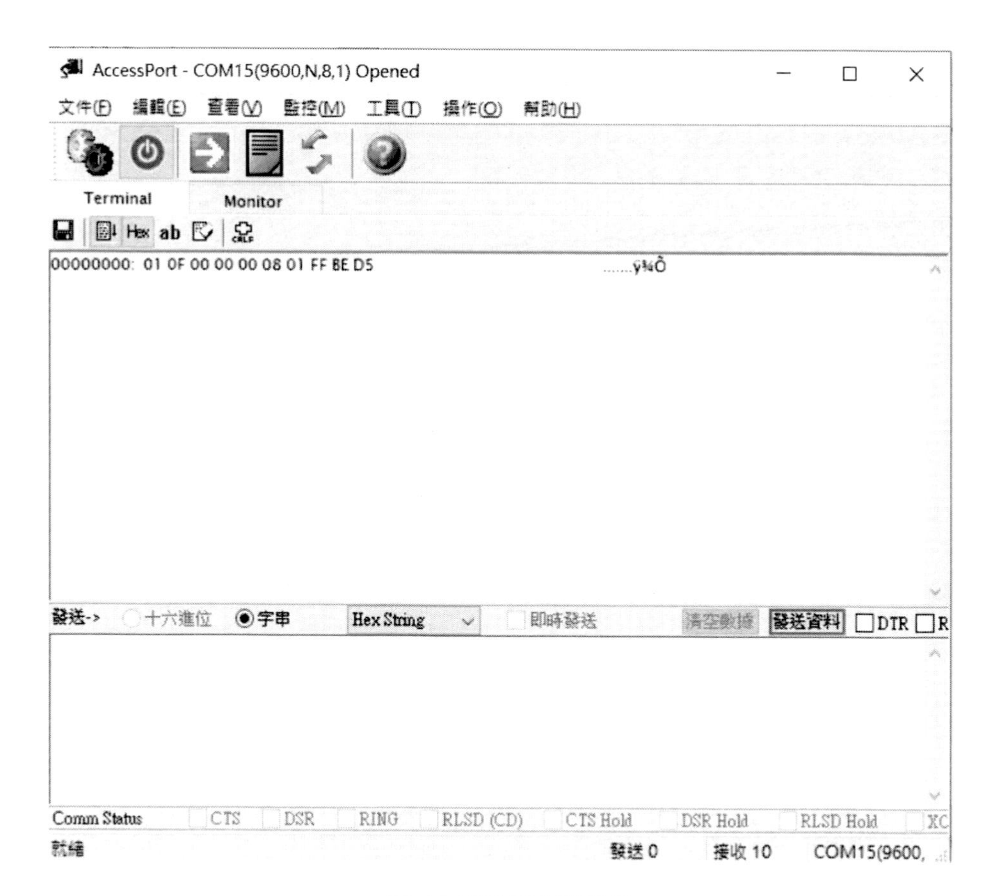

圖 45 開啟所有繼電器

如下圖所示，為關閉所有繼電器之 AccessPort 畫面擷取圖：

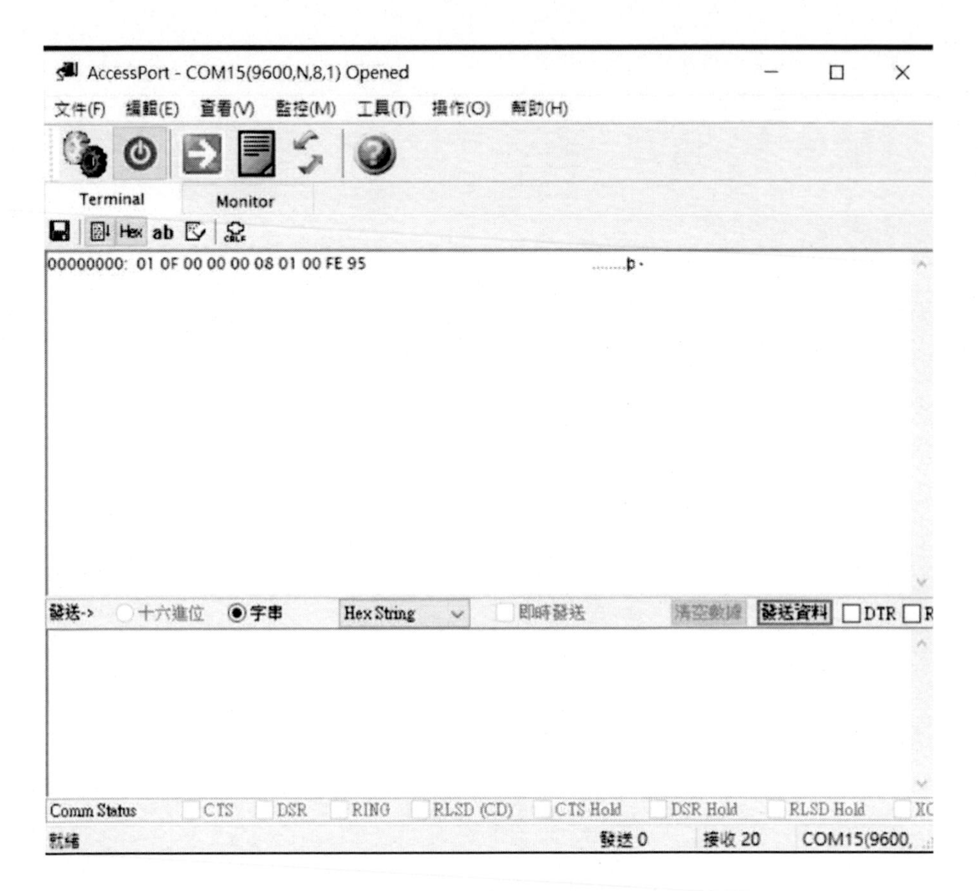

圖 46 關閉所有繼電器

如下圖所示，為開啟第一組繼電器之 AccessPort 畫面擷取圖：

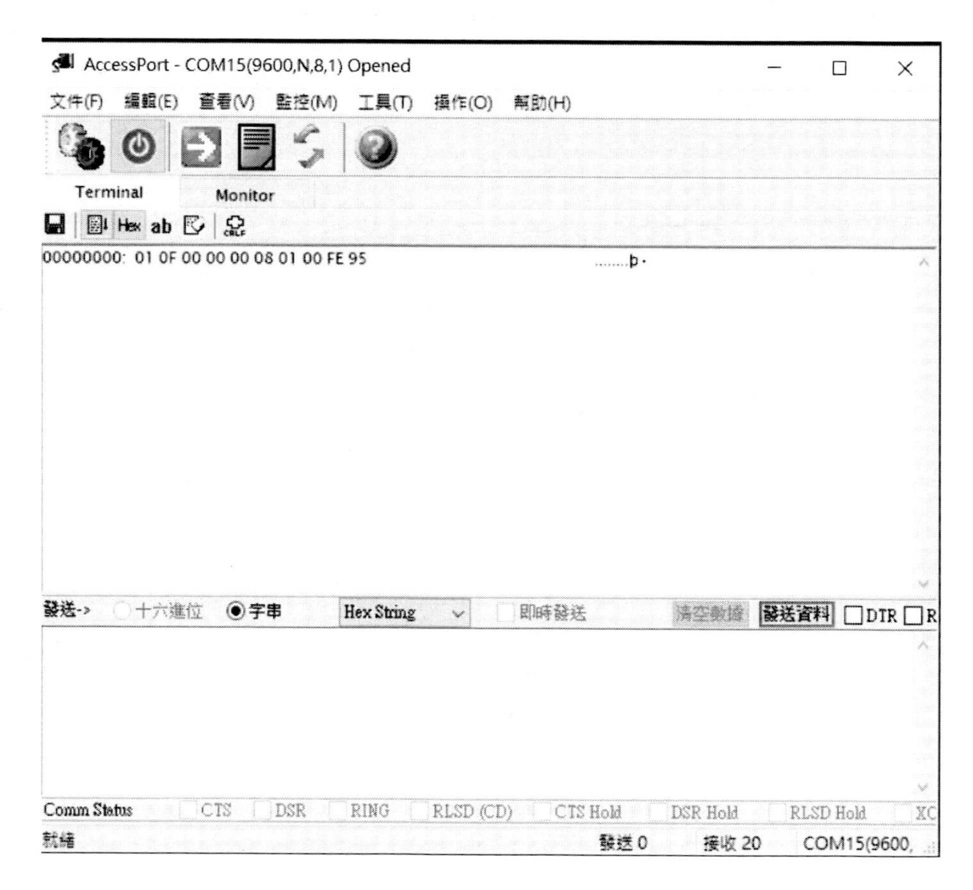

圖 47 開啟第一組繼電器

如下圖所示，為關閉第一組繼電器之 AccessPort 畫面擷取圖：

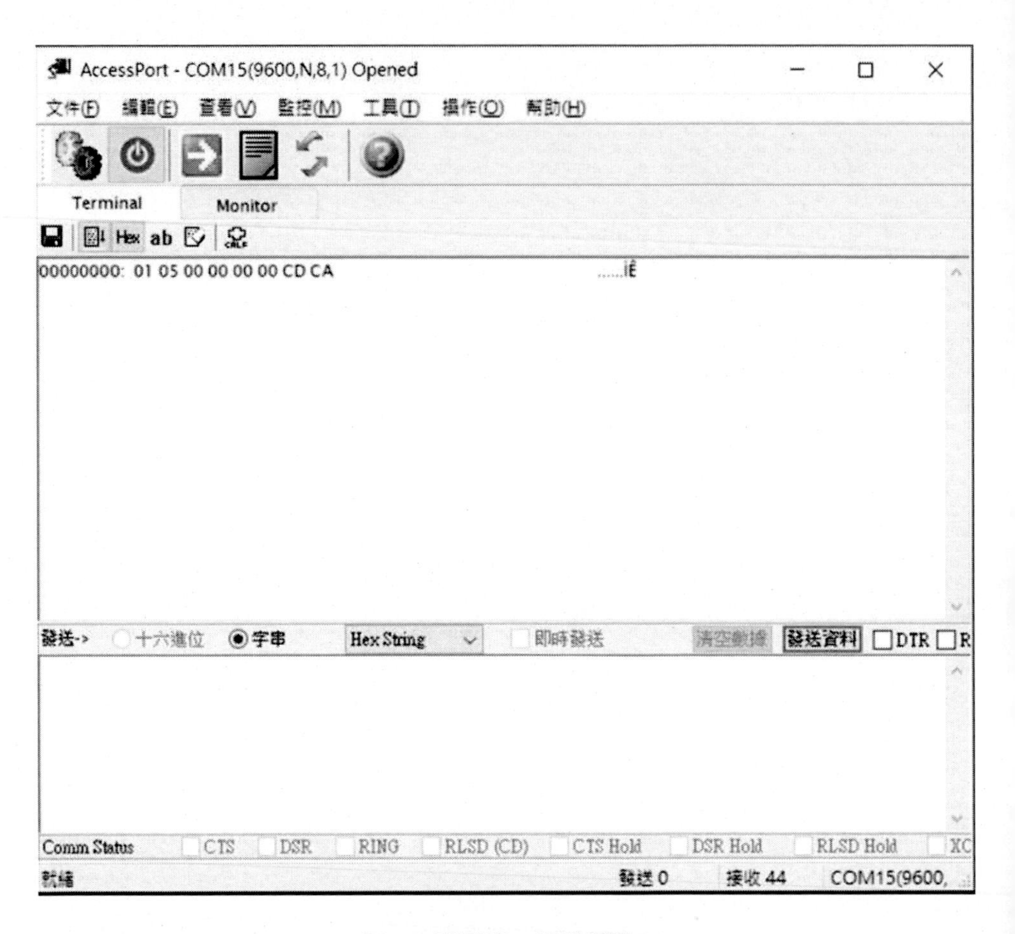

圖 48 關閉第一組繼電器

如下圖所示，為開啟第二組繼電器之 AccessPort 畫面擷取圖：

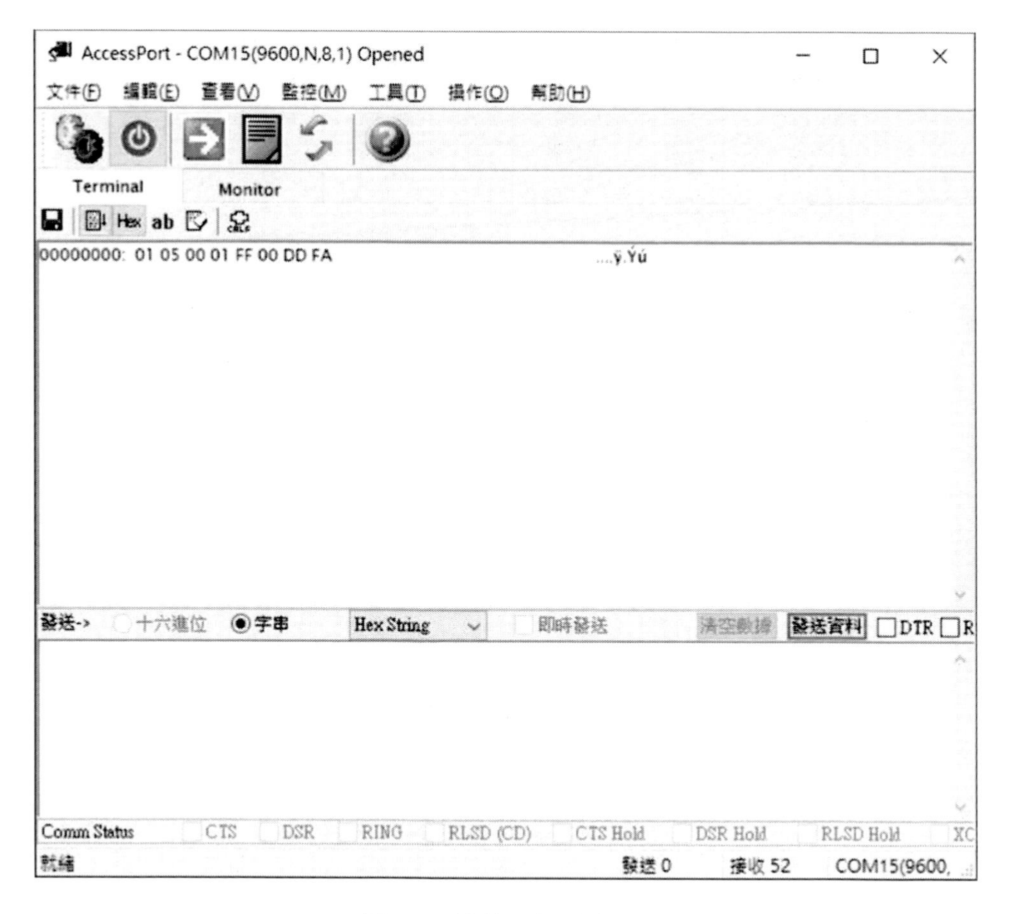

圖 49 開啟第二組繼電器

如下圖所示，為關閉第二組繼電器之 AccessPort 畫面擷取圖：

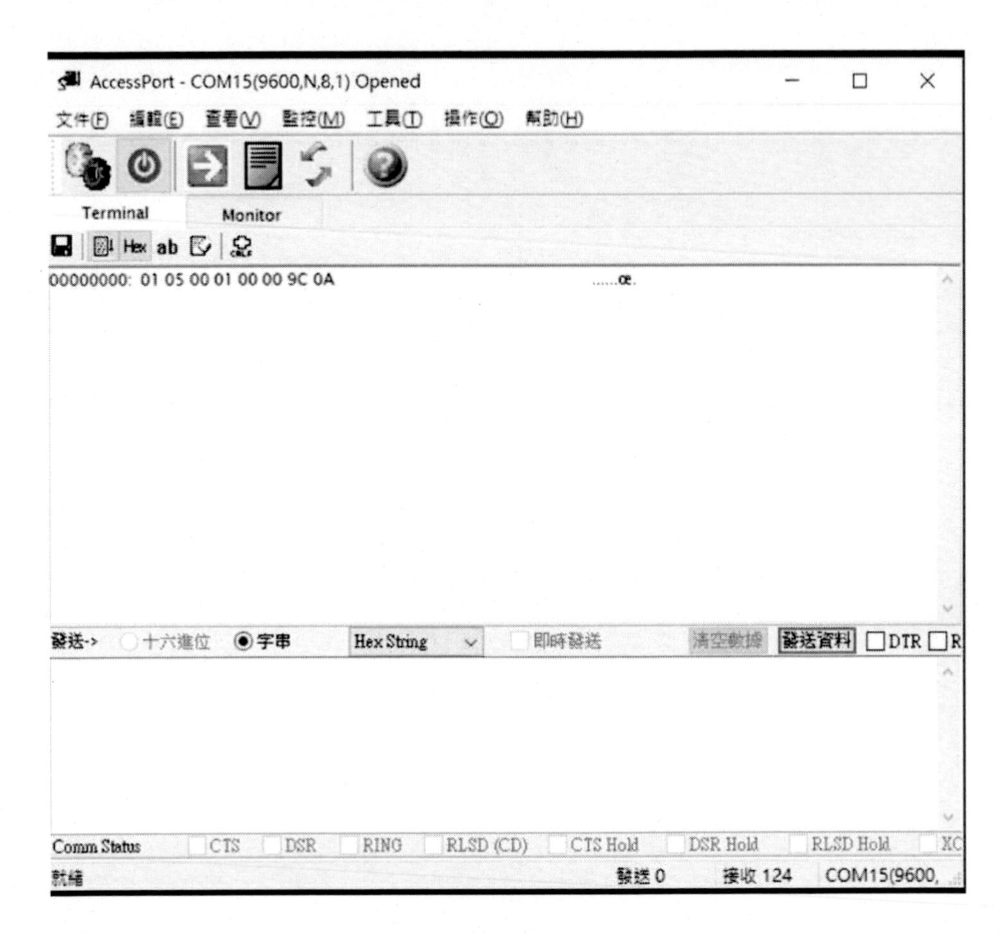

圖 50 關閉第二組繼電器

如下圖所示，為開啟第三組繼電器之 AccessPort 畫面擷取圖：

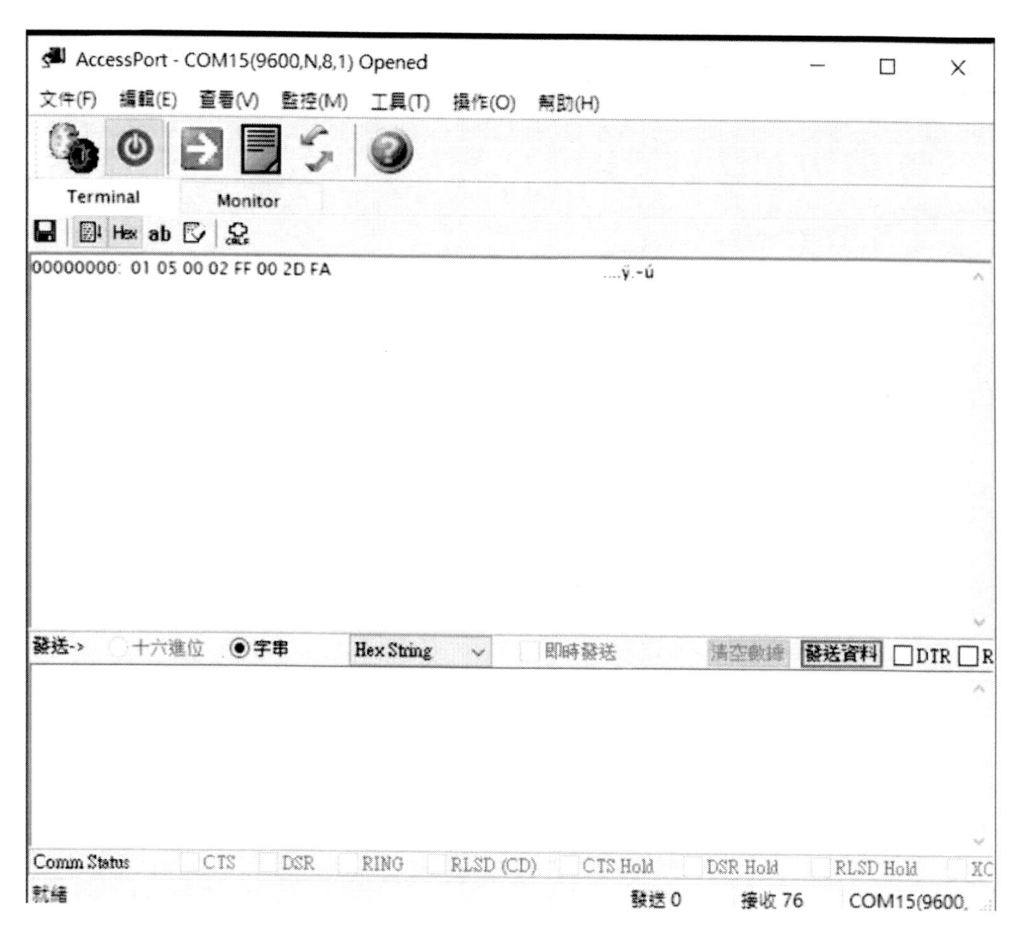

圖 51 開啟第三組繼電器

如下圖所示，為關閉第三組繼電器之 AccessPort 畫面擷取圖：

圖 52 關閉第三組繼電器

如下圖所示，為開啟第四組繼電器之 AccessPort 畫面擷取圖：

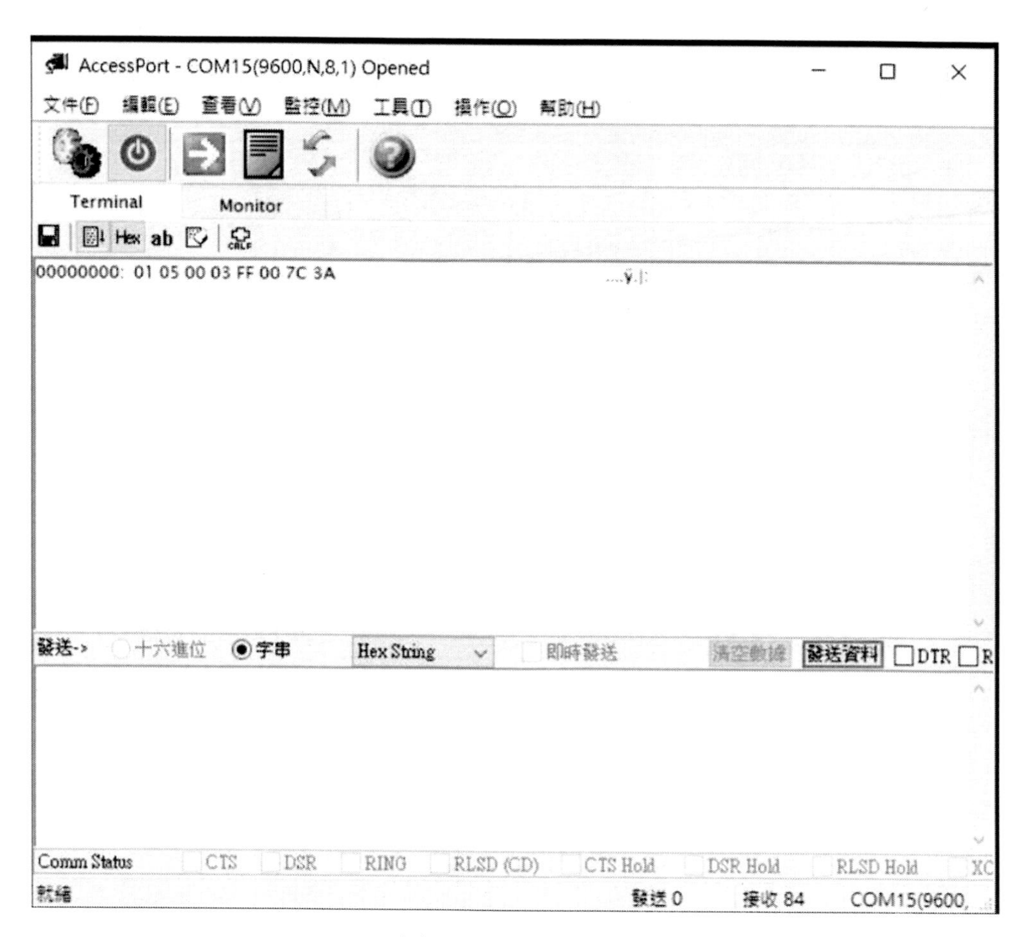

圖 53 開啟第四組繼電器

如下圖所示，為關閉第四組繼電器之 AccessPort 畫面擷取圖：

圖 54 關閉第四組繼電器

如下圖所示，為開啟第五組繼電器之 AccessPort 畫面擷取圖：

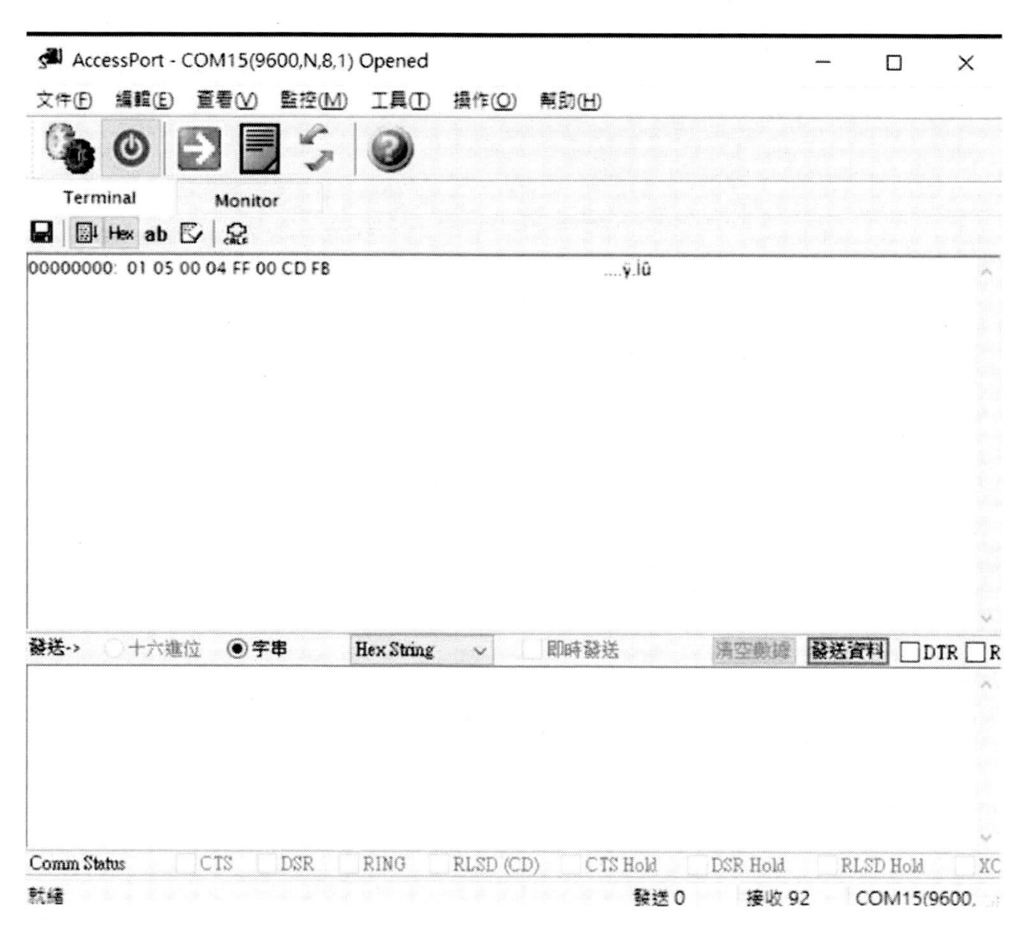

圖 55 開啟第五組繼電器

如下圖所示，為關閉第五組繼電器之 AccessPort 畫面擷取圖：

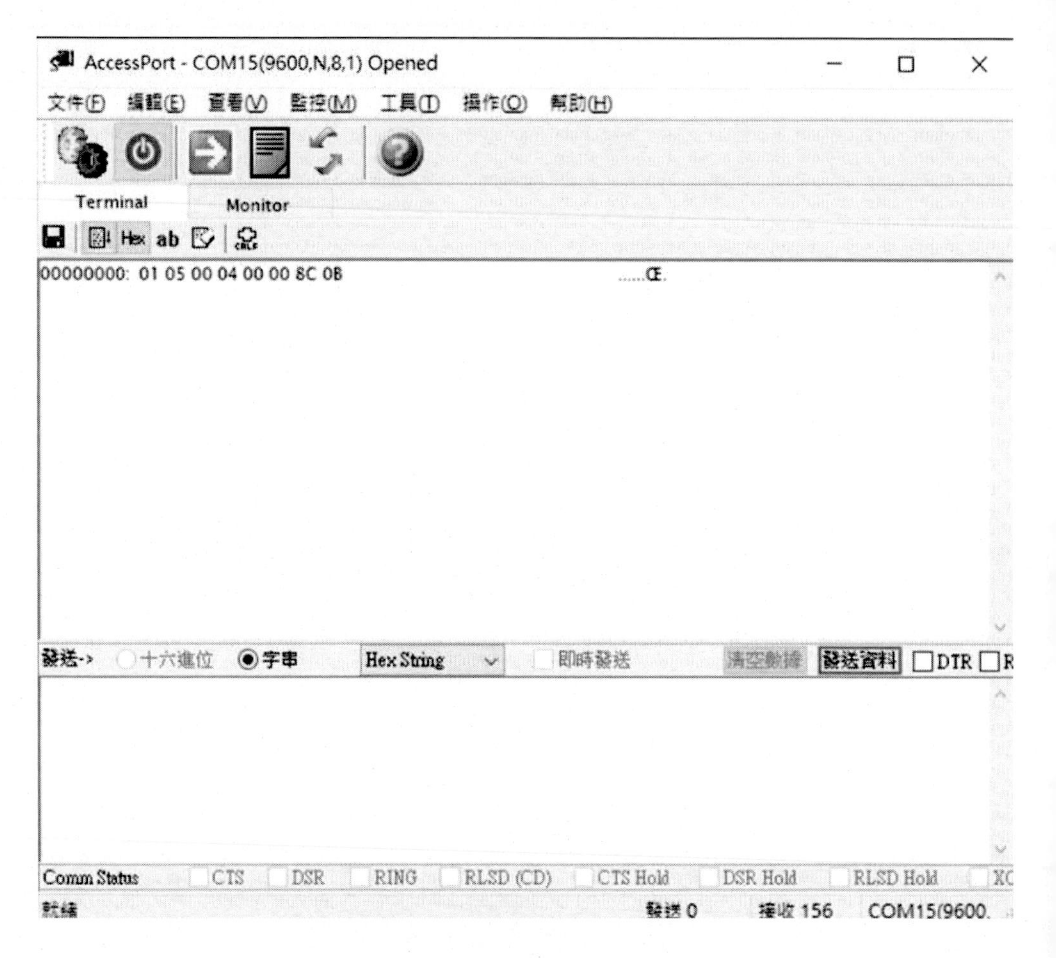

圖 56 關閉第五組繼電器

如下圖所示，為開啟第六組繼電器之 AccessPort 畫面擷取圖：

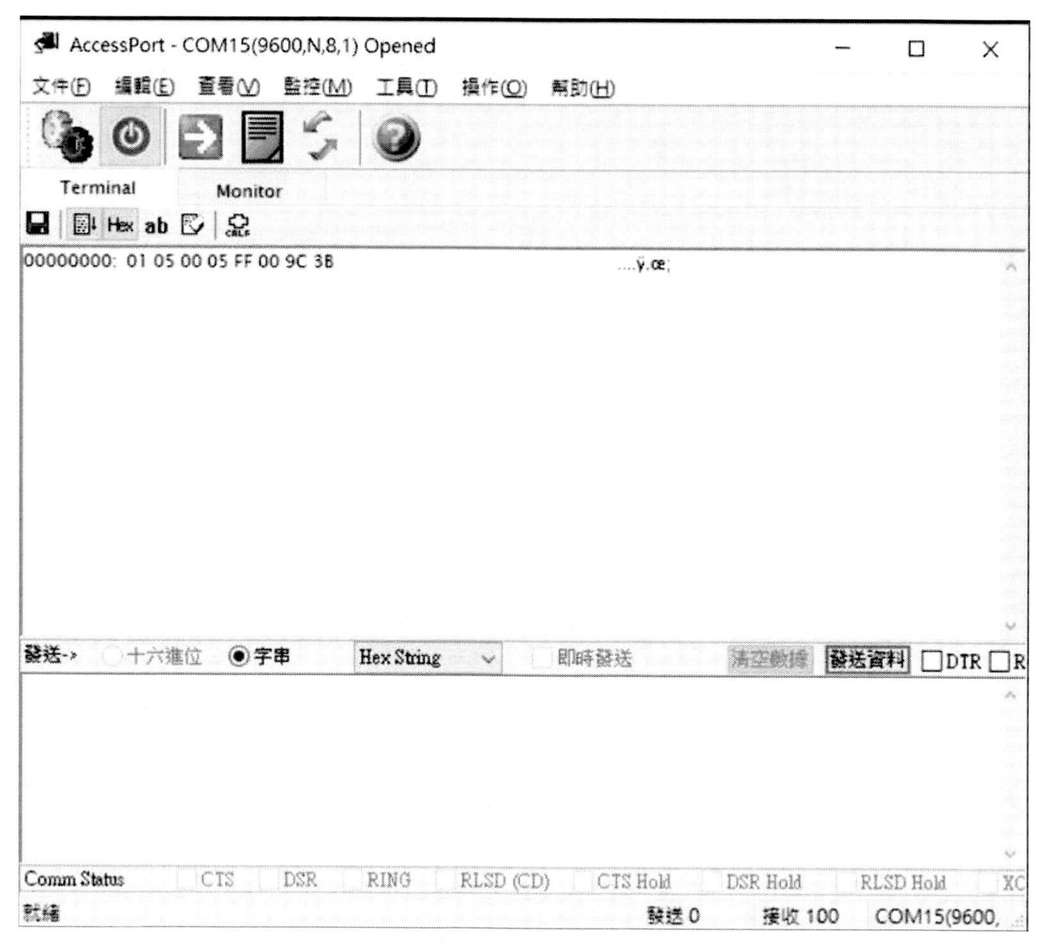

圖 57 開啟第六組繼電器

如下圖所示，為關閉第六組繼電器之 AccessPort 畫面擷取圖：

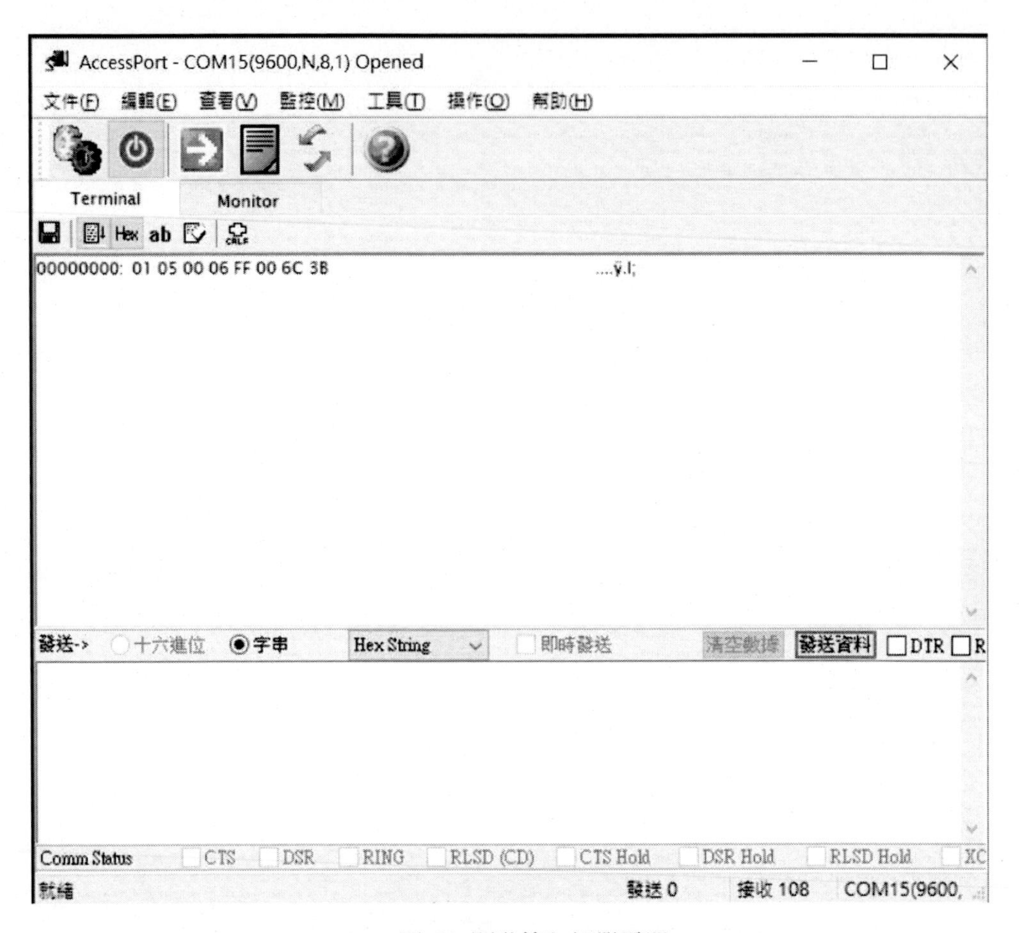

圖 58 開啟第七組繼電器

如下圖所示，為關閉第七組繼電器之 AccessPort 畫面擷取圖：

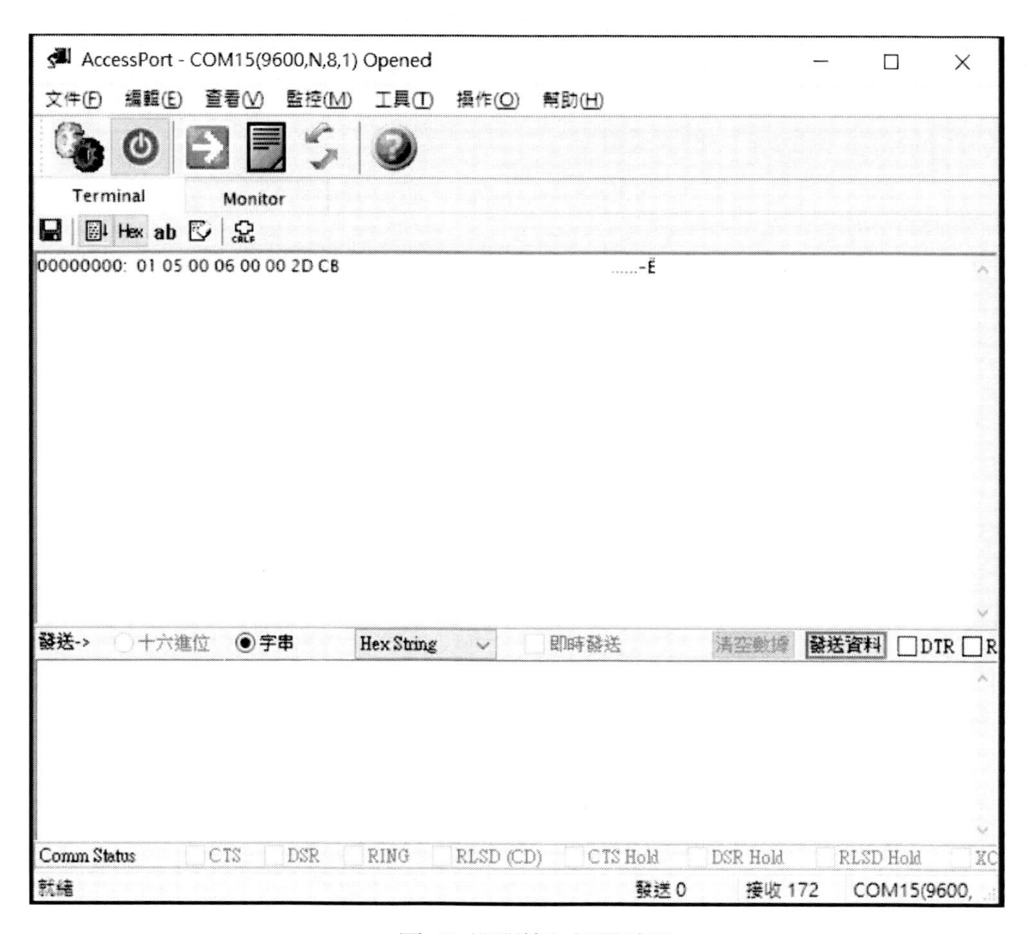

圖 59 關閉第七組繼電器

如下圖所示，為開啟第八組繼電器之 AccessPort 畫面擷取圖：

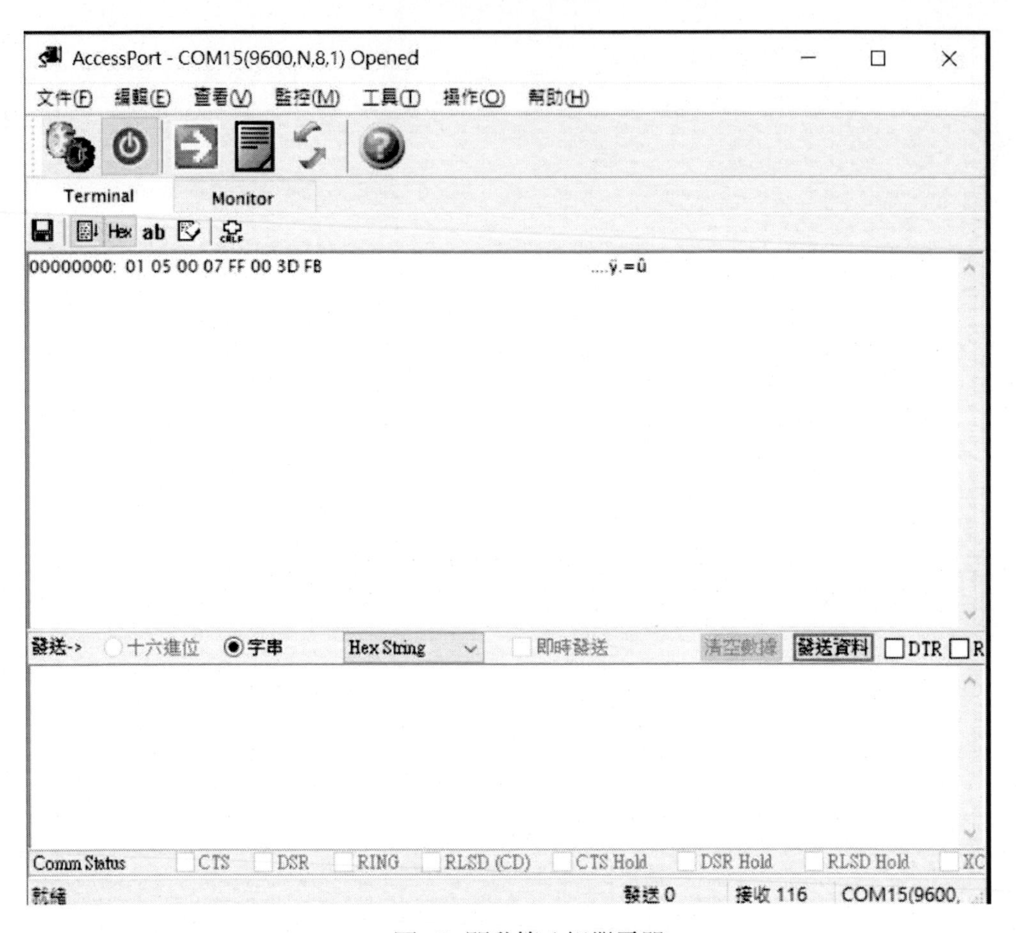

圖 60 開啟第八組繼電器

如下圖所示，為關閉第八組繼電器之 AccessPort 畫面擷取圖：

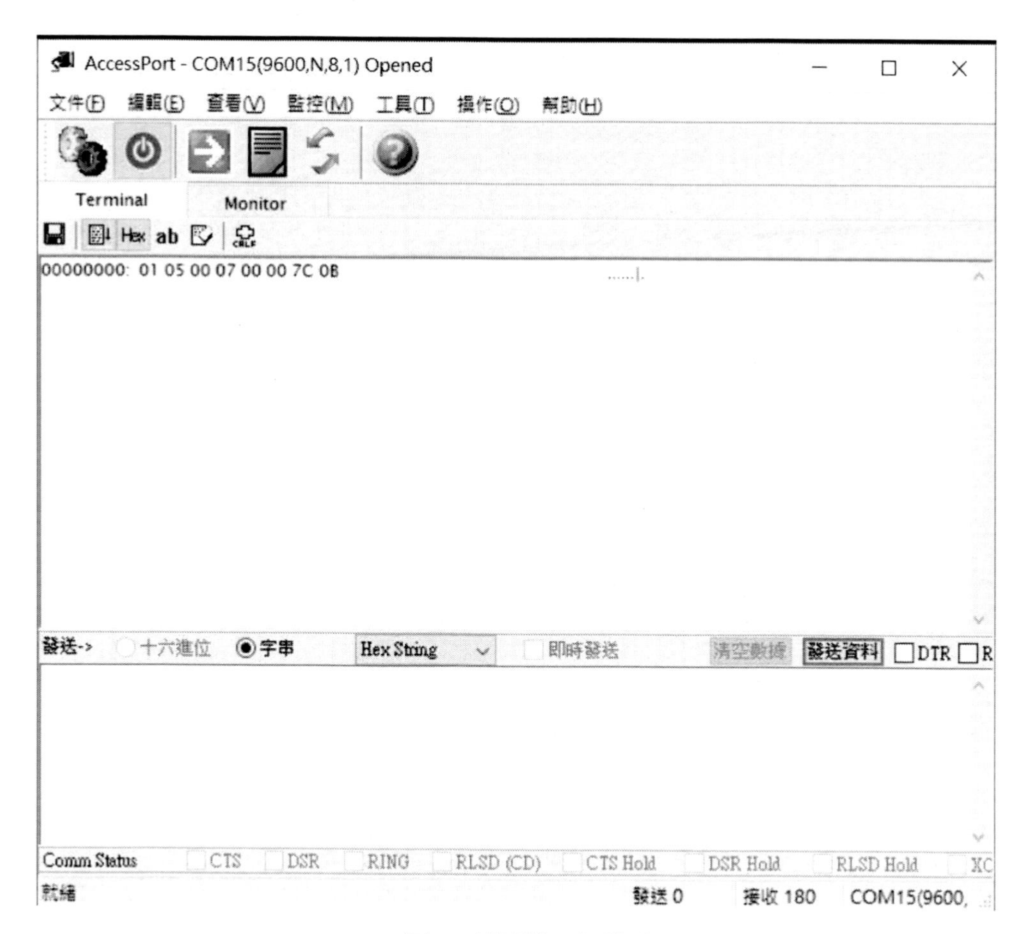

圖 61 關閉第八組繼電器

以上為 Modbus RTU 繼電器模組之八組繼電器全部測試，透過上述的解說，相信讀者了解如何連接、使用、測試 Modbus RTU 繼電器模組的方法。

章節小結

本章主要介紹之 Modbus RTU 繼電器模組的測試方法，並將一一對控制命令逐一介紹，並將控制繼電器之 Modbus 控制碼 整理給各位讀者，透過本章節的解說，相信讀者會對連接、使用、測試 Modbus RTU 繼電器模組的方法，有更深入的了解與體認。

3
CHAPTER

藍芽連接 Modbus RTU 繼電器模組

本文我們要跟讀者說明，如何將 Modbus RTU 繼電器模組與手機連接，如下圖所示，我們可以看到，Modbus RTU 繼電器模組只有 RS-232 與 RS-485 介面，而這些介面無法輕易連接手機。

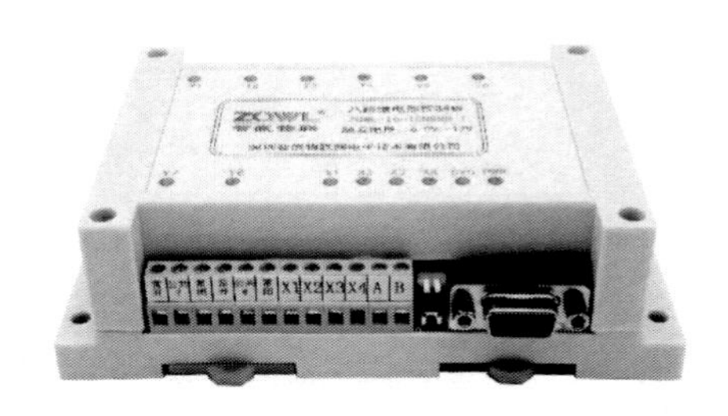

圖 62 Modbus RTU 繼電器模組之通訊接頭

Modbus RTU 繼電器模組連接方法

由於 Modbus RTU 繼電器模組之通訊接頭只有 RS-485 與 RS-232，如下圖.(a)所示，而讀取資料與寫入資料，都必須使用單晶片開發板，所以筆者使用 Arduino UNO 開發板，而 Arduino UNO 開發板只能驅動 TTL 訊號，所以連接 Modbus RTU 繼電器模組之 RS-485 通訊接頭，我們必須要有一個 RS-485 轉 TTL 模組，另外連接手機只能用藍芽通訊，所以筆者又使用一個藍芽通訊模組(HC-05)，這樣方能轉接 Modbus RTU 繼電器模組到藍芽通訊。

另外如果 Modbus RTU 繼電器模組使用 RS-232 通訊接頭，如下圖.(b)所示，而讀取資料與寫入資料，都必須使用單晶片開發板，所以筆者使用 Arduino UNO 開發板，而 Arduino UNO 開發板只能驅動 TTL 訊號，所以連接 Modbus RTU 繼電器模組之 RS-232 通訊接頭，我們必須要有一個 RS-232 轉 TTL 模組，另外連接手機只能用藍芽通訊，所以筆者又使用一個藍芽通訊模組(HC-05)，這樣方能轉接 Modbus RTU

繼電器模組到藍芽通訊。

不管用 RS-485 通訊接頭或 RS-232 通訊接頭，轉接通訊工程浩大。

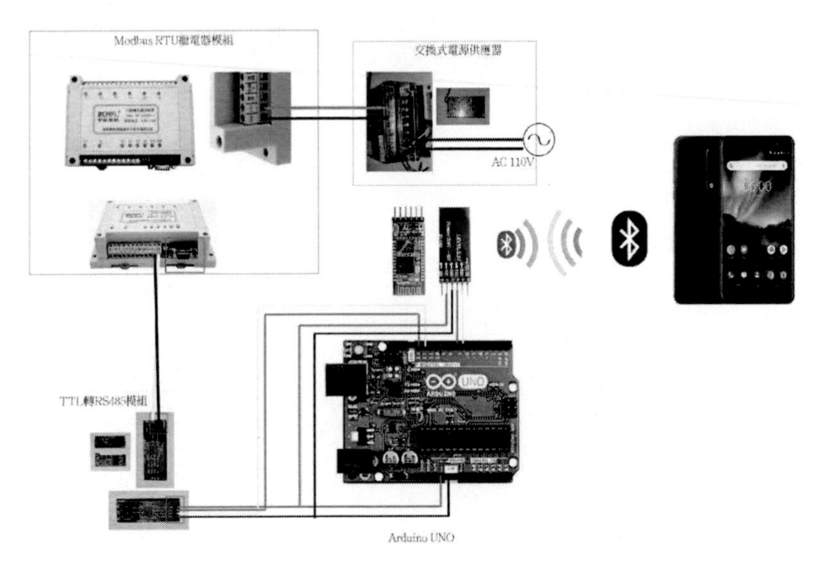

(a). Modbus RTU 繼電器模組使用 RS-485 通訊轉藍芽通訊

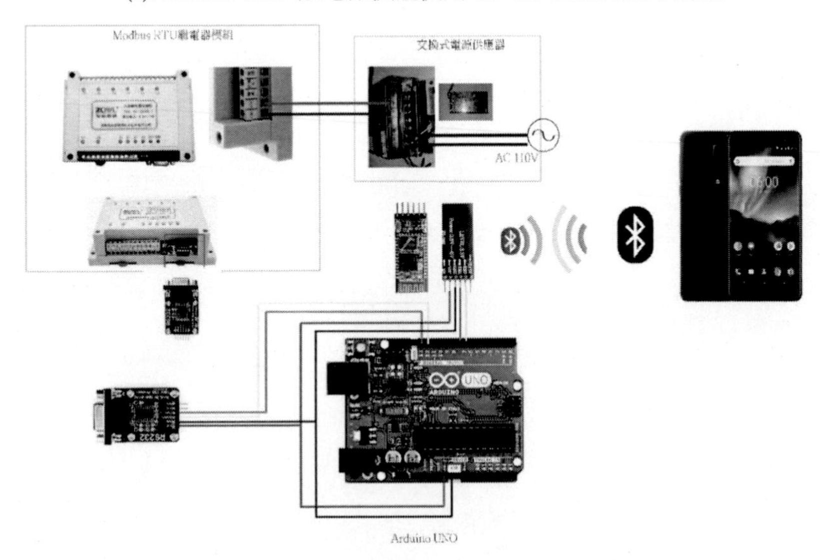

(b). Modbus RTU 繼電器模組使用 RS-232 通訊轉藍芽通訊

圖 63 Modbus RTU 繼電器模組使用通訊轉換模組轉藍芽通訊

開始測試繼電器開啟與關閉

如下圖所示，我們閱讀開始測試繼電器開啟與關閉一節後，我們參考 Modbus 控制碼表。

表格 25 控制繼電器之 Modbus 控制碼表

組別	控制	命令
開啟	發送	01 0F 00 00 00 08 01 FF BE D5
全部	接收	01 0F 00 00 00 08 54 0D BE D5
關閉	發送	01 0F 00 00 00 08 01 00 FE 95
全部	接收	01 0F 00 00 00 08 54 0D FE 95
開啟	發送	01 05 00 00 FF 00 8C 3A
第一組	接收	01 05 00 00 FF 00 8C 3A
關閉	發送	01 05 00 00 00 00 CD CA
第一組	接收	01 05 00 00 00 00 CD CA
開啟	發送	01 05 00 01 FF 00 DD FA
第二組	接收	01 05 00 01 FF 00 DD FA
關閉	發送	01 05 00 01 00 00 9C 0A
第二組	接收	01 05 00 01 00 00 9C 0A
開啟	發送	01 05 00 02 FF 00 2D FA
第三組	接收	01 05 00 02 FF 00 2D FA
關閉	發送	01 05 00 02 00 00 6C 0A
第三組	接收	01 05 00 02 00 00 6C 0A
開啟	發送	01 05 00 03 FF 00 7C 3A
第四組	接收	01 05 00 03 FF 00 7C 3A
關閉	發送	01 05 00 03 00 00 3D CA
第四組	接收	01 05 00 03 00 00 3D CA
開啟	發送	01 05 00 04 FF 00 CD FB
第五組	接收	01 05 00 04 FF 00 CD FB
關閉	發送	01 05 00 04 00 00 8C 0B
第五組	接收	01 05 00 04 00 00 8C 0B
開啟	發送	01 05 00 05 FF 00 9C 3B
第六組	接收	01 05 00 05 FF 00 9C 3B
關閉	發送	01 05 00 05 00 00 DD CB
第六組	接收	01 05 00 05 00 00 DD CB

開啟第七組	發送	01 05 00 06 FF 00 6C 3B
	接收	01 05 00 06 FF 00 6C 3B
關閉第七組	發送	01 05 00 06 00 00 2D CB
	接收	01 05 00 06 00 00 2D CB
開啟第八組	發送	01 05 00 07 FF 00 3D FB
	接收	01 05 00 07 FF 00 3D FB
關閉第八組	發送	01 05 00 07 00 00 7C 0B
	接收	01 05 00 07 00 00 7C 0B

註：透過『開始測試繼電器開啟與關閉』一節實驗整理所得

如下圖所示，我們輸入『01 05 00 00 FF 00 8C 3A』來開啟第一組繼電器。

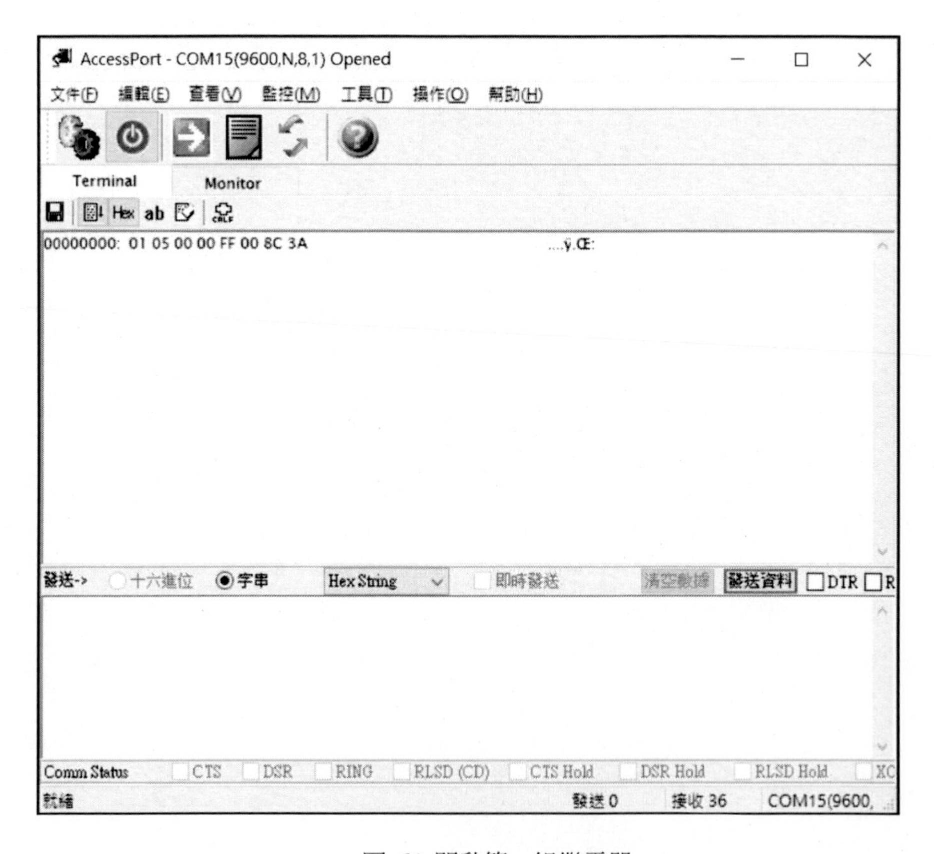

圖 64 開啟第一組繼電器

如下圖所示，我們輸入『01 05 00 01 FF 00 DD FA』來關閉第一組繼電器。

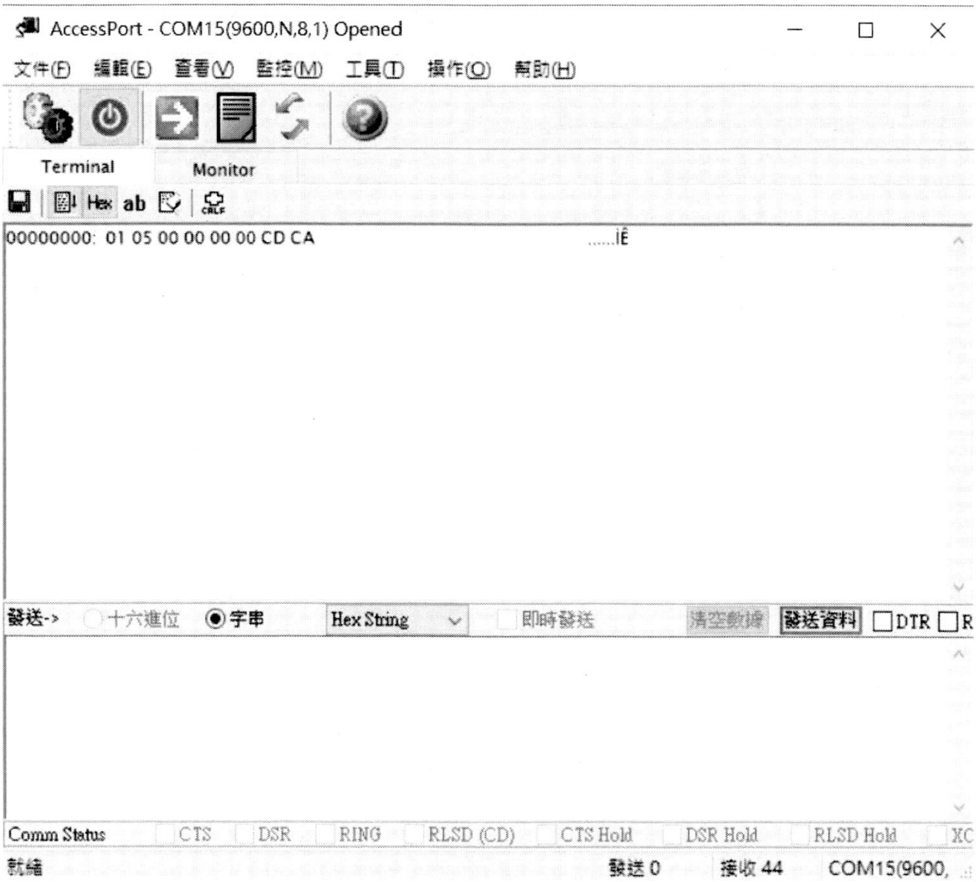

圖 65 關閉第一組繼電器

如下圖所示，我們輸入『01 05 00 01 FF 00 DD FA』來開啟第二組繼電器。

圖 66 開啟第二組繼電器

如下圖所示，我們輸入『01 05 00 01 00 00 9C 0A』來關閉第二組繼電器。

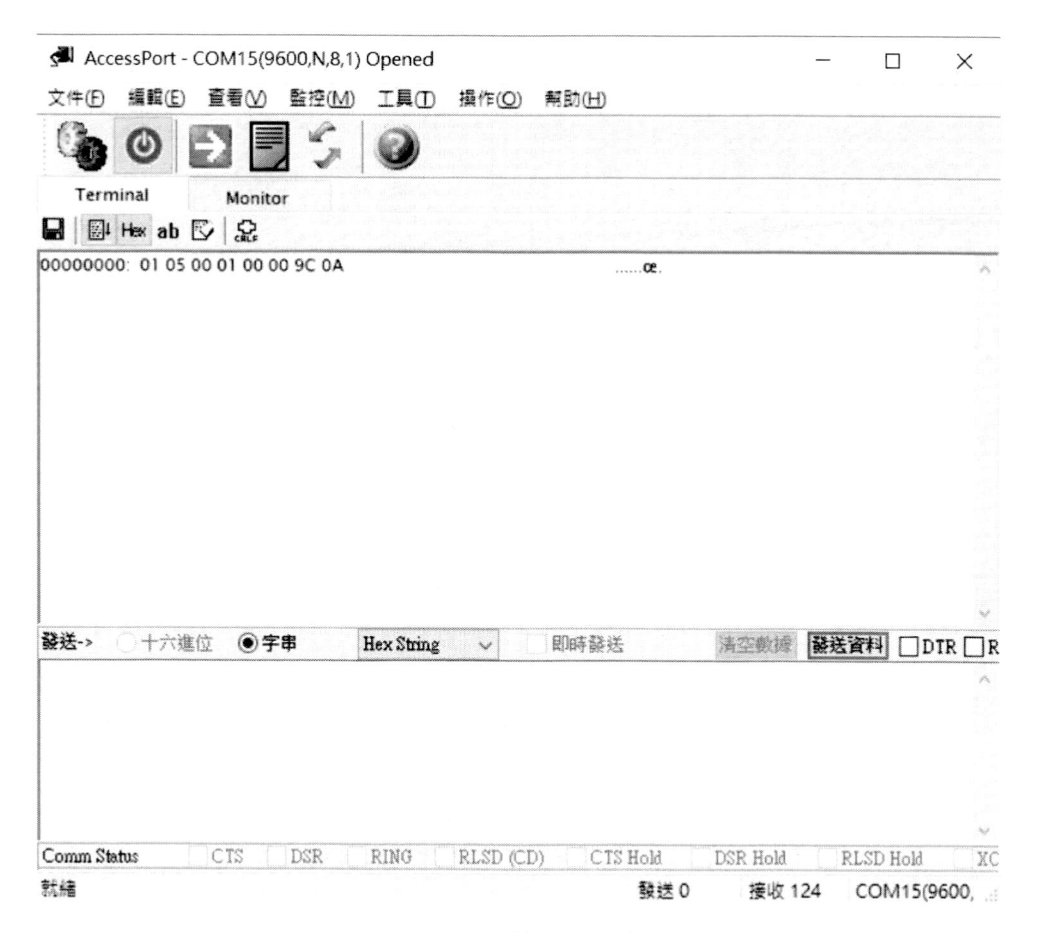

圖 67 關閉第二組繼電器

如下圖所示，我們輸入『01 05 00 02 FF 00 2D FA』來開啟第三組繼電器。

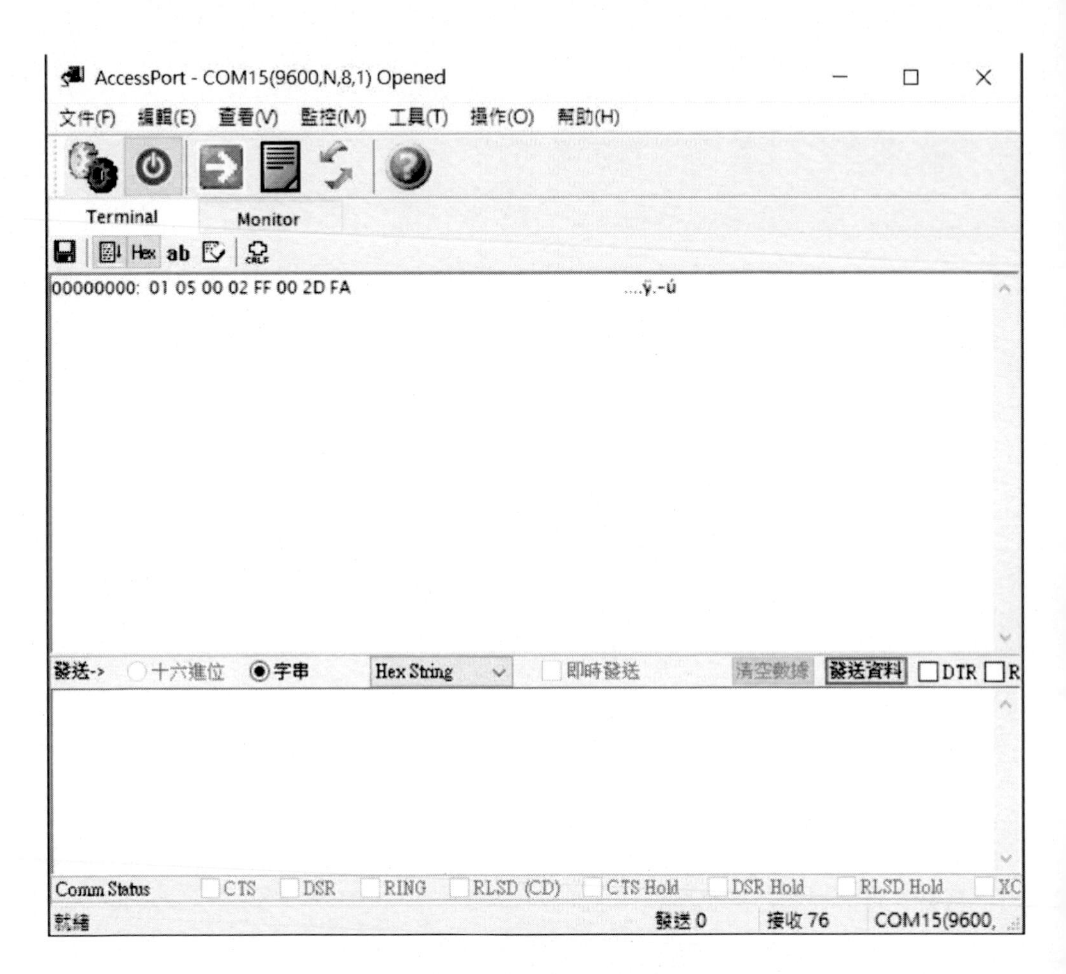

圖 68 開啟第三組繼電器

如下圖所示，我們輸入『01 05 00 02 00 00 6C 0A』來關閉第三組繼電器。

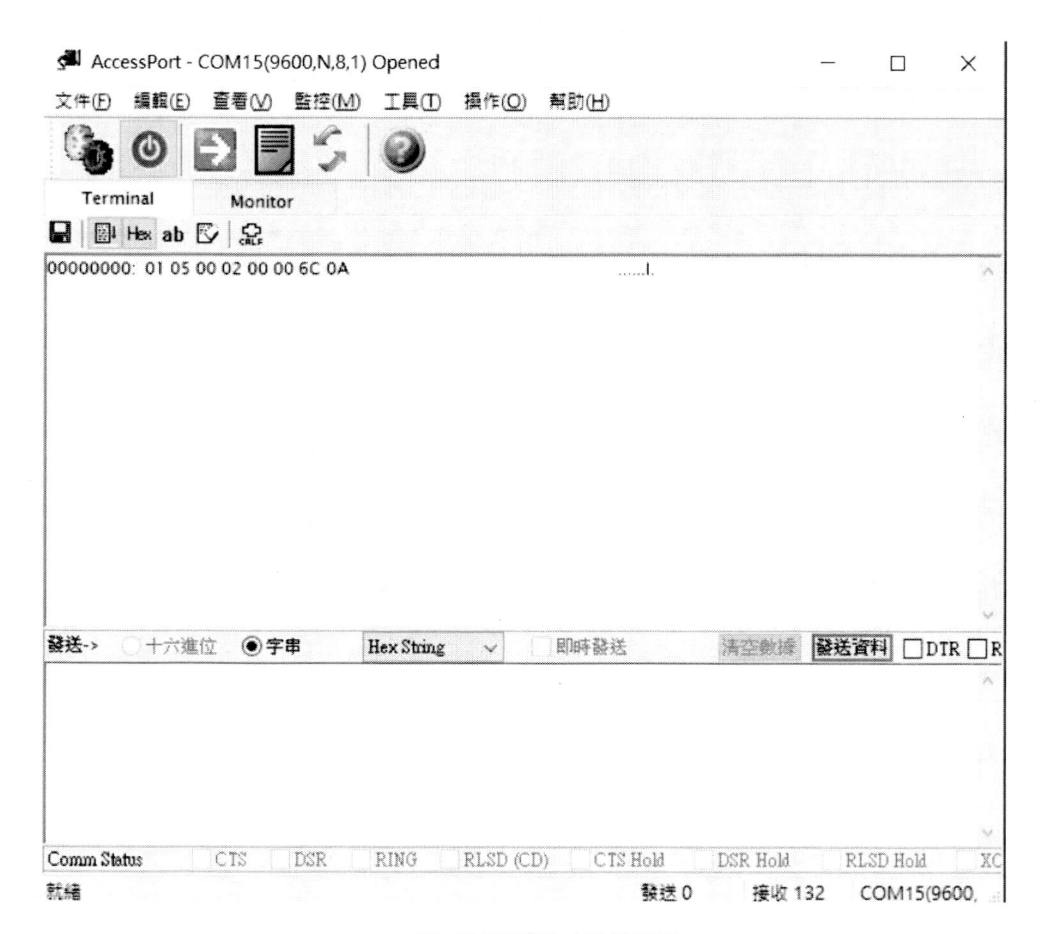

圖 69 關閉第三組繼電器

如下圖所示，我們輸入『01 05 00 03 FF 00 7C 3A』來開啟第四組繼電器。

圖 70 開啟第四組繼電器

如下圖所示，我們輸入『01 05 00 03 00 00 3D CA』來關閉第四組繼電器。

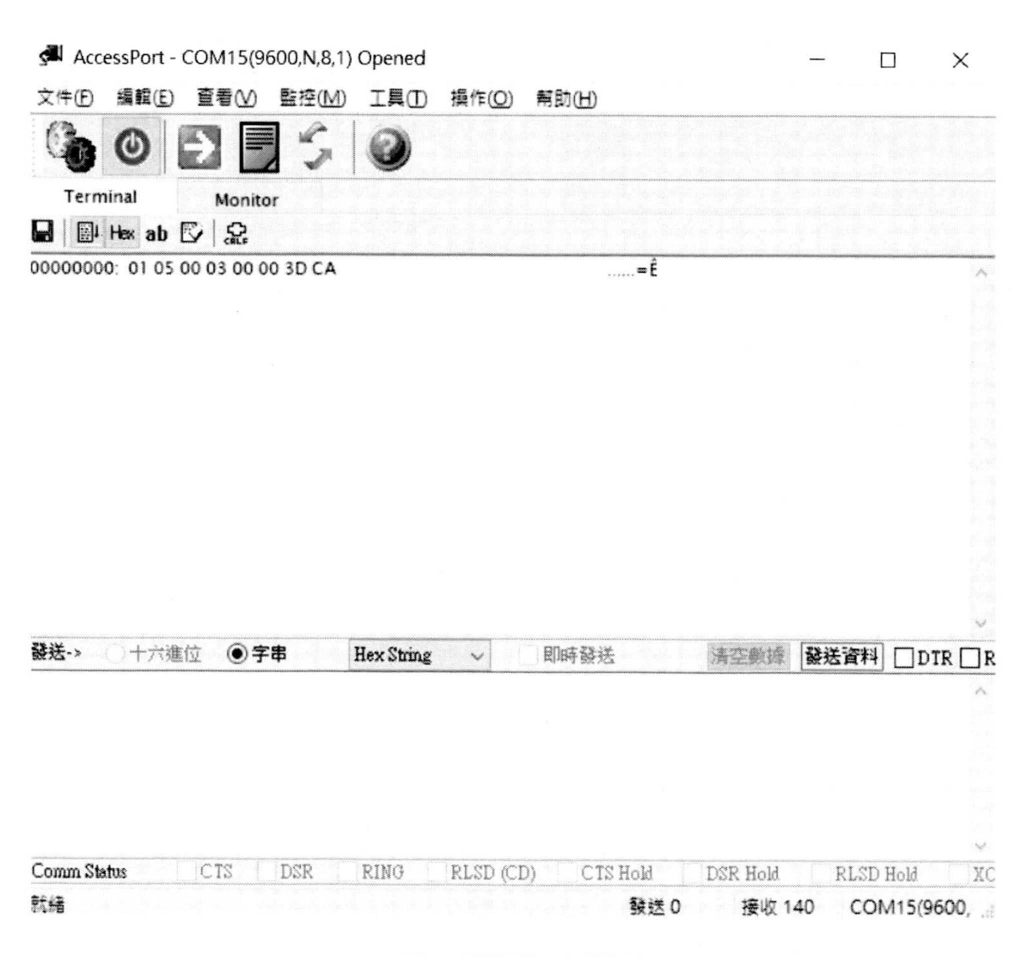

圖 71 關閉第四組繼電器

如下圖所示，我們輸入『01 05 00 04 FF 00 CD FB』來開啟第五組繼電器。

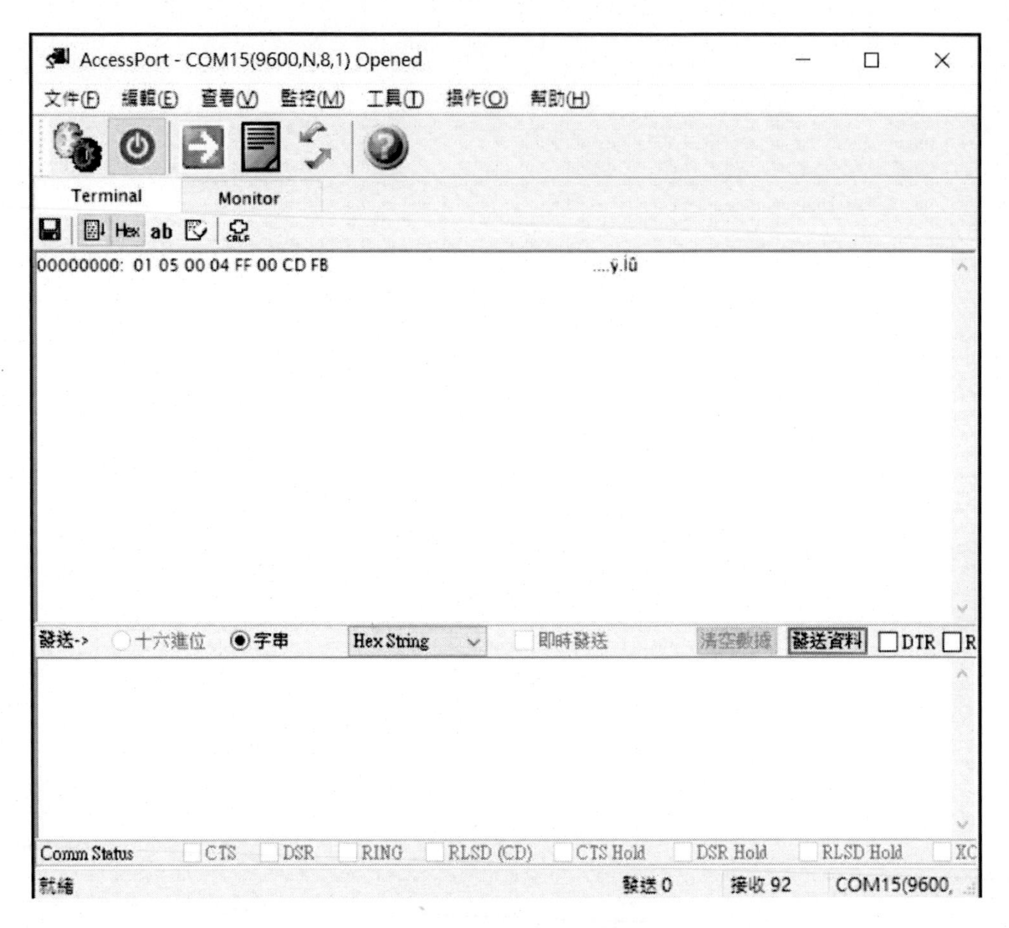

圖 72 開啟第五組繼電器

如下圖所示，我們輸入『01 05 00 04 00 00 8C 0B』來關閉第五組繼電器。

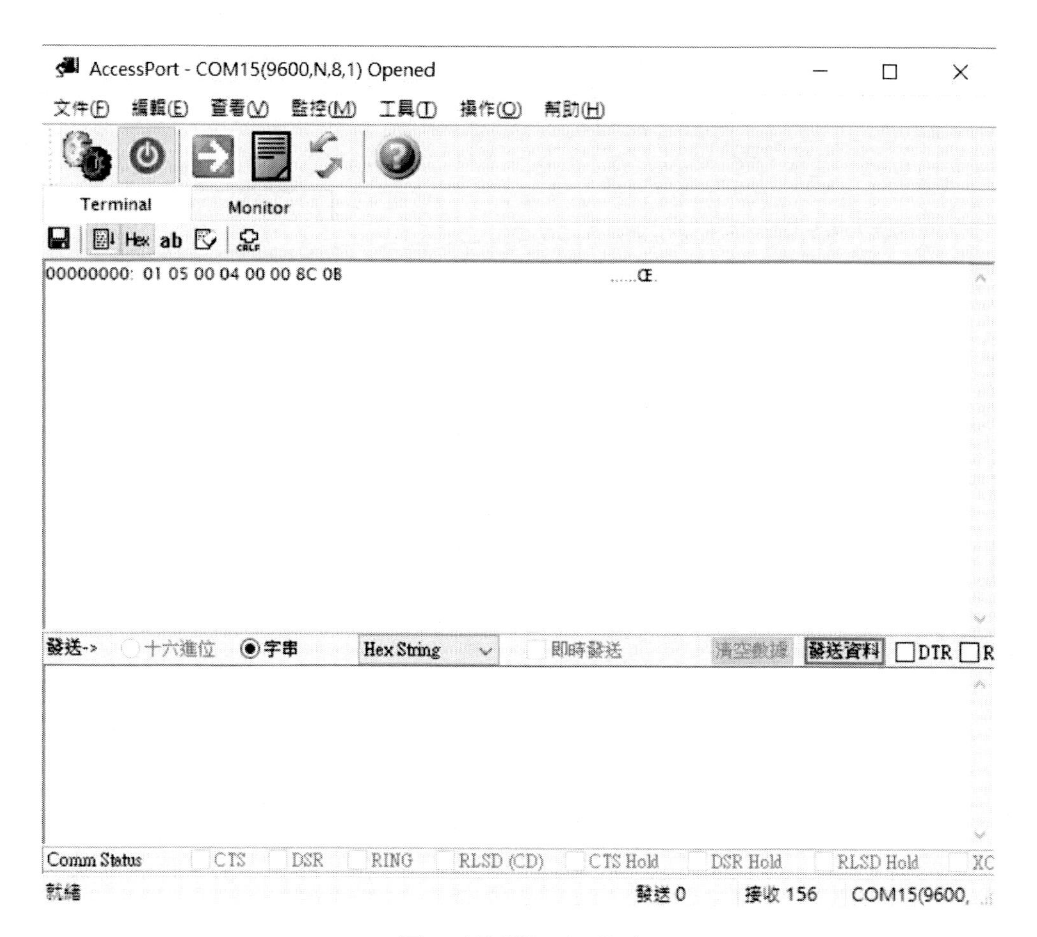

圖 73 關閉第五組繼電器

如下圖所示，我們輸入『01 05 00 05 FF 00 9C 3B』來開啟第六組繼電器。

圖 74 開啟第六組繼電器

如下圖所示，我們輸入『01 05 00 05 00 00 DD CB』來關閉第六組繼電器。

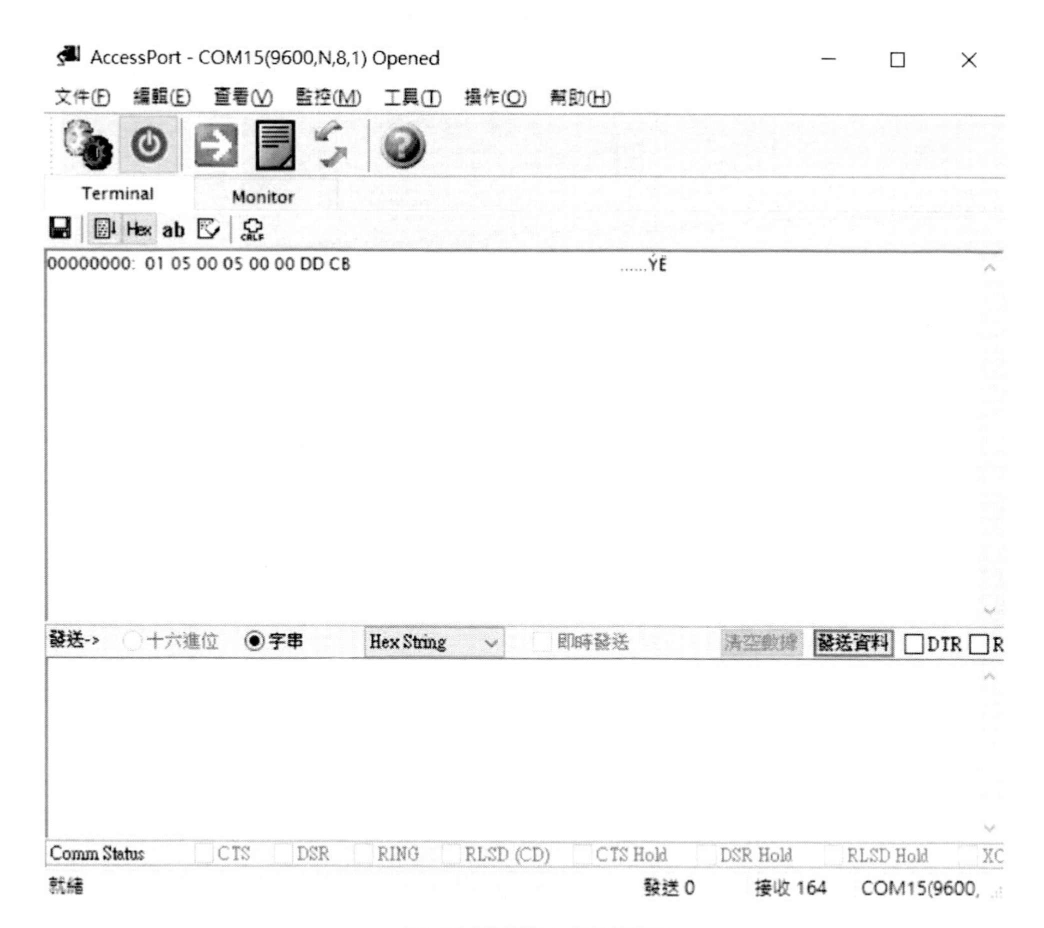

圖 75 關閉第六組繼電器

如下圖所示，我們輸入『01 05 00 06 FF 00 6C 3B』來開啟第七組繼電器。

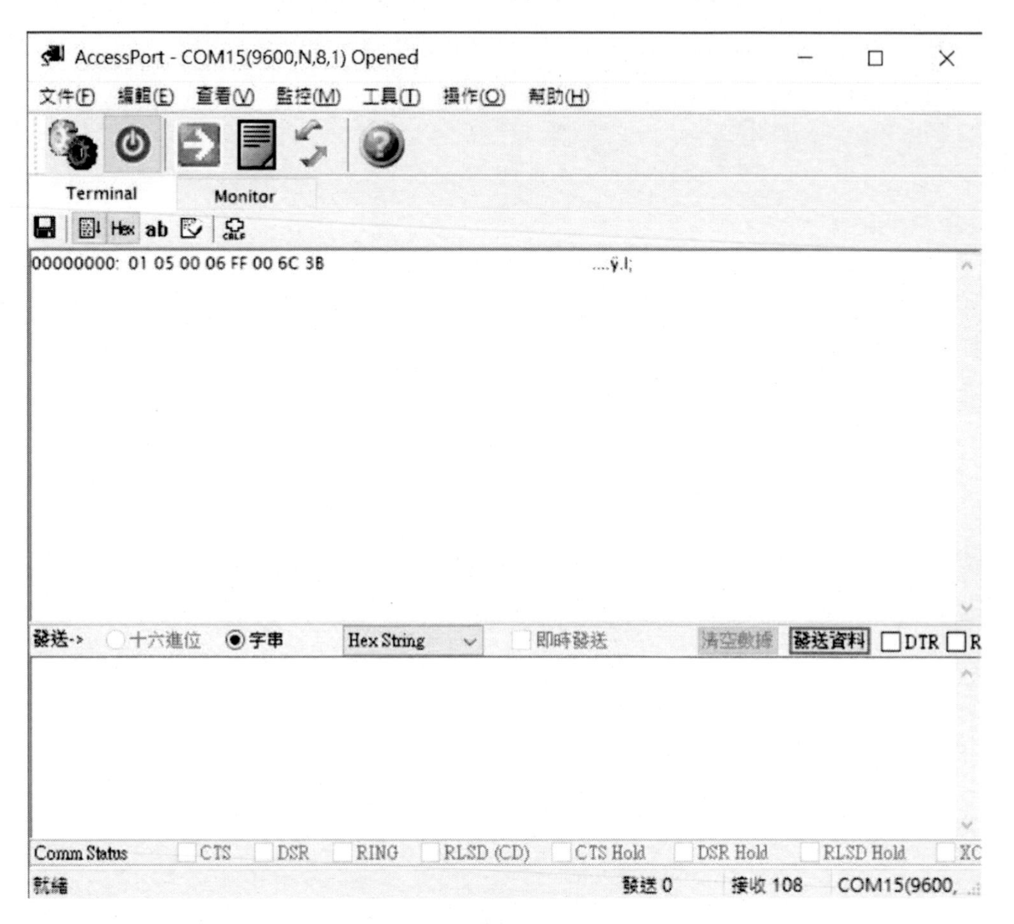

圖 76 開啟第七組繼電器

如下圖所示，我們輸入『01 05 00 06 00 00 2D CB』來關閉第七組繼電器。

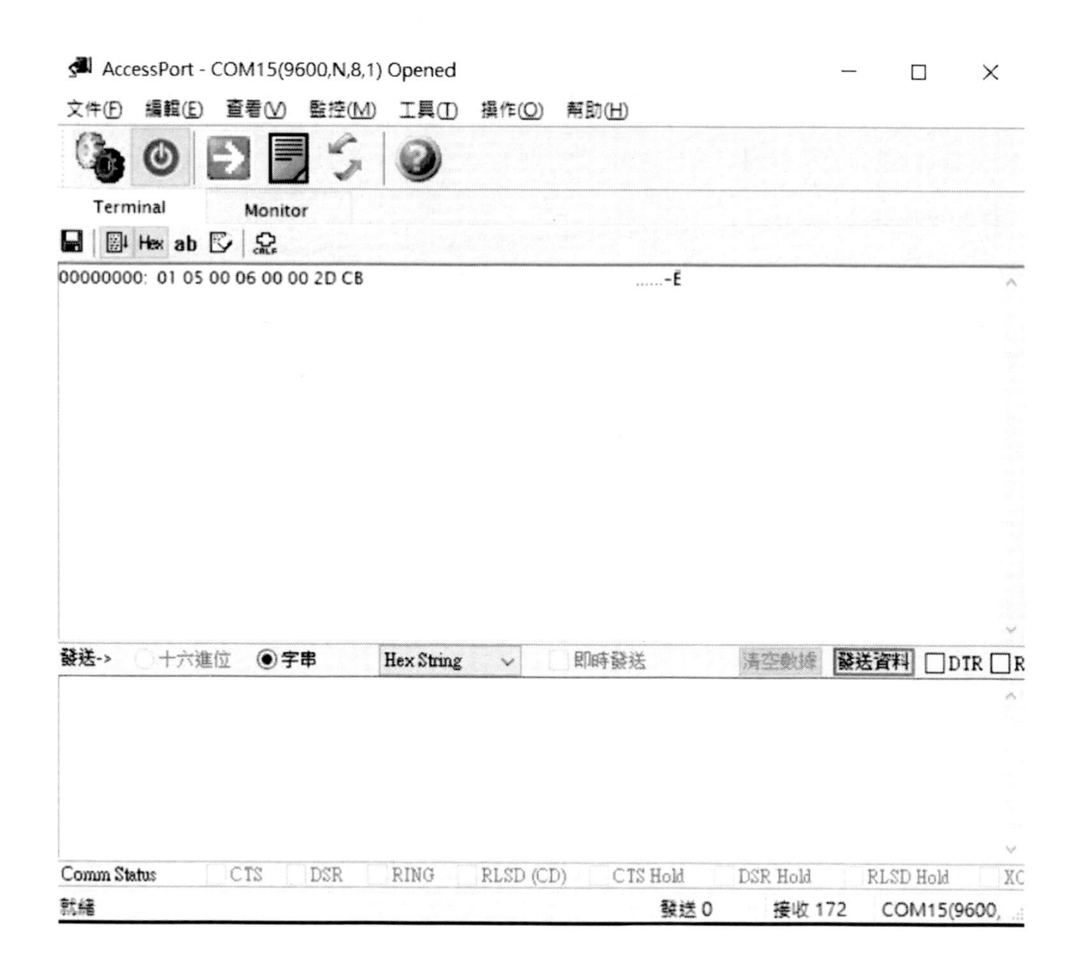

圖 77 關閉第七組繼電器

如下圖所示，我們輸入『01 05 00 07 FF 00 3D FB』來開啟第八組繼電器。

圖 78 開啟第八組繼電器

如下圖所示，我們輸入『01 05 00 07 00 00 7C 0B』來關閉第八組繼電器。

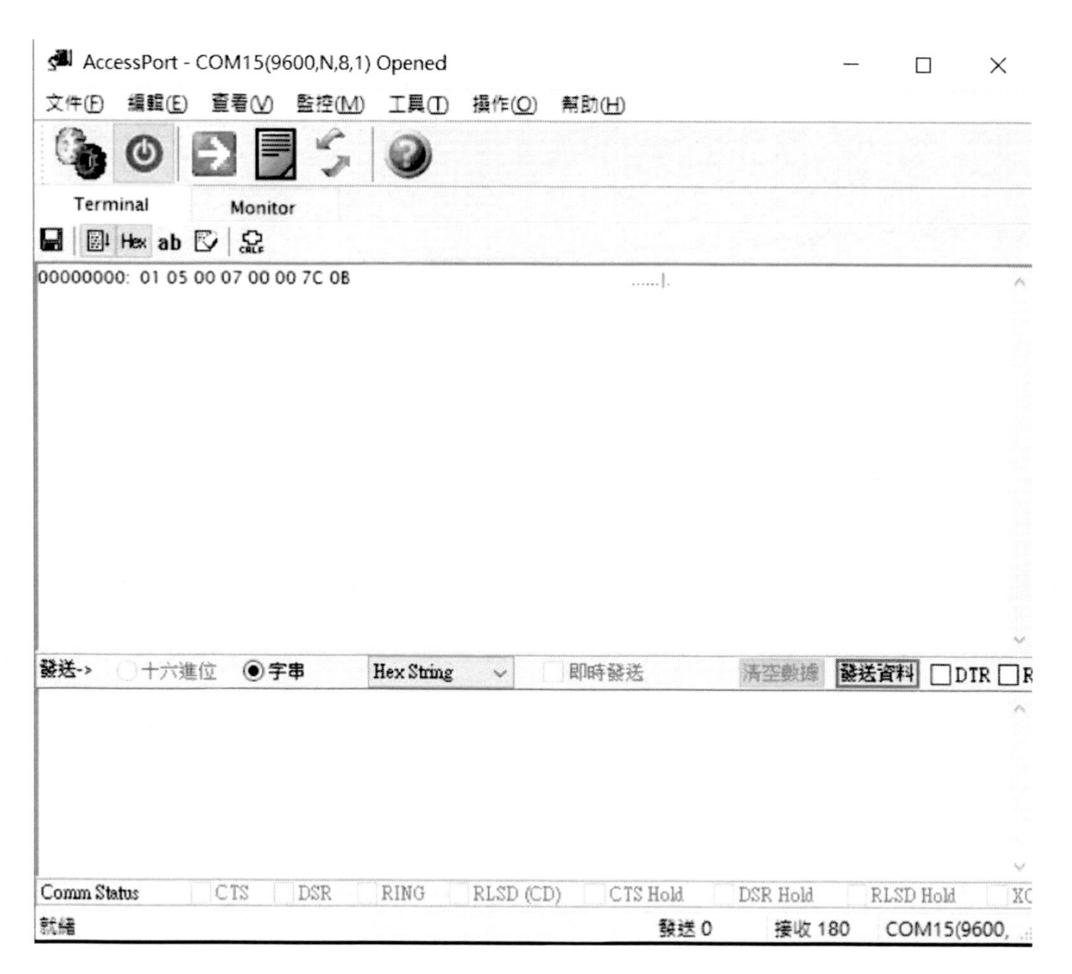

圖 79 關閉第八組繼電器

如下圖所示，我們輸入『01 0F 00 00 00 08 01 FF BE D5』來開啟所有的繼電器。

圖 80 開啟所有的繼電器

如下圖所示，我們輸入『01 0F 00 00 00 08 01 00 FE 95』來關閉所有的繼電器。

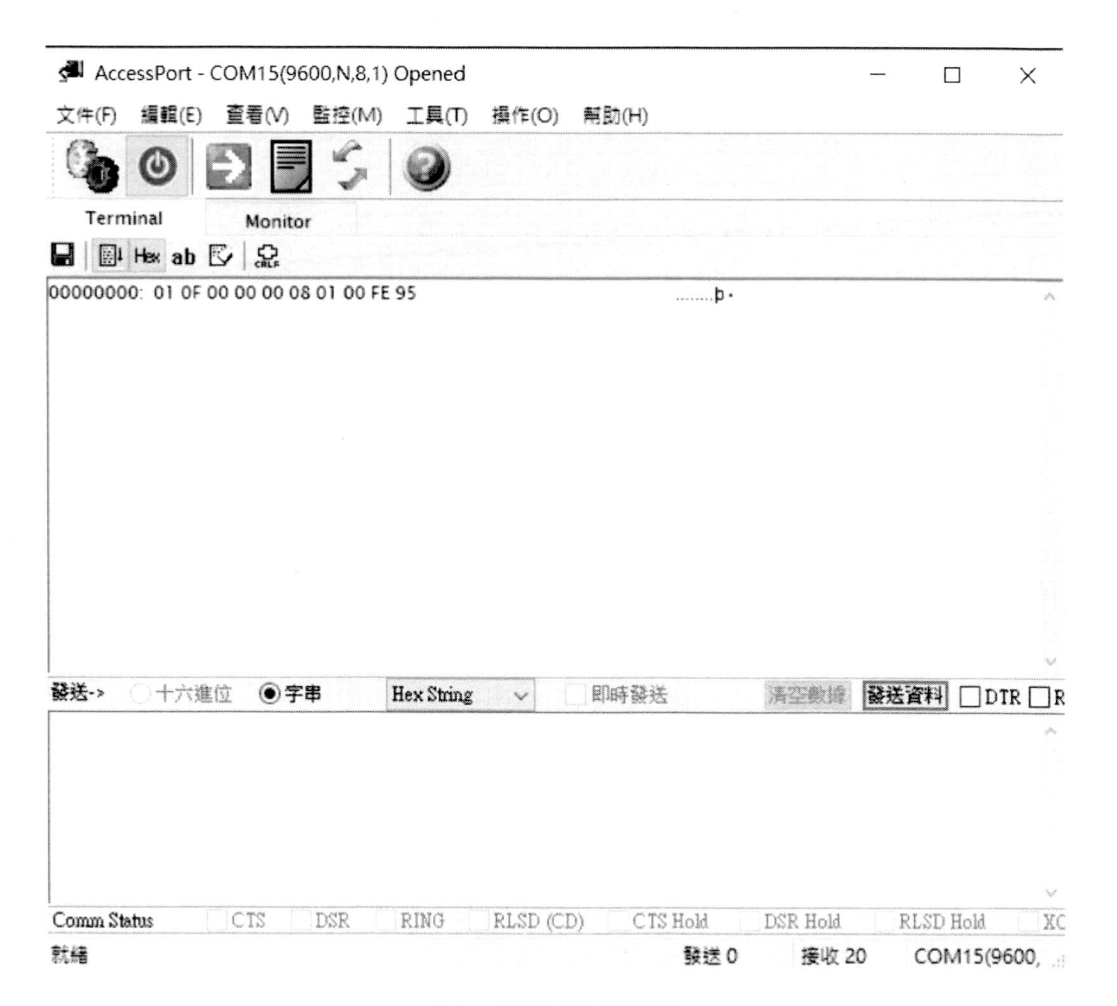

圖 81 關閉所有的繼電器

經過以上得測試，我們可以了解如何測試 Modbus RTU 繼電器模組。

尋找現成簡化模組

筆者在掏寶網搜尋是否有不同模組可以簡化上圖之轉換方式，發現掏寶商家：都會明武電子(網址：

https://shop111496966.world.taobao.com/shop/view_shop.htm?spm=a1z09.2.0.0.24cb2e8d2Z

FKxh&user_number_id=1804731589)販賣一個商品：DB9 介面 RS232 藍牙透傳模組(網址：
https://item.taobao.com/item.htm?spm=a1z09.2.0.0.24cb2e8d2ZFKxh&id=534635406054&_u=8vlvti96748)，如下圖所示，這個產品可以將 RS-232 的 DB9 接頭，轉接到藍芽模組，一體成形，只要給予電源就可以運作。

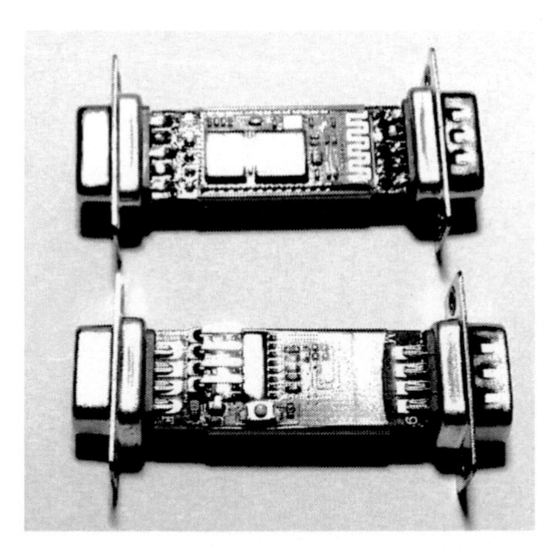

圖 82 DB9 介面 RS232 藍牙透傳模組

簡化電路

筆者在掏寶網搜尋是否有不同模組可以簡化上圖之轉換方式，發現掏寶商家：都會明武電子(網址：
https://shop111496966.world.taobao.com/shop/view_shop.htm?spm=a1z09.2.0.0.24cb2e8d2ZFKxh&user_number_id=1804731589)販賣一個商品：DB9 介面 RS232 藍牙透傳模組(網址：
https://item.taobao.com/item.htm?spm=a1z09.2.0.0.24cb2e8d2ZFKxh&id=534635406054&_u=8vlvti96748)，如下圖所示，這個產品可以將 RS-232 的 DB9 接頭，轉接到藍芽模組，一體成形，只要給予電源就可以運作。

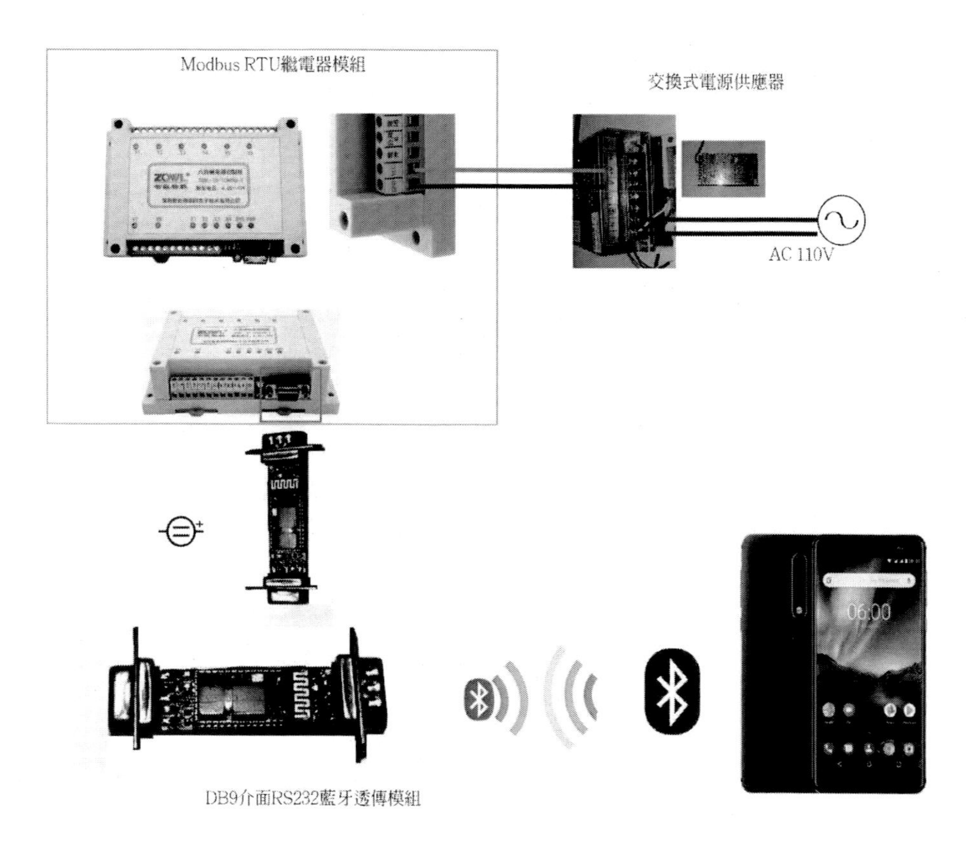

圖 83 運用 DB9 介面 RS232 藍牙透傳模組簡化電路

如下圖所示，為 DB9 介面 RS232 藍牙透傳模組實際連接到 Modbus RTU 繼電器模組之電路組立圖。

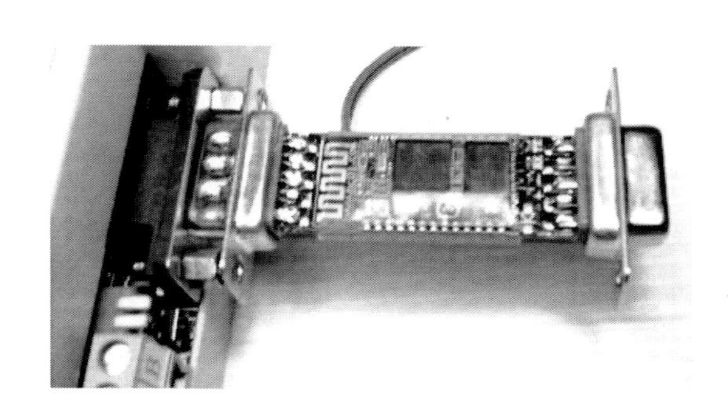

圖 84 DB9 介面 RS232 藍牙透傳模組連接到 Modbus RTU 繼電器模組電路圖

測試軟體安裝

筆者用 Android 手機的 APP 進行連線測試，如下圖所示，首先先進入手機：

圖 85 手機桌面

如下圖所示，首先先進入 google 商店：

圖 86 google 商店

如下圖所示，我們可以看到 google 商店主畫面：

圖 87 google 商店主畫面

如下圖所示，我們在 google 商店輸入”Bluetooth” 搜尋關鍵字：

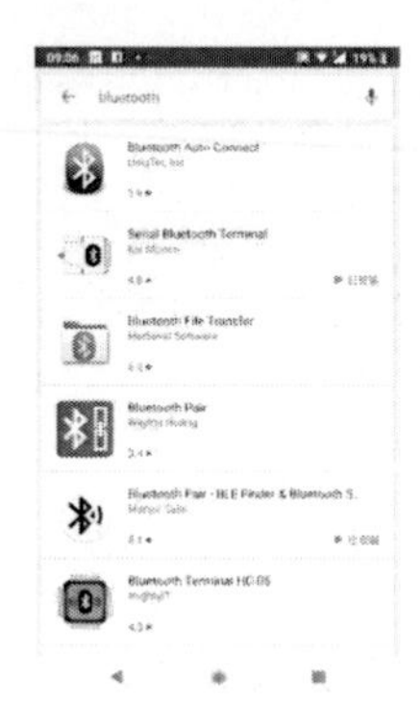

圖 88 搜尋關鍵字

如下圖所示，我們找到『Serial Bluetooth Terminal』應用軟體：

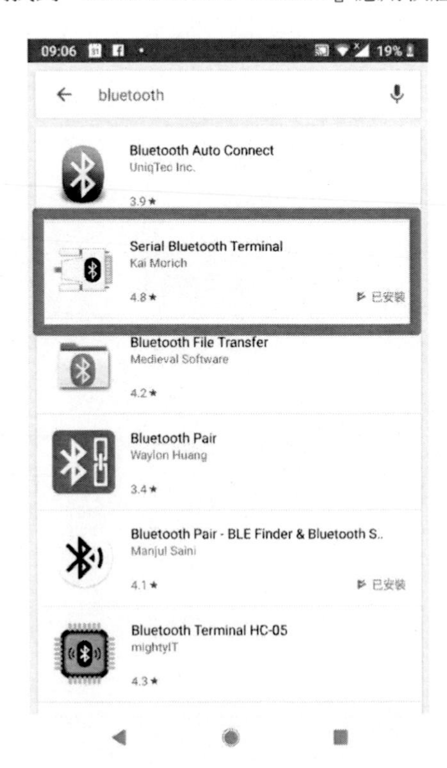

圖 89 google 商店

如下圖所示，我們點擊『Serial Bluetooth Terminal』應用軟體，進行安裝：

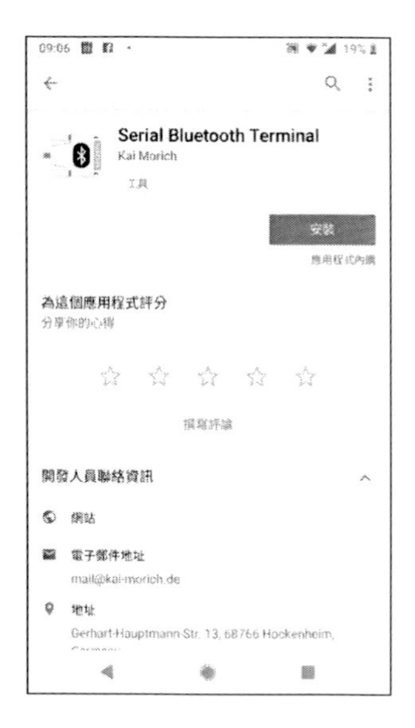

圖 90 進行安裝應用軟體

如下圖所示，我們看到『Serial Bluetooth Terminal』應用軟體正在安裝中：

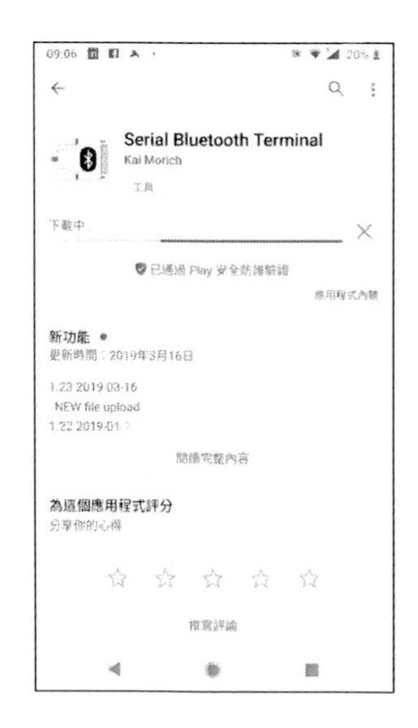

圖 91 應用軟體正在安裝中

如下圖所示，我們看到『Serial Bluetooth Terminal』應用軟體安裝完成：

圖 92 google 商店

藍芽配對

如下圖所示，我們先進到 Android 手機的桌面：

圖 93 手機桌面

如下圖所示，我們進入手機系統設定程式：

圖 94 點選設定程式

如下圖所示，首先先進入設定程式主畫面：

圖 95 進入設定程式主畫面

如下圖所示，首先開啟藍芽：

圖 96 開啟藍芽

如下圖所示，請點選搜尋新藍芽裝置：

圖 97 搜尋新藍芽裝置

如下圖所示，系統會出現搜尋藍芽裝置中：

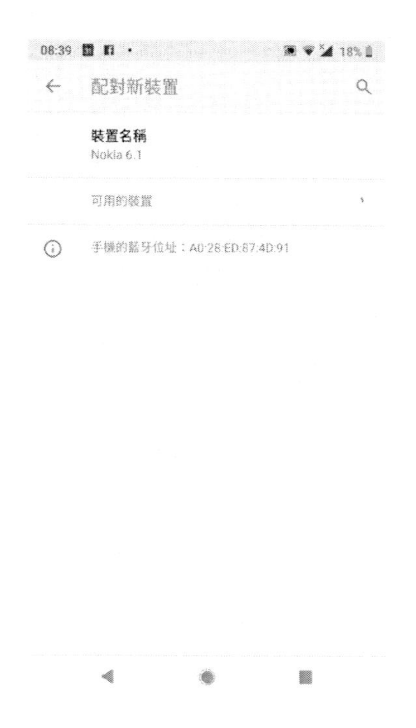

圖 98 搜尋藍芽裝置中

如下圖所示，會出現找到的藍芽裝置，這裡的畫面讀者會跟筆者有所不同，可能出現數目不同，名稱也不同，請讀者注意，『HC-06』是筆者要配對的藍芽裝置名稱，讀者必須依自己的裝置名稱，自行辨識之：

圖 99 找到藍牙裝置

讀者注意，點選要配對的藍牙裝置，『HC-06』是筆者要配對的藍牙裝置名稱，這裡的畫面讀者會跟筆者有所不同名稱也不同，請讀者注意，『HC-06』是筆者要配對的藍牙裝置名稱，讀者必須依自己的裝置名稱，自行辨識之：：

圖 100 選擇該裝置進行配置

如下圖所示，系統會要求輸入配對密碼：

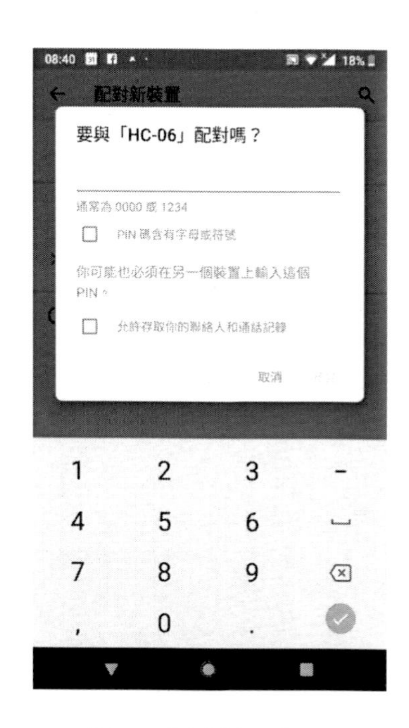

圖 101 要求輸入密碼

如下圖所示，大部分的配對密碼是『0000』、『1234』或是其他

圖 102 輸入 1234 密碼

如下圖所示，如果輸入的配對密碼是『0000』或『1234』或是其他密碼正確無誤：

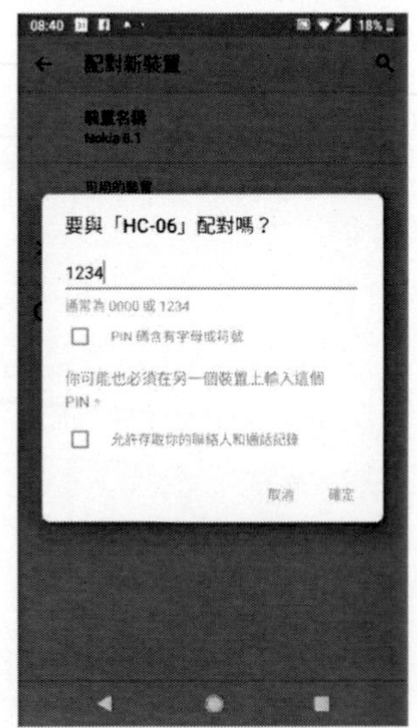

圖 103 密碼確定

如下圖所示，我們完成新的藍芽裝置配對成功：

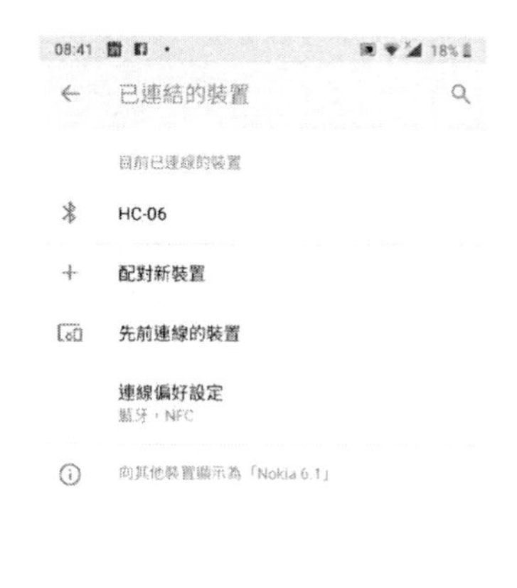

圖 104 完成配對

測試軟體進行連線與控制測試

如下圖所示，我們先進到 Android 手機的桌面：

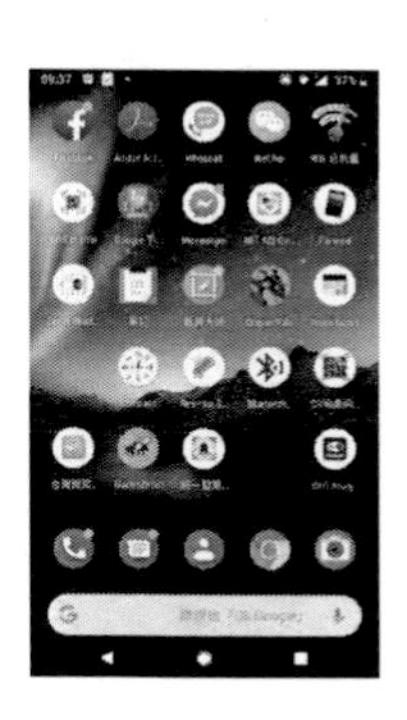

圖 105 手機桌面

如下圖所示，我們點選桌面的『Serial Bluetooth Terminal』應用軟體：

圖 106 選擇終端機程式

如下圖所示，我們可以看到終端機主畫面：

圖 107 終端機主畫面

如下圖所示，我們先點選設定：

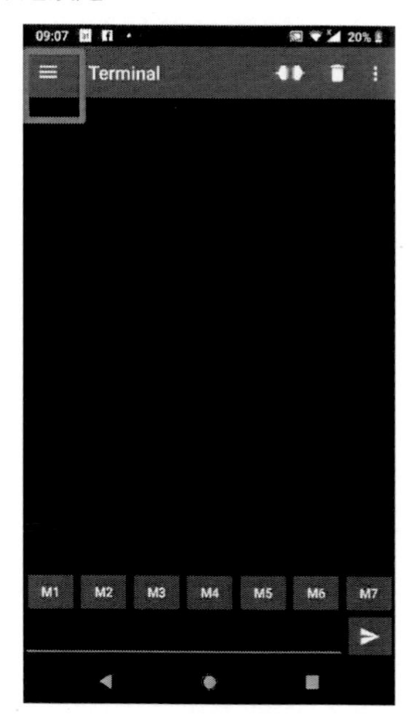

圖 108 點選設定

如下圖所示，我們進到終端機設定畫面：

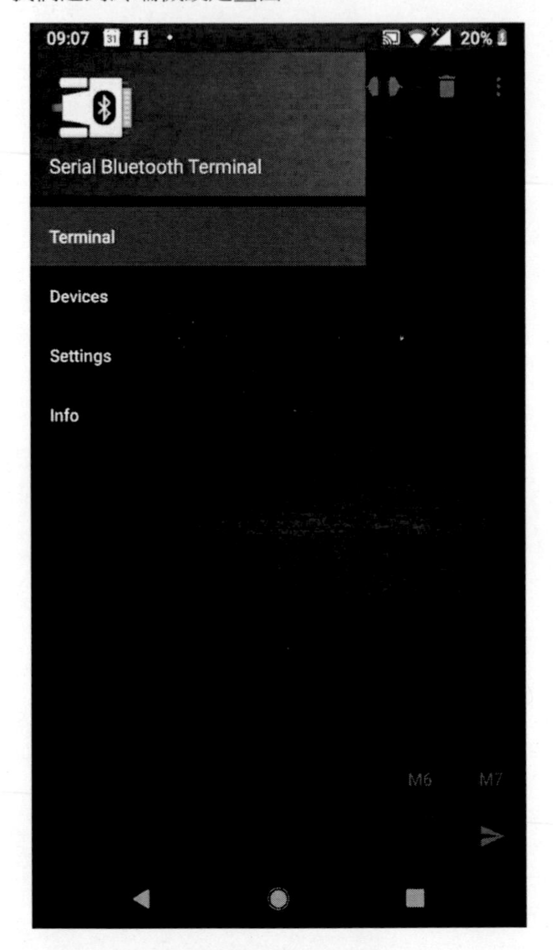

圖 109 終端機設定畫面

如下圖所示，我們先進入設定：

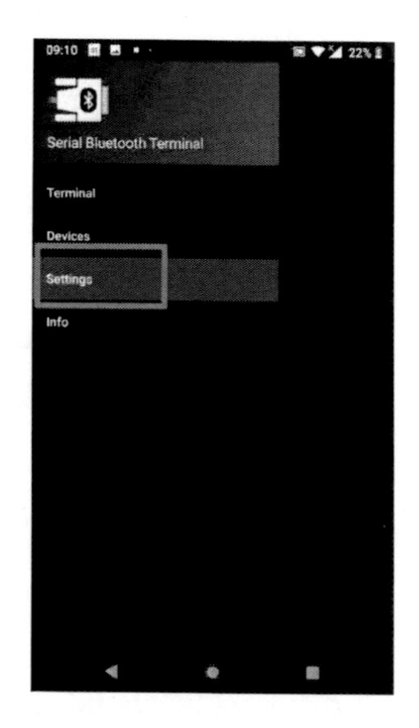

圖 110 P21_進入設定

如下圖所示，我們看到設定畫面：

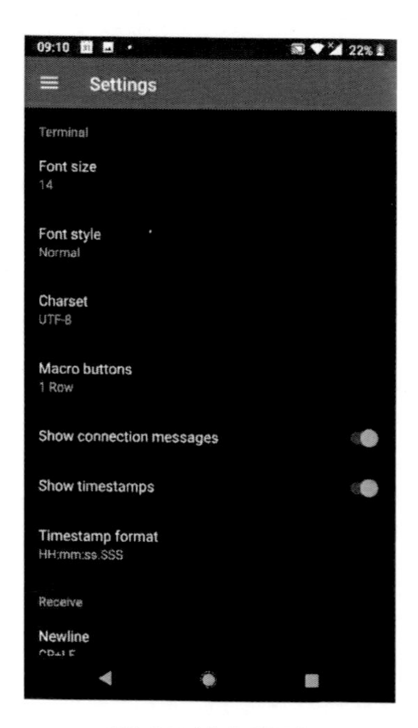

圖 111 設定畫面

如下圖所示，我們先設定傳送資料：

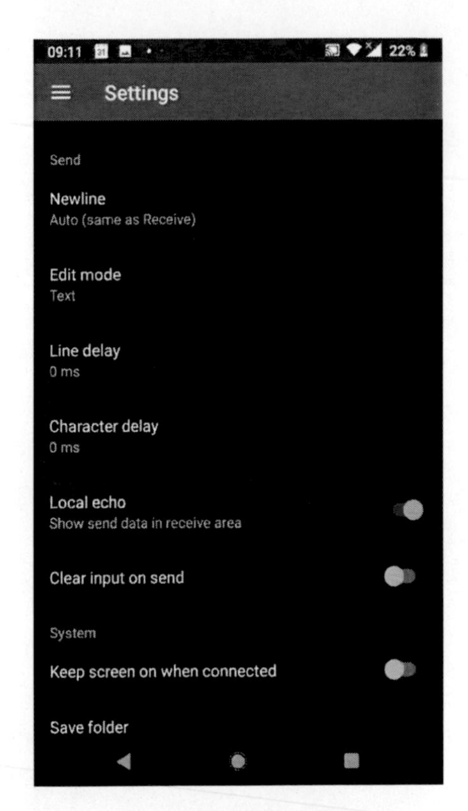

圖 112 設定傳送資料

如下圖所示，我們先設定傳送資料模式：

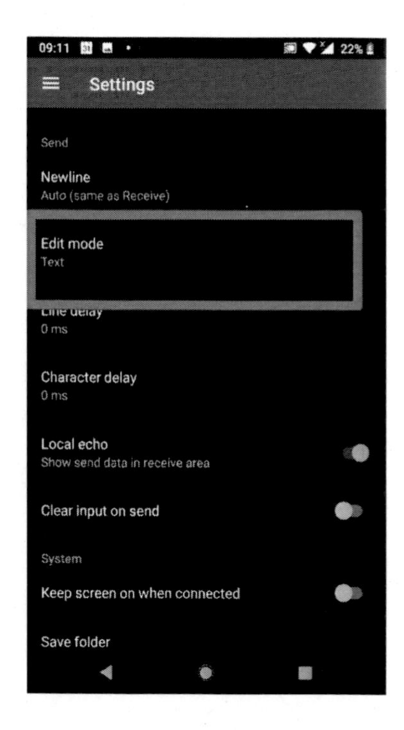

圖 113 設定傳送資料模式

如下圖所示，我們先設定傳送資料模式為 HEX 模式：

圖 114 設定傳送資料模式為 HEX 模式

如下圖所示，我們先設定傳送資料結尾方式：

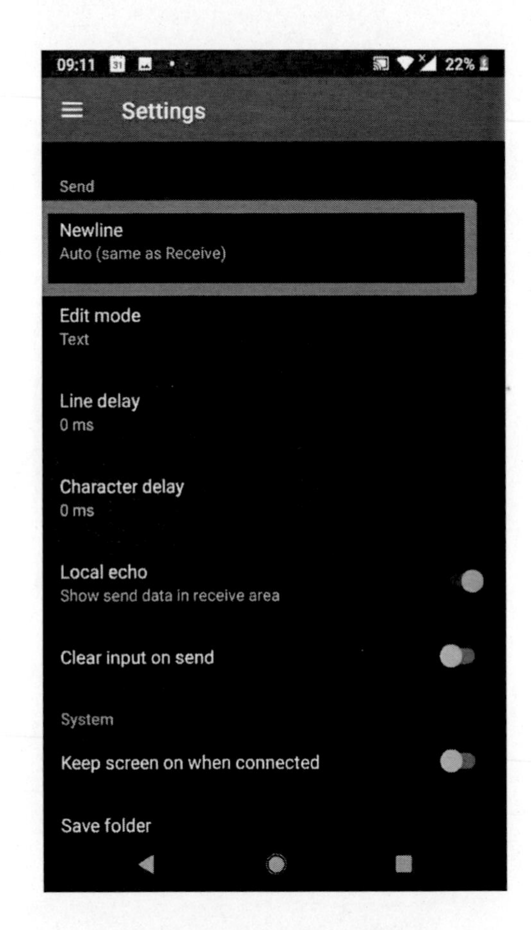

圖 115 設定傳送資料結尾方式

如下圖所示，我們先設定傳送資料結尾方式為不令傳送結尾資料：

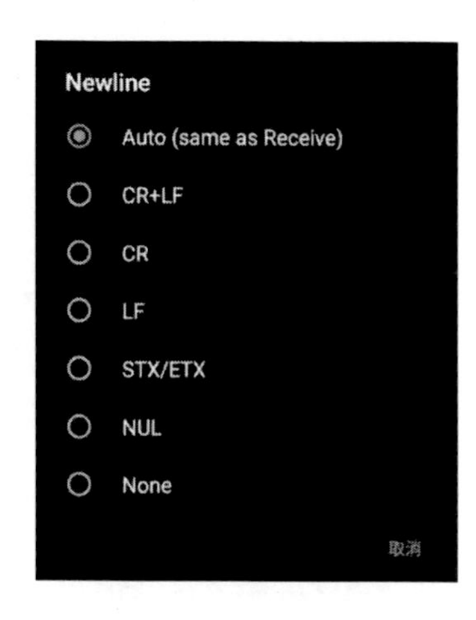

圖 116 設定傳送資料結尾方式

如下圖所示，我們進入終端機設定連接藍芽裝置：

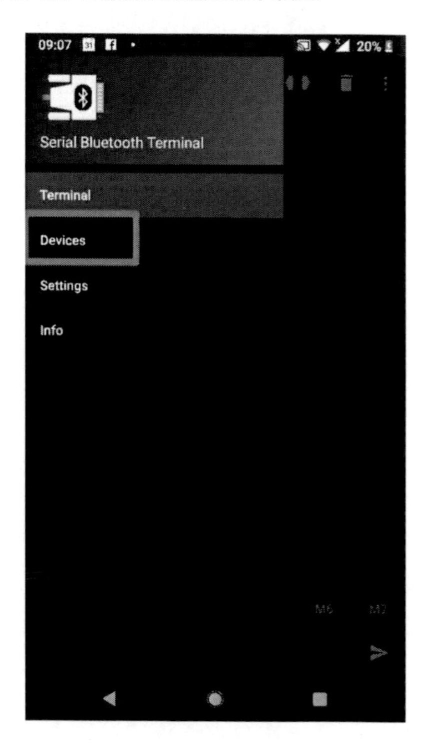

圖 117 終端機設定連接藍芽裝置

如下圖所示，我們查詢可用藍芽裝置：

圖 118 查詢可用藍芽裝置

如下圖所示，我們點選所用的藍芽裝置：

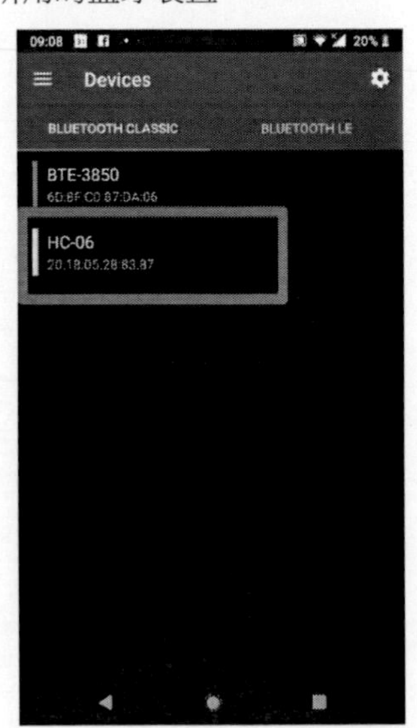

圖 119 點選所用的藍芽裝置

如下圖所示，我們看到連接藍芽裝置成功：

圖 120 連接藍芽裝置成功

如下圖所示，我們進入終端機模式：

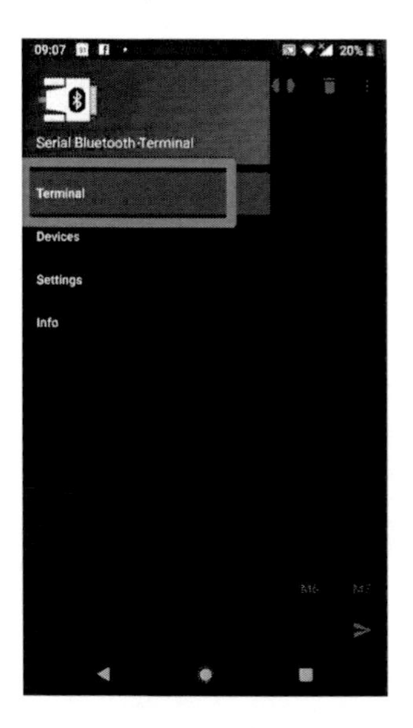

圖 121 進入終端機模式

如下圖所示，我們看到終端機主畫面：

圖 122 終端機主畫面

如下圖所示，我們在\主畫面輸入傳送命令之十六進位碼：

圖 123 主畫面輸入傳送命令之十六進位碼

如下圖所示，我們輸入開啟全部繼電器的控制碼『01 0F 00 00 00 08 01 FF BE D5』，我們可以看到 Modbus RTU 繼電器模組之所有繼電器發出吸入的聲音，而連接在這些繼電器的電力也被導通：

圖 124 開啟全部繼電器

如下圖所示，我們輸入關閉全部繼電器的控制碼『01 0F 00 00 00 08 01 00 FE 95』，我們可以看到 Modbus RTU 繼電器模組之所有繼電器發出放開的聲音，而連接在這些繼電器的電力也被隔離：：

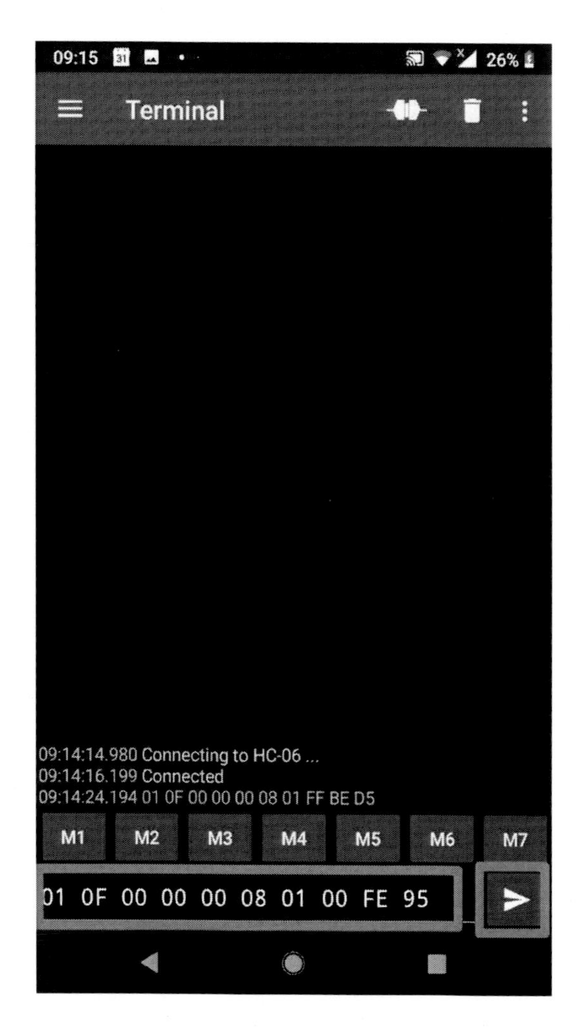

圖 125 關閉全部繼電器

章節小結

本章主要介紹之 Modbus RTU 繼電器模組連接方法，並說明其電路連接方式，進一步介紹 DB9 介面 RS232 藍牙透傳模組來簡化整個電路，並教導讀者安裝 Google 商店現成軟體：『Serial Bluetooth Terminal』應用軟體，並從軟體安裝、設定、到軟硬體測試一一說明，，相信讀者會對連接、使用 Modbus RTU 繼電器模組連接方法，與應用 DB9 介面 RS232 藍牙透傳模組來簡化整個電路，並連接測試，有更深入的了解與體認。

4 CHAPTER

基礎程式設計

本章節主要是教各位讀者基本操作與常用的基本模組程式，希望讀者能仔細閱讀，因為在下一章實作時，重覆的部份就不在重覆敘述之。

如何執行 AppInventor 程式

由於我們寫好 App Inventor 2 程式後，都必需先使用 Android 作業系統的手機或平板進行測試程式，所以本節專門介紹如何在手機、平板上測試 APPs 的程式。

首先，如下圖所示，我們在 App Inventor 2 程式模塊編輯畫面之中，在『Connect』的選單下，選取 AICompanion。

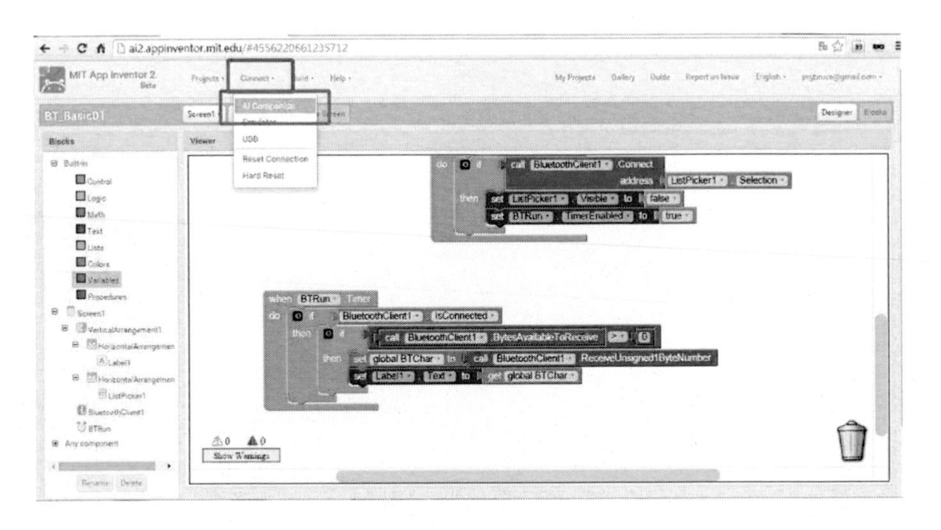

圖 126 啟動手機測試功能

如下圖所示，系統會出現一個 QR Code 的畫面。

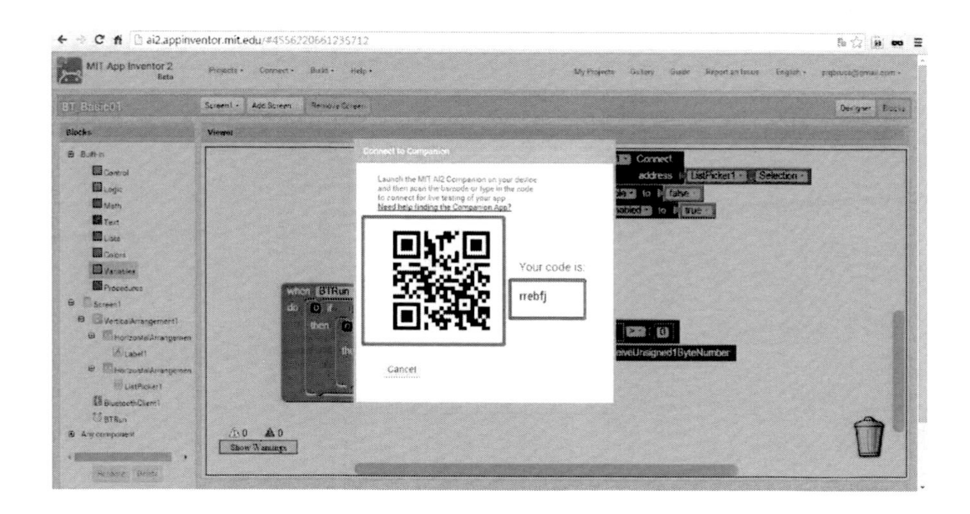

圖 127 手機 QRCODE

如下圖所示，我們在使用 Android 的手機、平板，執行已安裝好的『MIT App Inventor 2 Companion』，點選之後進入如下圖。

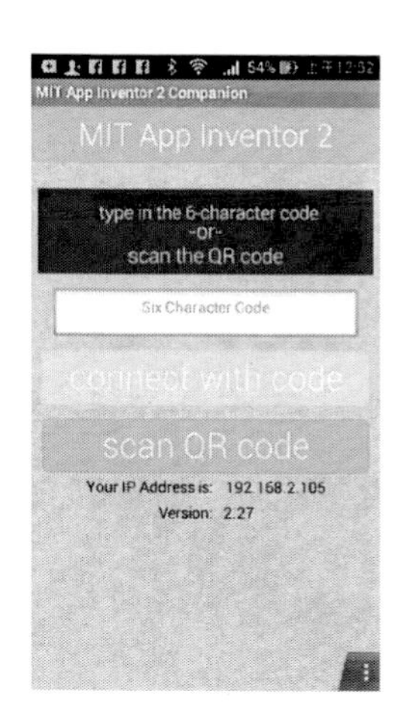

圖 128 啟動 MIT_AI2_Companion

如下圖所示，我們在選擇『scan QR code，點選之後進入如下圖。

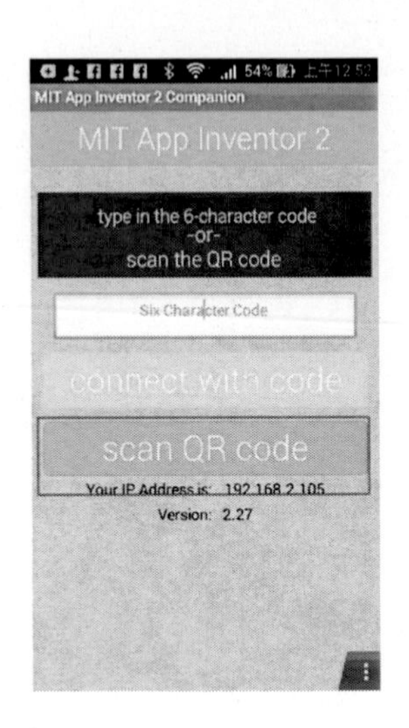

圖 129 掃描 QRCode

如下圖所示，手機會啟動掃描 QR code 的程式功能，這時後只要將手機、平板的 Camera 鏡頭描準畫面的 QR Code 就可以了。

圖 130 掃描 QRCodeing

如下圖所示，如果手機會啟動掃描 QR code 成功的話，系統會回傳 QR Code 碼到如下圖所示的紅框之中。

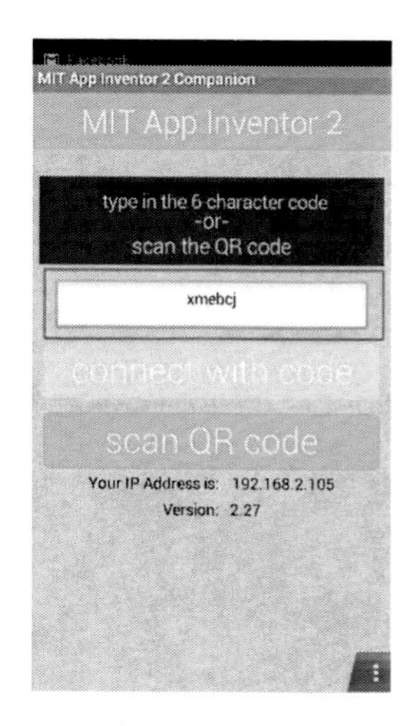

圖 131 取得 QR 程式碼

如下圖所示，我們點選如下圖所示的紅框之中的『connect with code』，就可以進入測試程式區。

圖 132 執行程式

如下圖所示，如果程式沒有問題，我們就可以成功進入測試程式的主畫面。

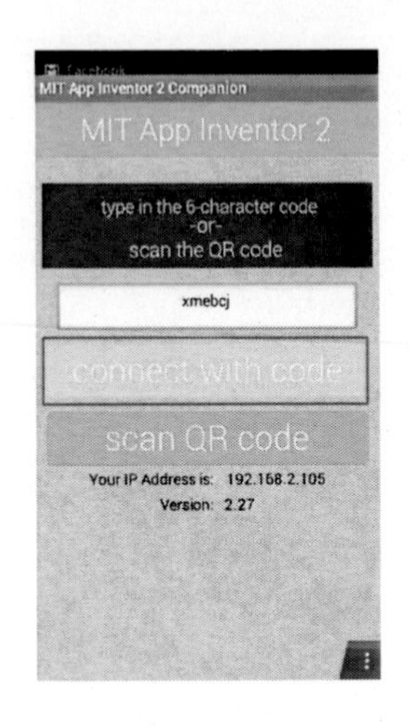

圖 133 執行程式主畫面

上傳電腦原始碼

本書有許多 App Inventor 2 程式範例，我們如果不想要一一重寫，可以取得範例網站的程式原始碼後，讀者可以參考本節內容，將這些程式原始碼上傳到我們個人帳號的 App Inventor 2 個人保管箱內，就可以編譯、發佈或進一步修改程式。

首先，如下圖所示，我們在 App Inventor 2 程式模塊編輯畫面之中，在『Projects』的選單下。

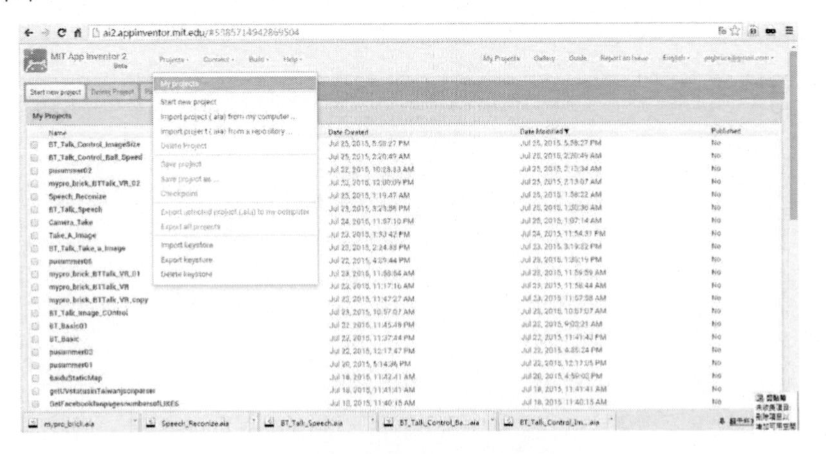

圖 134 切換到專案管理畫面

如下圖所示，我們在 App Inventor 2 程式模塊編輯畫面之中，點選在『Projects』的選單下『import project (.aia) from my computer』。

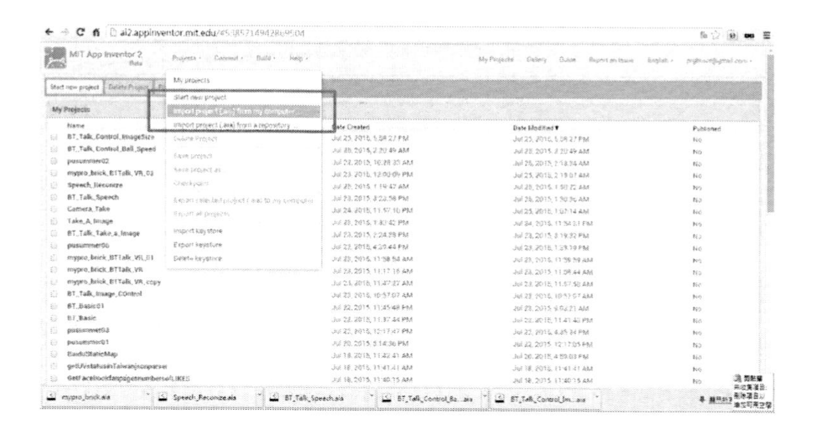

圖 135 上傳原始碼到我的專案箱

如下圖所示，出現『import project...』的對話窗，點選在『選擇檔案』的按紐。

圖 136 選擇檔案對話窗

如下圖所示，出現『開啟舊檔』的對話窗，請切換到您存放程式碼路徑，並點選您要上傳的『程式碼』。

圖 137 選擇電腦原始檔

如下圖所示，出現『開啟舊檔』的對話窗，請切換到您存放程式碼路徑，並點選您要上傳的『程式碼』，並按下『開啟』的按紐。

圖 138 開啟該範例

如下圖所示，出現『import project...』的對話窗，點選在『OK』的按紐。

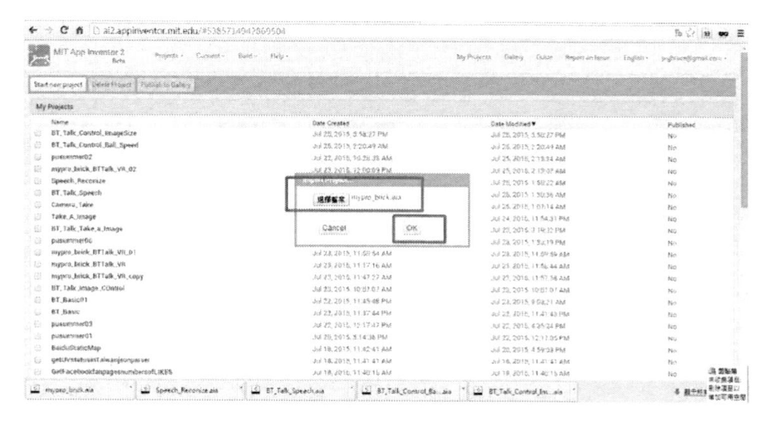

圖 139 開始上傳該範例

如下圖所示，如果上傳程式碼沒有問題，就會回到 App Inventor 2 的元件編輯畫面，代表您已經正確上傳該程式原始碼了。

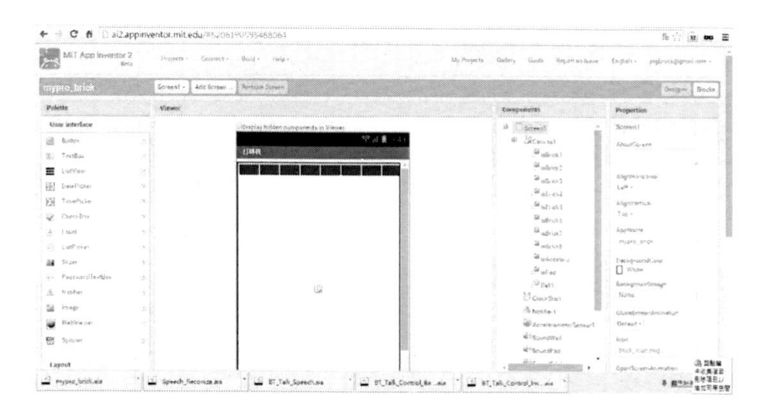

圖 140 上傳範例後開啟該範例

Arduino 藍芽通訊

Arduino 藍芽通訊是本書主要的重點，本節介紹 Arduino 開發板如何使用藍芽模組與與模組之間的電路組立。

如下圖所示，這個實驗我們需要用到的實驗硬體有下圖.(a)的 fayalab UNO 與下圖.(b) USB 下載線、下圖.(c) 藍芽通訊模組(HC-05)：

(a). fayaduino Uno　　(b). USB 下載線　　(c). 藍芽通訊模組(HC-05)

圖 141 藍芽通訊模組(HC-05)所需零件表

如下圖所示，我們可以看到連接藍芽通訊模組(HC-05)，只要連接 VCC、GND、TXD、RXD 等四個腳位，讀者要仔細觀看，切勿弄混淆了。

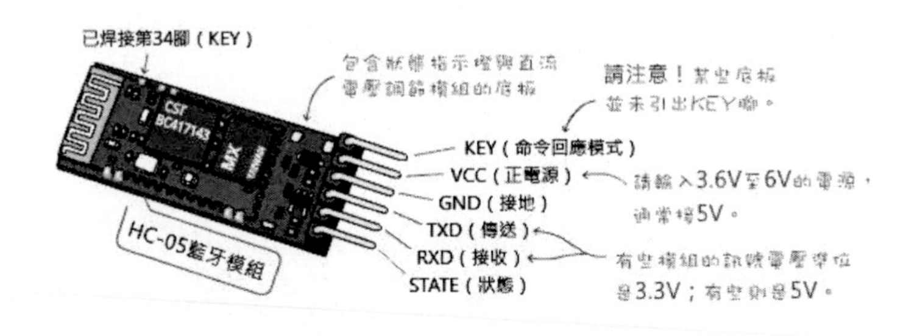

圖 142 附帶底板的 HC-05 藍牙模組接腳圖

資料來源：趙英傑老師網站(http://swf.com.tw/?p=693)(趙英傑, 2013, 2014)

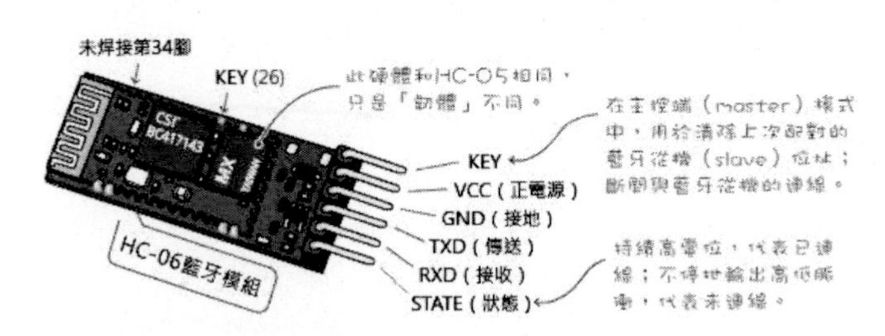

圖 143 附帶底板的 HC-06 藍牙模組接腳圖

資料來源：趙英傑老師網站(http://swf.com.tw/?p=693)(趙英傑, 2013, 2014)

如下圖所示，我們可以知道只要將藍芽通訊模組(HC-05)的 VCC 接在 Arduino

開發板 +5V 的腳位(有的要接 3.3V)，GND 接在 Arduino 開發板 GND 的腳位，剩下的 TXD、、RXD 兩個通訊接腳，如果要用實體通訊接腳連接，就可以接在 Arduino 開發板 Tx0、、Rx0 的腳位，如果使用 Arduino Mega 2560 開發板又可以多三組通訊腳位可以使用，或者讀者可以使用軟體通訊埠，也一樣可以達到相同功能，只不過速度無法如同硬體的通訊埠那麼快。

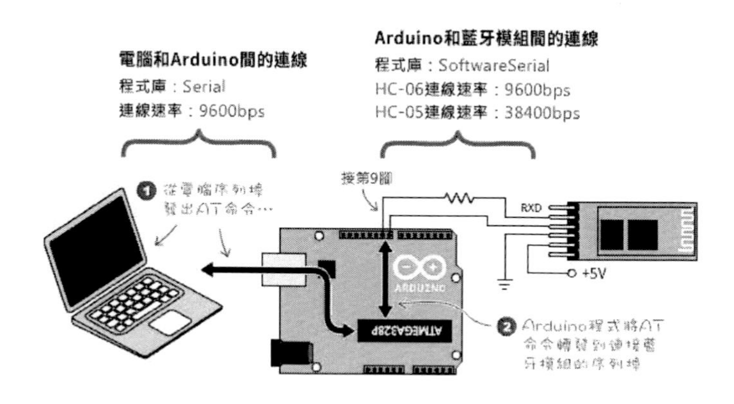

圖 144 連接藍芽模組之簡圖

資料來源：趙英傑老師網站(http://swf.com.tw/?p=712)(趙英傑, 2013, 2014)

由於本書使用 HC-05 藍牙模組，所以我們遵從下表來組立電路，來完成本節的實驗：

表格 26　HC-05 藍牙模組接腳表

HC-05 藍牙模組	Arduino 開發板接腳
VCC	Arduino +5V Pin
GND	Arduino Gnd Pin
TX	Arduino Uno digital Pin 8
RX	Arduino Uno digital Pin 9

HC-05 藍牙模組	Arduino 開發板接腳
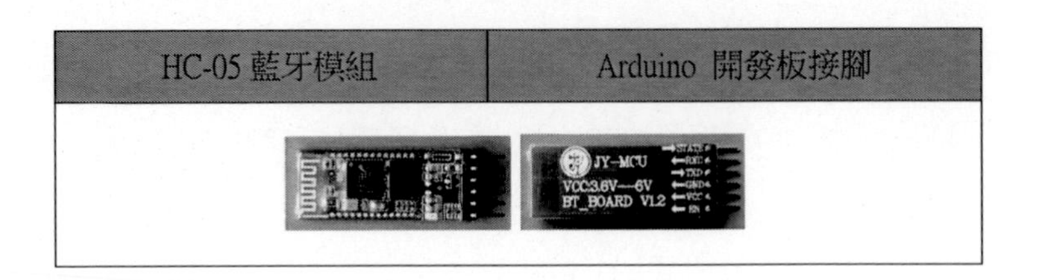	

我們遵照前面所述，將 fayaduino Uno 開發板的驅動程式安裝好之後，作者參考上表與上圖之後，完成電路的連接，完成後如下圖所示之藍牙模組 HC-05 接腳實際組裝圖。

圖 145 藍牙模組 HC-05 接腳實際組裝圖

我們遵照前幾章所述，將 fayaduino Uno 開發板的驅動程式安裝好之後，我們打開 Arduino 開發板的開發工具：Sketch IDE 整合開發軟體，攥寫一段程式，如下表所示之藍牙模組 HC-05 測試程式一，來進行藍牙模組 HC-05 的通訊測試。

表格 27 藍牙模組 HC-05 測試程式一

藍牙模組 HC-05 測試程式一(BT_Talk)

```
// ref HC-05 與 HC-06 藍牙模組補充說明（三）：使用 Arduino 設定 AT 命令
// ref http://swf.com.tw/?p=712

#include <SoftwareSerial.h>     // 引用程式庫

// 定義連接藍牙模組的序列埠
```

```
SoftwareSerial BT(8, 9); // 接收腳, 傳送腳
char val;   // 儲存接收資料的變數

void setup() {
  Serial.begin(9600);     // 與電腦序列埠連線
  Serial.println("BT is ready!");

  // 設定藍牙模組的連線速率
  // 如果是 HC-05，請改成 38400
  BT.begin(9600);
}

void loop() {

  // 若收到藍牙模組的資料，則送到「序列埠監控視窗」
  if (BT.available()) {
    val = BT.read();
    Serial.print(val);
  }

  // 若收到「序列埠監控視窗」的資料，則送到藍牙模組
  if (Serial.available()) {
    val = Serial.read();
    BT.write(val);
  }
}
```

讀者可以看到本次實驗-藍牙模組 HC-05 測試程式一結果畫面，如下圖所示，以看到輸入的字元可以轉送到藍芽另一端接收端。

```
BT is ready!
554445ggffdffg554445ggffdffg554445ggffdffg554445ggffdffg55444
554445ggffdffg
554445ggffdffg
554445ggffdffg
554445ggffdffg
554445ggffdffg
554445ggffdffg
554445ggffdffg
554445ggffdffg
```

圖 146 藍牙模組 HC-05 測試程式一結果畫面

手機安裝藍芽裝置

如下圖所示，一般手機、平板的主畫面或程式集中可以選到『設定：Setup』。

圖 147 手機主畫面

如下圖所示，點入『設定：Setup』之後，可以到『設定：Setup』的主畫面，，如您的手機、平板的藍芽裝置未打開，請將藍芽裝置開啟。

圖 148 設定主畫面

如下圖所示，開啟藍牙裝置之後，可以看到目前可以使用的藍牙裝置。

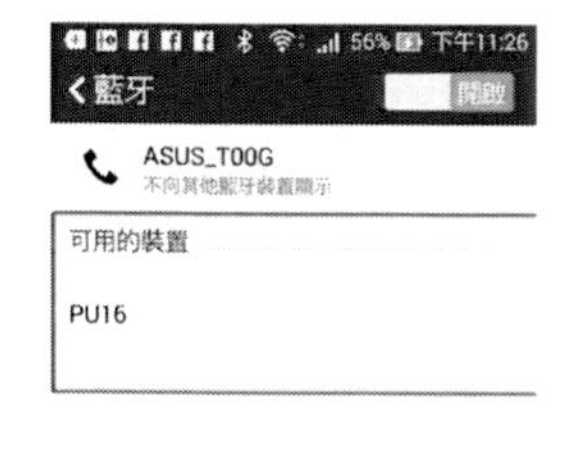

圖 149 目前已連接藍牙畫面

如下圖所示，我們要將我們要新增的藍牙裝置加入手機、平板之中， 請點選下圖紅框處：搜尋裝置，方能增加新的藍牙裝置。

圖 150 搜尋藍牙裝置

如下圖所示，當我們要找到新的藍牙裝置，點選它之後，會出現下圖畫面，要求使用者輸入配對的 Pin 碼，一般為『0000』或『1234』。

圖 151 第一次配對-要求輸入配對碼

如下圖所示，我們可以輸入配對的 Pin 碼，一般為『0000』或『1234』，來完成配對的要求。

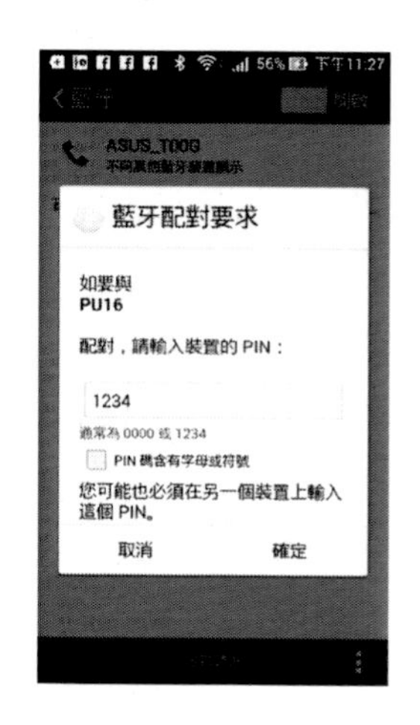

圖 152 藍芽要求配對

如下圖所示，我們可以輸入配對的 Pin 碼，一般為『0000』或『1234』，來完成配對的要求，本書例子為『1234』。

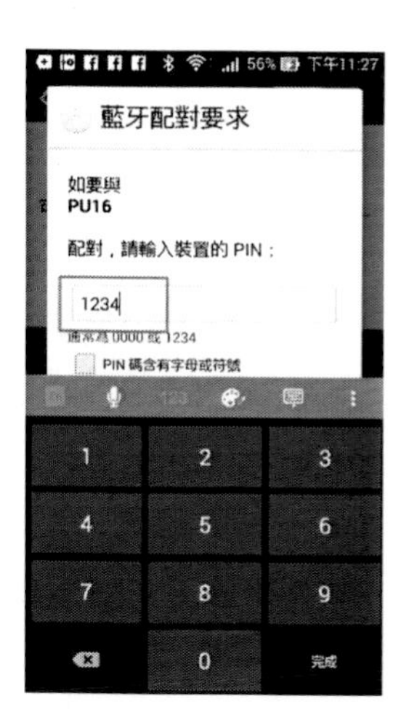

圖 153 輸入配對密碼(1234)

如下圖所示，如果輸入配對的 Pin 碼正確無誤，則會完成配對，該藍芽裝置會加入手機、平板的藍芽裝置清單之中。

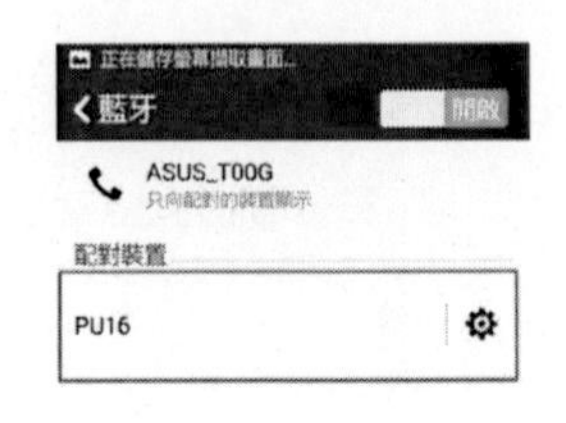

圖 154 完成配對後-出現在已配對區

如下圖所示，完成後，手機、平板會顯示已完成配對的藍牙裝置清單。

圖 155 目前已連接藍牙畫面

如下圖所示，完成配對的藍牙裝置後，我們可以用回上頁回到設定主畫面，完成新增藍牙裝置的配對。

圖 156 完成藍芽配對等完成畫面

安裝 Bluetooth RC APPs 應用程式

本書再測試A rduino 開發板連接藍芽裝置，為了測試這些程式是否傳輸、接收命令是否正確，我們會先行安裝市面穩定的藍芽通訊 APPs 應用程式。

本書使用 Fadjar Hamidi F 公司攥寫的『Bluetooth RC』，其網址：https://play.google.com/store/apps/details?id=appinventor.ai_test.BluetoothRC&hl=zh_TW，讀者可以到該網址下載之。

本章節主要是介紹讀者如何安裝 Fadjar Hamidi F 公司攥寫的『Bluetooth RC』。

如下圖所示，在手機主畫面進入 play 商店。

圖 157 手機主畫面進入 play 商店

如下圖所示，下圖為 play 商店主畫面。

圖 158 Play 商店主畫面

如下圖紅框處所示，我們在 Google Play 商店主畫面 - 按下查詢紐。

圖 159 Play 商店主畫面 - 按下查詢紐

如下圖紅框處所示，我們在輸入『Bluetooth RC』查詢該 APPs 應用程式。

圖 160 Play 商店主畫面 - 輸入查詢文字

如下圖紅框處所示，我們在輸入『Bluetooth RC』查詢，找到 BluetoothRC 應用程式。

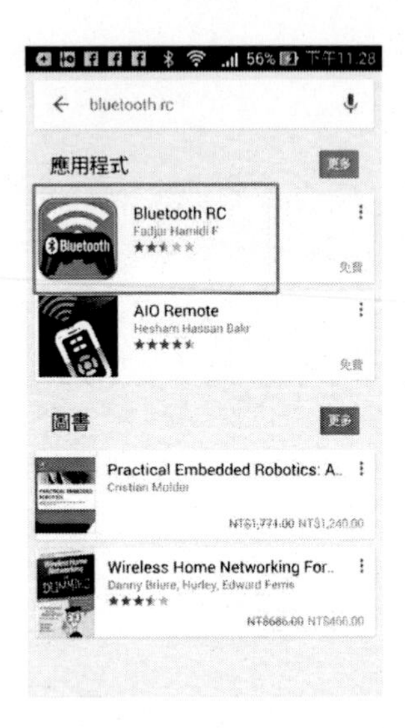

圖 161 找到 BluetoothRC 應用程式

如下圖紅框處所示，找到 BluetoothRC 應用程式 -點下安裝。

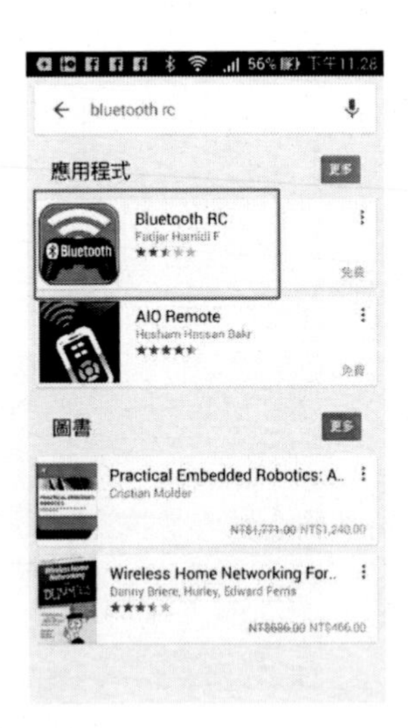

圖 162 找到 BluetoothRC 應用程式 -點下安裝

如下圖紅框處所示，點下『接受』，進行安裝。

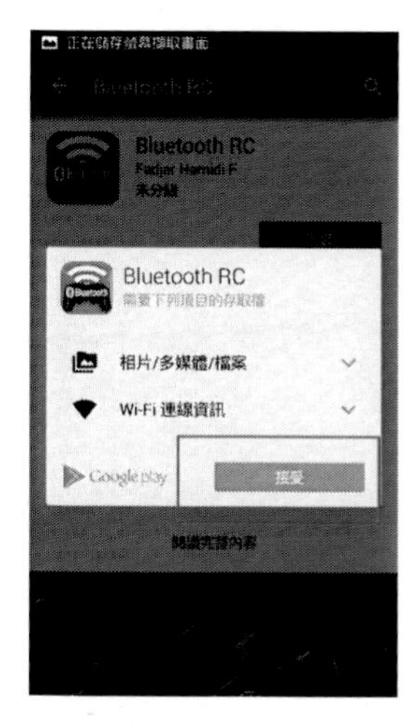

圖 163 BluetoothRC 應用程式安裝主畫面要求授權

如下圖所示，BluetoothRC 應用程式安裝中。

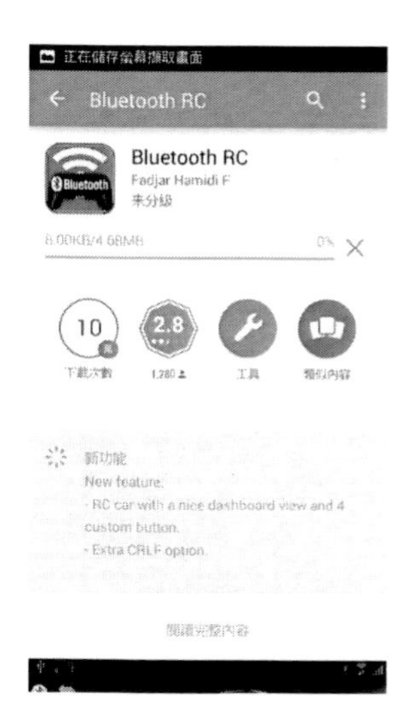

圖 164 BluetoothRC 應用程式安裝中

如下圖所示，BluetoothRC 應用程式安裝中。

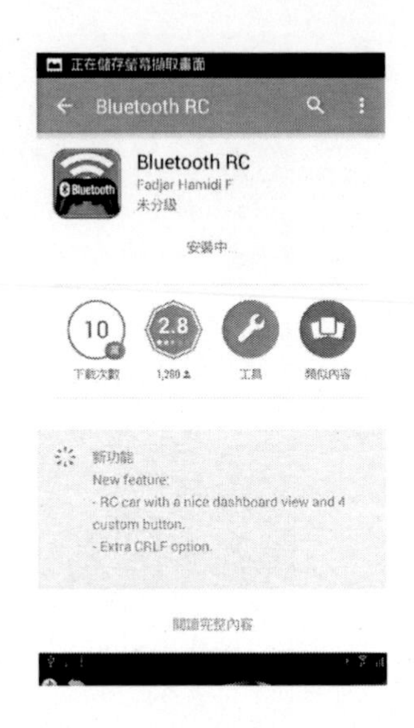

圖 165 BluetoothRC 應用程式安裝中二

如下圖所示，BluetoothRC 應用程式安裝完成。

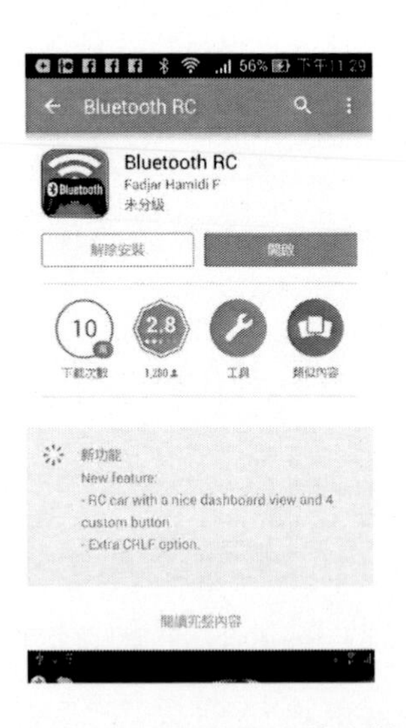

圖 166 BluetoothRC 應用程式安裝完成

如下圖紅框處所示，我們可以點選『開啟』來執行 BluetoothRC 應用程式。

圖 167 BluetoothRC 應用程式安裝完成後執行

如下圖所示，安裝好 BluetoothRC 應用程式之後，一般說來手機、平板的桌面或程式集中會出現『BluetoothRC』的圖示。

圖 168 BluetoothRC 應用程式安裝完成後的桌面

BluetoothRC 應用程式通訊測試

一般而言，如下圖所示，我們安裝好 BluetoothRC 應用程式之後，手機、平板的桌面或程式集中會出現『BluetoothRC』的圖示。

圖 169 桌面的 BluetoothRC 應用程式

如下圖所示，我們點選手機、平板的桌面或程式集中『BluetoothRC』的圖示，進入 BluetoothRC 應用程式。

圖 170 執行 BluetoothRC 應用程式

如下圖所示，為 BluetoothRC 應用程式進入系統的抬頭畫面。

圖 171 BluetoothRC init 應用程式執行中

如下圖所示，為 BluetoothRC 應用程式主畫面。

圖 172 BluetoothRC 應用程式執行主畫面

如下圖紅框處所示，首先，我們要為 BluetoothRC 應用程式選定工作使用的藍芽裝置，讀者要注意，系統必須要開啟藍芽裝置，且已將要連線的藍芽裝置配對完成後，並已經在手機、平板的藍芽已配對清單中，方能被選到。

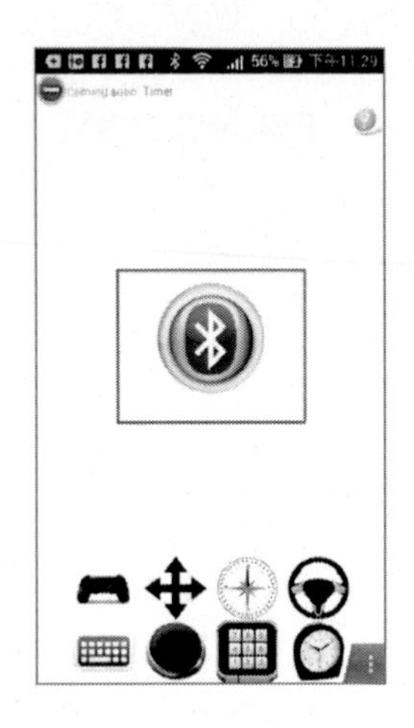

圖 173 BluetoothRC 應用程式執行主畫面 - 選取藍芽裝置

如下圖所示，我們要可以選擇已經在手機、平板已配對清單中的藍芽，選定為 BluetoothRC 應用程式工作使用的藍芽裝置。

圖 174 BluetoothRC 應用程式執行主畫面 - 已配對藍芽裝置列表

如下圖紅框處所示，我們要可以選擇已經在手機、平板已配對清單中的藍芽，進行 BluetoothRC 應用程式工作使用。

圖 175 BluetoothRC 應用程式執行主畫面 - 選取配對藍芽裝置

如下圖紅框處所示，系統會出現目前 BluetoothRC 應用程式工作使用藍芽裝置之 MAC。

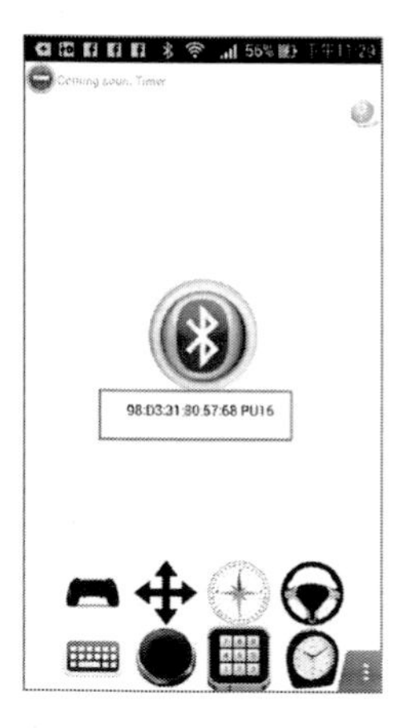

圖 176 BluetoothRC 應用程式執行主畫面 - 完成選取藍芽裝置

如下圖紅框處所示，點選 BluetoothRC 應用程式執行主畫面紅框處 - 啟動文字通訊功能。

圖 177 BluetoothRC 應用程式執行主畫面 - 啟動文字通訊功能

如下圖所示，為 BluetoothRC 文字通訊功能主畫面。

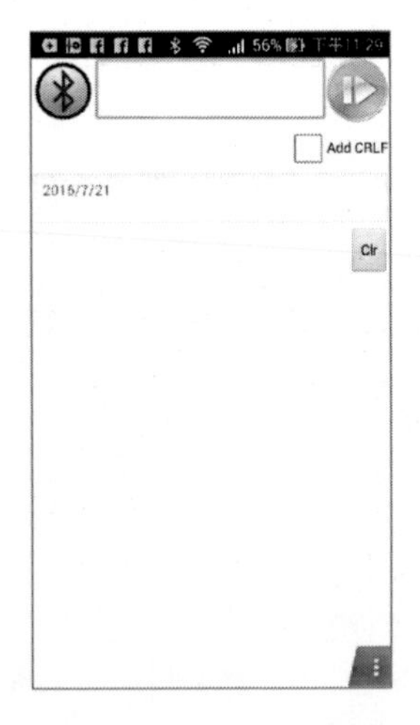

圖 178 BluetoothRC 文字通訊功能主畫面

如下圖紅框處所示，啟動藍芽通訊。

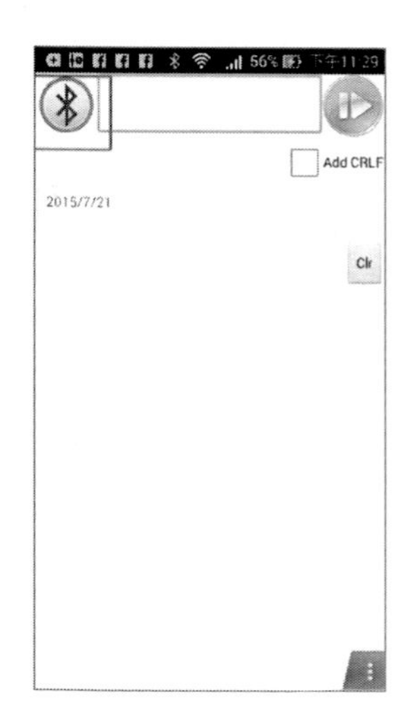

圖 179 BluetoothRC 文字通訊功能主畫面 -完成 開啟藍芽通訊

如下圖紅框處所示，我們可以輸入任何文字，進行藍芽傳輸。

圖 180 BluetoothRC 文字通訊功能主畫面 - 輸入送出文字

如下圖紅框處所示，按下向右三角形，將上方輸入的文字，透過選定的藍芽裝置傳輸到連接的另一方藍芽裝置。

圖 181 BluetoothRC 文字通訊功能主畫面 - 傳送輸入文字

Arduino 藍芽模組控制

由於本章節只要使用藍芽模組(HC-05/HC-06)，所以本實驗仍只需要一塊 fayaduino Uno 開發板、USB 下載線、8 藍芽模組(HC-05/HC-06)。

如下圖所示，這個實驗我們需要用到的實驗硬體有下圖.(a)的 fayalab UNO 與下圖.(b) USB 下載線、下圖.(c) 藍芽模組(HC-05/HC-06)：

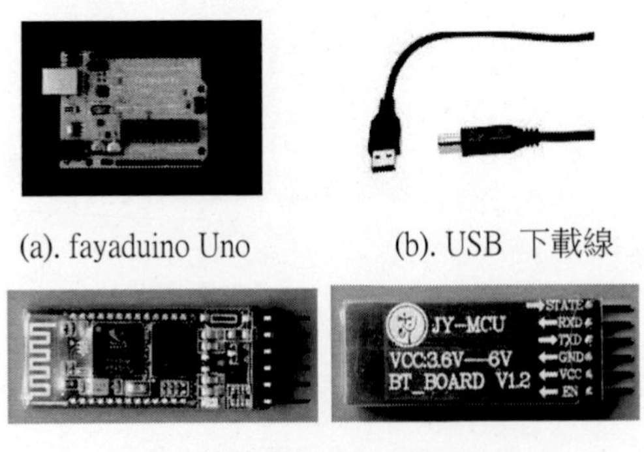

(a). fayaduino Uno　　(b). USB 下載線

(c). 藍芽模組(HC-05/HC-06)

圖 182 藍芽模組(HC-05/HC-06)所需零件表

由於本書使用藍芽模組，所以我們遵從下表來組立電路，來完成本節的實驗：

表格 28 使用手機控制風扇接腳表

藍芽模組(HC-05)	Arduino 開發板
VCC	Arduino Uno +5V
GND	Arduino Uno GND
TX	Arduino Uno digitalPin 11
RX	Arduino Uno digitalPin 12
藍芽模組(HC-05/HC-06)	

我們遵照前幾章所述，將 fayaduino Uno 開發板的驅動程式安裝好之後，我們打開 Arduino 開發板的開發工具：Sketch IDE 整合開發軟體，攥寫一段程式，如下表所示之藍芽模組(HC-05/HC-06)測試程式一，並將之編譯後上傳到 Arduino 開發板。

表格 29 藍芽模組(HC-05/HC-06)

藍芽模組(HC-05/HC-06) (BT_Talk)

```
#include <SoftwareSerial.h>    // 引用程式庫

// 定義連接藍牙模組的序列埠
SoftwareSerial BT(11, 12); // 接收腳, 傳送腳
char val;  // 儲存接收資料的變數

void setup() {
  Serial.begin(9600);    // 與電腦序列埠連線
  Serial.println("BT is ready!");

  // 設定藍牙模組的連線速率
  // 如果是 HC-05，請改成 38400
  BT.begin(9600);
}

void loop() {
```

```
  // 若收到藍牙模組的資料，則送到「序列埠監控視窗」
  if (BT.available()) {
    val = BT.read();
    Serial.print(val);
  }

  // 若收到「序列埠監控視窗」的資料，則送到藍牙模組
  if (Serial.available()) {
    val = Serial.read();
    BT.write(val);
  }
}
```

如下圖所示，我們執行後，會出現『BT is ready!』後，在畫面中可以接收到藍牙模組收到的資料，並顯示再監控畫面之中。

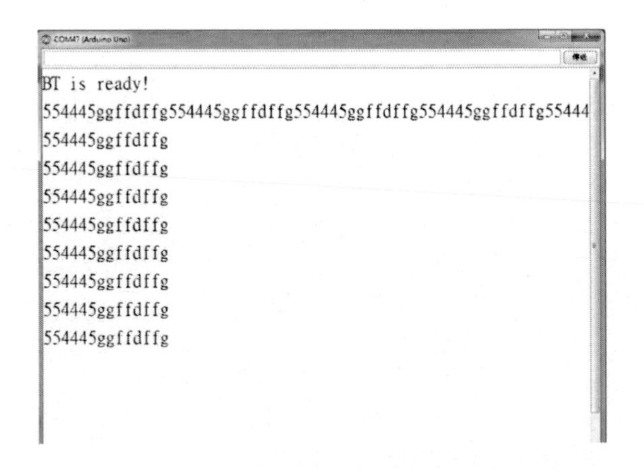

圖 183 Arduino 通訊監控畫面-監控藍芽通訊內容

如下圖所示，我們執行後，會出現『BT is ready!』後，我們再上方文字輸入區中，輸入文字。

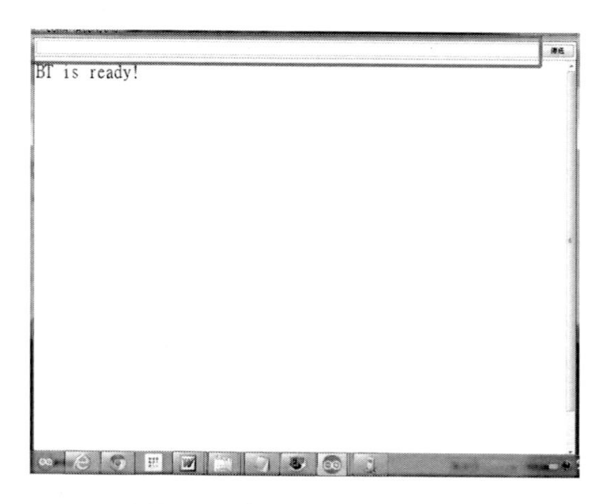

圖 184 Arduino 通訊監控畫面-輸入送出通訊內容字元輸入區

如下圖所示，我們執行後，會出現『BT is ready!』後，我們再上方文字輸入區中，輸入文字，按下右上方的『傳送』鈕，也會把上方文字輸入區中所有文字傳送到藍芽模組配對連接的另一端。

圖 185 Arduino 通訊監控畫面-送出輸入區內容

如下圖所示，我們執行後，藍芽模組配對連接的另一端上圖上方文字輸入區中輸入的文字。

圖 186 BluetoothRC 文字通訊功能主畫面 - 輸入送出文字

如下圖所示，同樣的，我們執行手機、平板上的 Bluetooth RC 應用程式後，再下圖上方文字輸入區中輸入的文字。

圖 187 BluetoothRC 文字通訊功能主畫面 - 傳送輸入文字(含回行鍵)

如下圖所示，同樣的，Arduino 通訊監控畫面會收到我們執行手機、平板上的

Bluetooth RC 應用程式其中文字輸入區中輸入的文字。

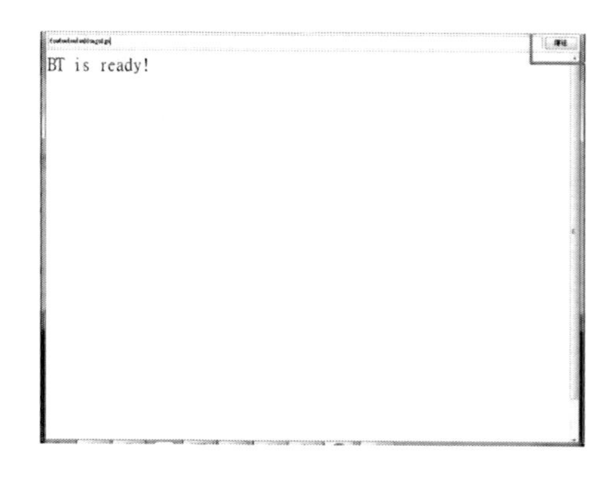

圖 188 Arduino 通訊監控畫面-送出輸入區內容

手機藍芽基本通訊功能開發

由於我們使用 Android 作業系統的手機或平板與 Arduino 開發板的裝置進行控制，由於手機或平板的設計限制，通常無法使用硬體方式連接與通訊，所以本節專門介紹如何在手機、平板上如何使用常見的藍芽通訊來通訊，本節主要介紹 App Inventor 2 如何建立一個藍芽通訊模組。

首先，如下圖所示，我們在 App Inventor 2 程式模塊編輯畫面之中，開立一個新專案。

圖 189 建立新專案

首先，如下圖所示，我們在先拉出 VerticalArrangement1。

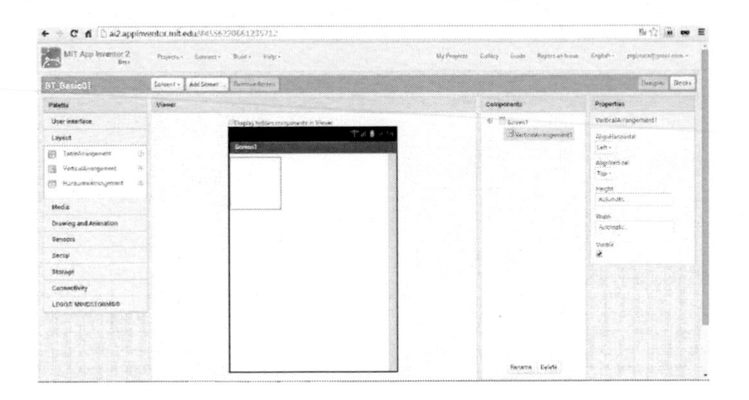

圖 190 拉出 VerticalArrangement1

如下圖所示，我們在拉出第一個 HorizontalArrangement1。

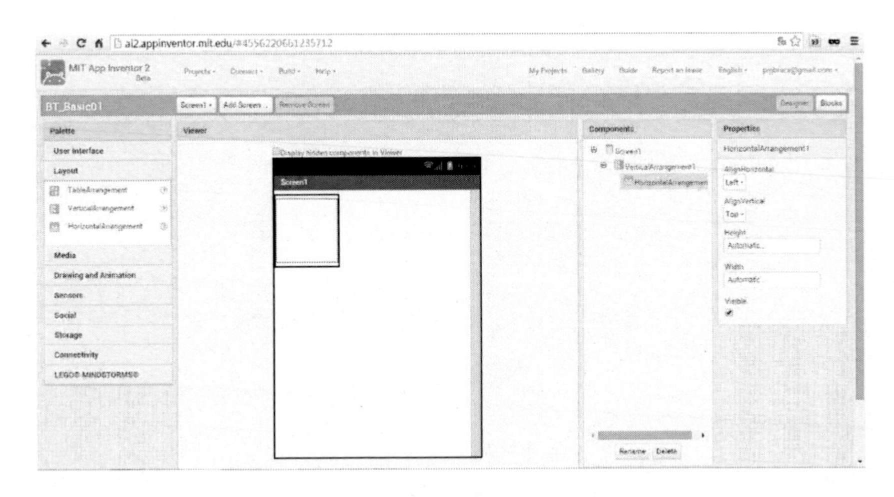

圖 191 拉出第一個 HorizontalArrangement1

如下圖所示，我們在拉出第二個 HorizontalArrangement2。

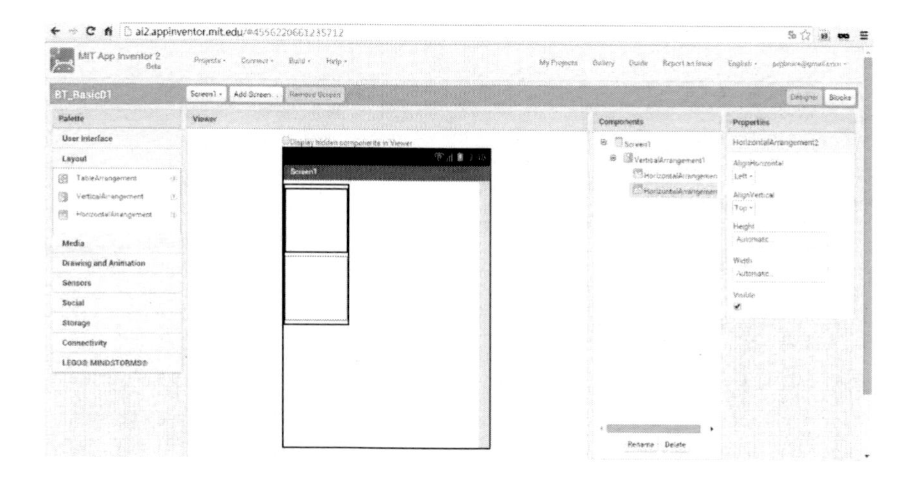

圖 192 拉出第二個 HorizontalArrangement2

如下圖所示，我們在第一個 HorizontalArrangement 內拉出顯示傳輸內容之 Label。

圖 193 拉出顯示傳輸內容之 Label

如下圖所示，我們修改在第一個 HorizontalArrangement 內拉出顯示傳輸內容之 Label 的顯示文字。

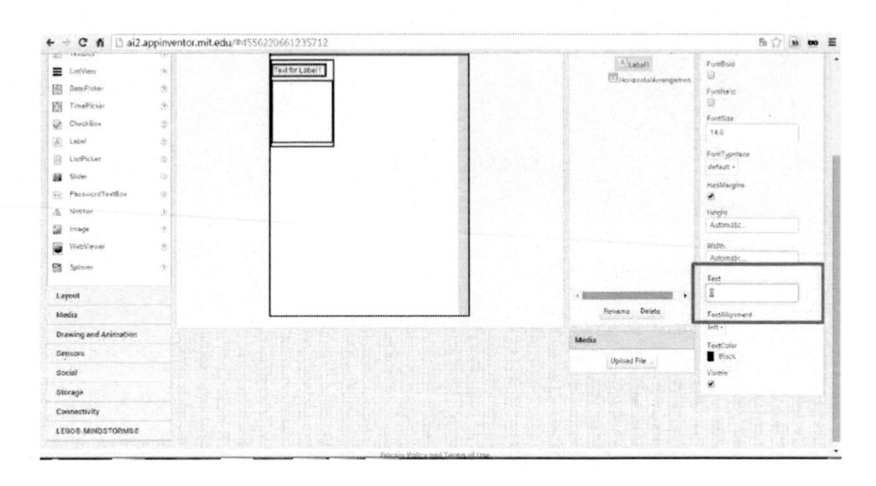

圖 194 修改顯示傳輸內容之 Label 內容值

如下圖所示，我們修改在第二個拉出的 HorizontalArrangement2 內拉出拉出 ListPictker(選藍芽裝置用)。

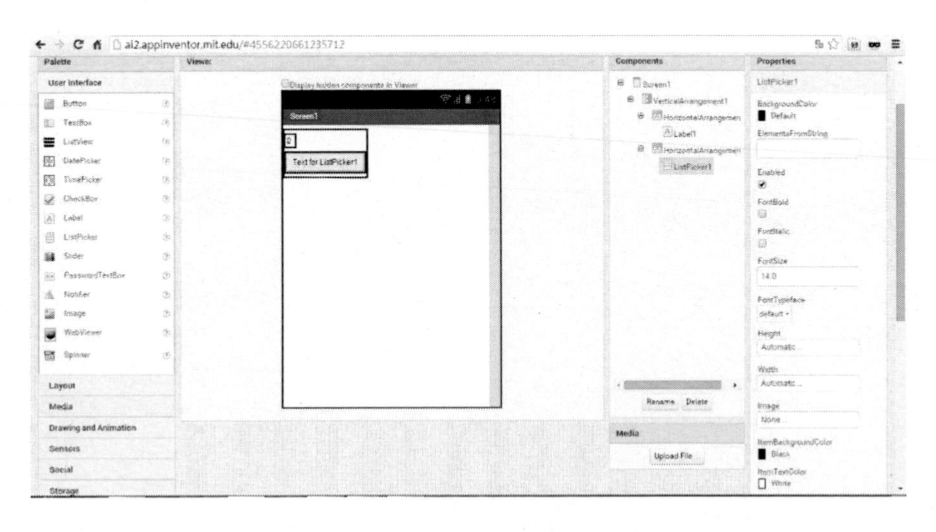

圖 195 拉出 ListPictker(選藍芽裝置用)

如下圖所示，我們修改在第二個拉出的 HorizontalArrangement2 內拉出拉出 ListPictker(選藍芽裝置用)改變其顯示的文字為『Select BT』。

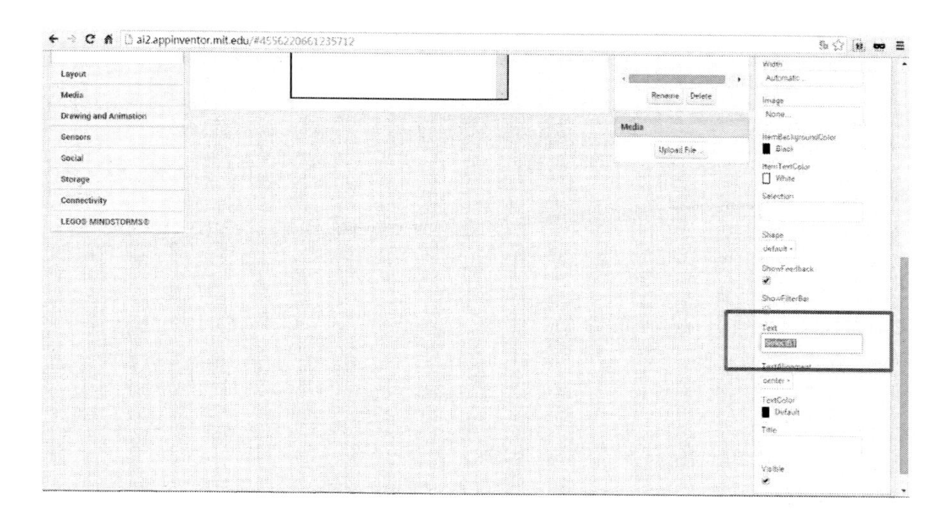

圖 196 修改 ListPictker 顯示名稱

如下圖所示，拉出藍芽 Client 物件。

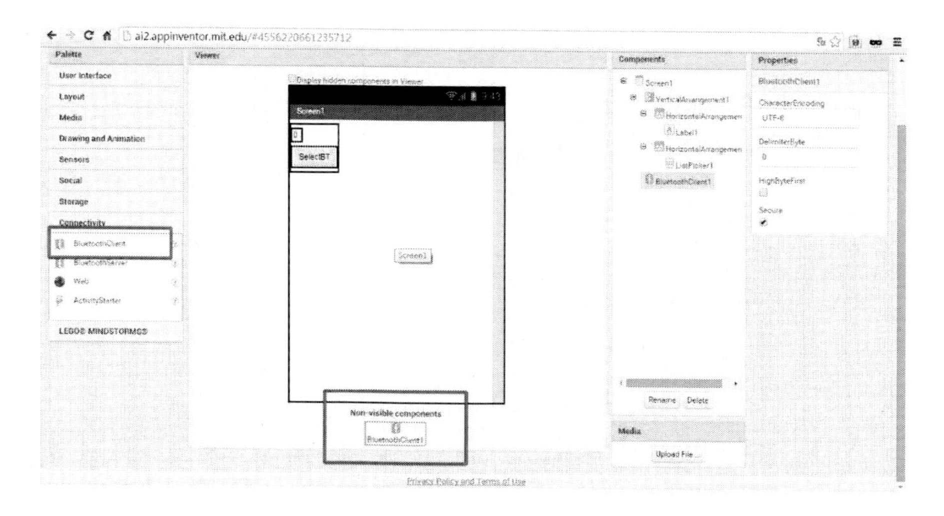

圖 197 拉出藍芽 Client 物件

如下圖所示，拉出驅動藍芽的時間物件。

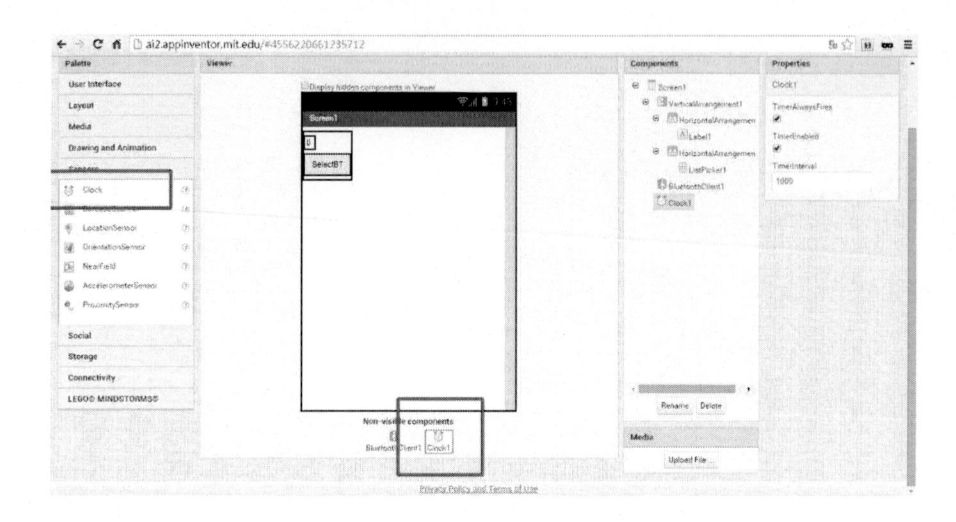

圖 198 拉出驅動藍芽的時間物件

如下圖所示，我們修改拉出驅動藍芽的時間物件的名稱為『BTRun』。

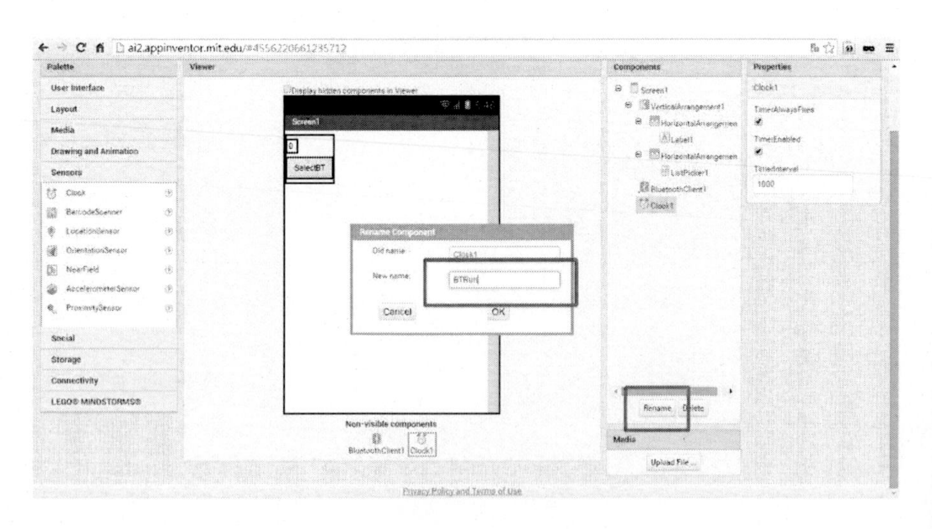

圖 199 修改驅動藍芽的時間物件的名字

如下圖所示，我們為了編修程式，請點選如下圖所示之紅框區『Blocks』按紐。

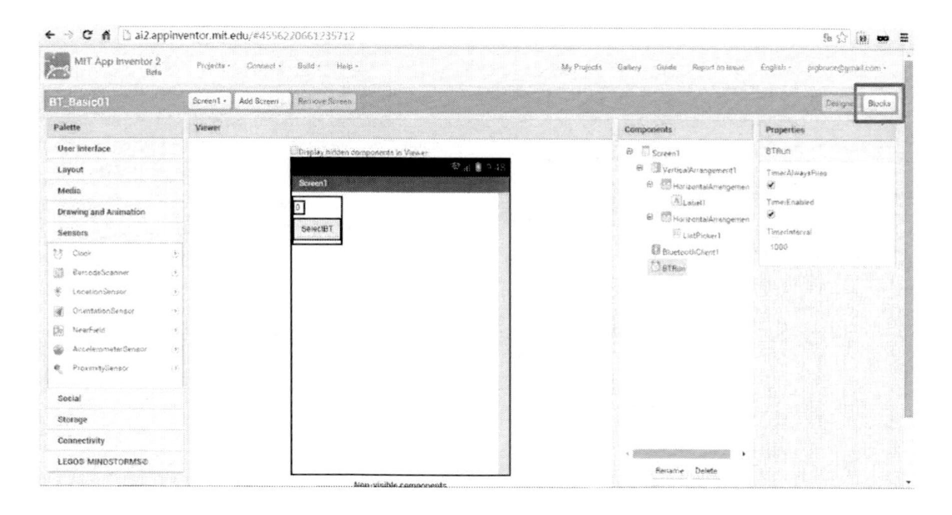

圖 200 切換程式設計模式

如下圖所示，，下圖所示之紅框區為 App Inventor 2 的程式編輯區。

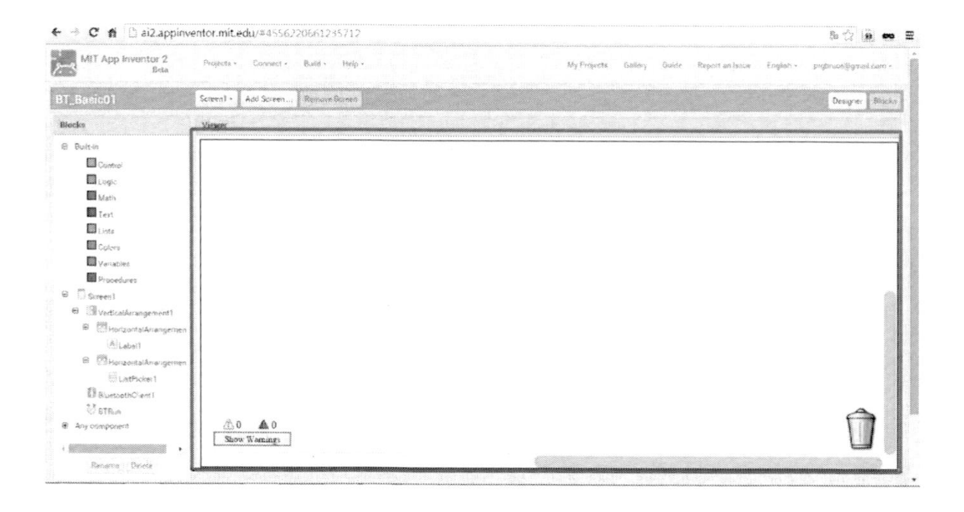

圖 201 程式設計模式主畫面

如下圖所示，我們在 App Inventor 2 的程式編輯區，建立 BTChar 變數。

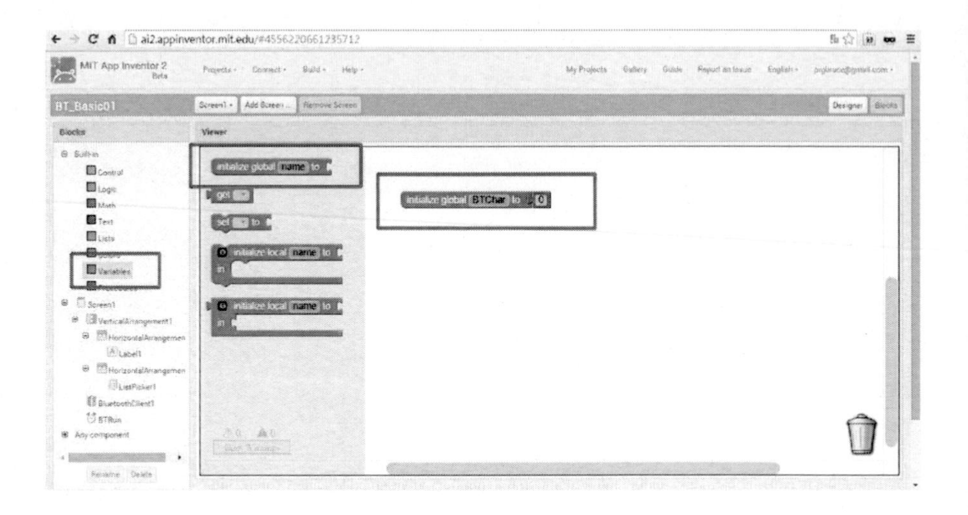

圖 202 建立 BTChar 變數

為了建全的系統，如下圖所示，我們進行系統初始化，在 Screen1.initialize 建立下列敘述。

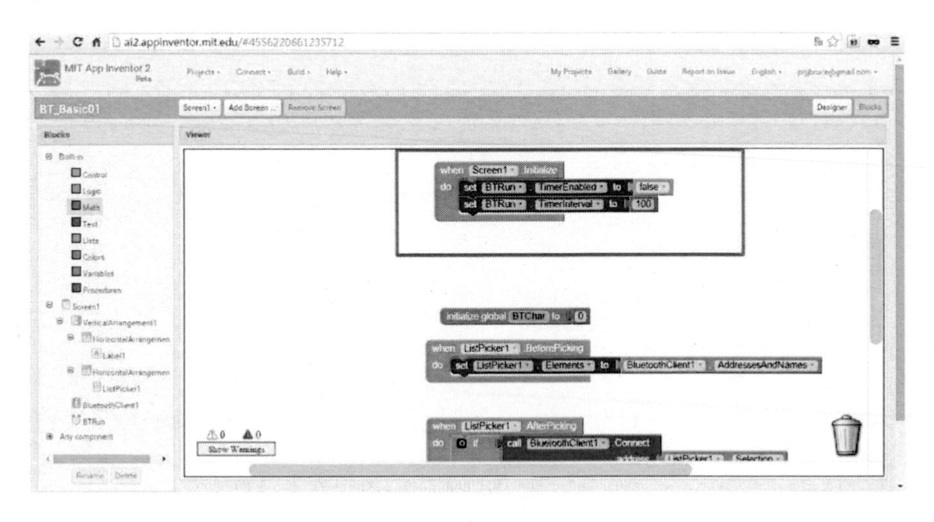

圖 203 系統初始化

首先，在點選藍芽裝置『ListPicker1』下，如下圖所示，我們在 ListPicker1.BeforePicking 建立下列敘述。

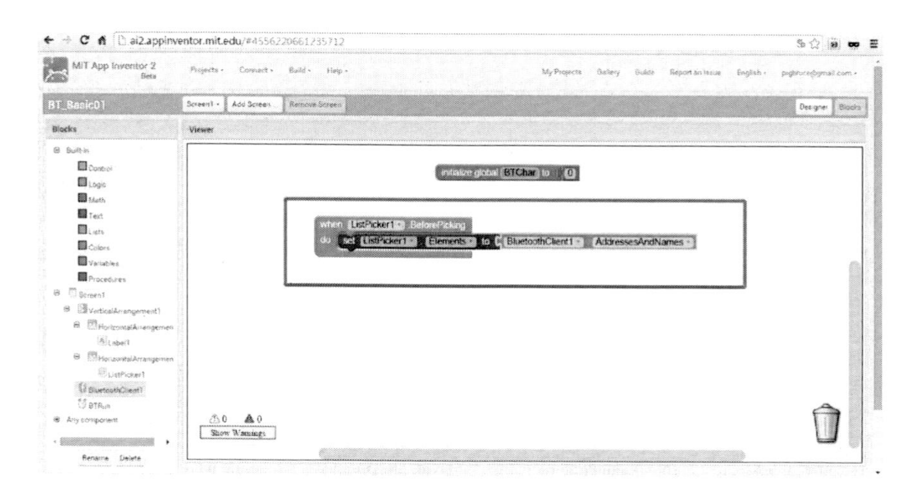

圖 204 將已配對的藍芽資料填入 ListPicker

首先，在點選藍芽裝置『ListPicker1』下，攥寫『判斷選到藍芽裝置後連接選取藍芽裝置』，如下圖所示，我們在 ListPicker1.AfterPicking 建立下列敘述。

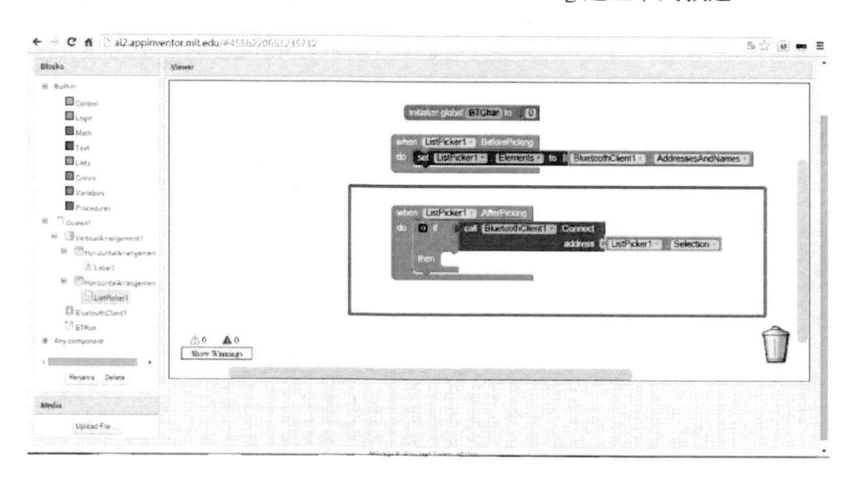

圖 205 判斷選到藍芽裝置後連接選取藍芽裝置

如下圖所示，在點選藍芽裝置『ListPicker1』下，我們在 ListPicker1.AfterPicking 建立下列敘述，因為已經選好藍芽裝智，所以不需要選藍芽裝置『ListPicker1』，所以將它關掉，並開啟藍芽通訊程式所需要的『BTRun』時間物件 。

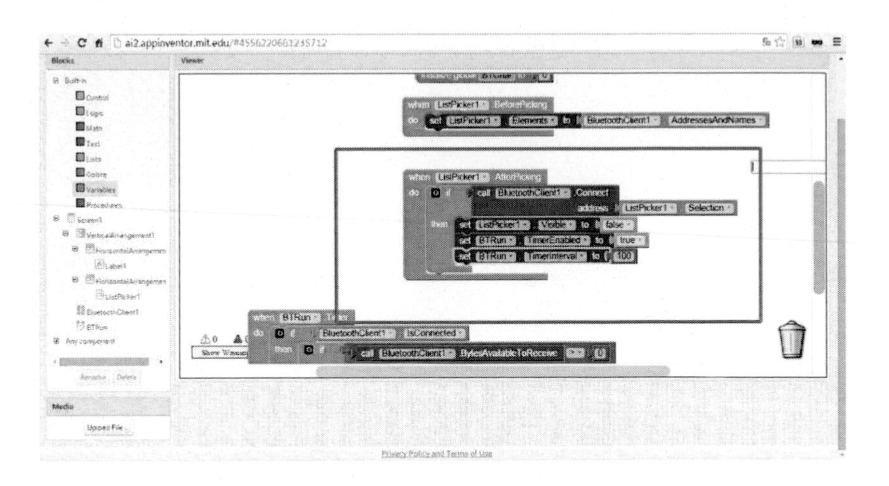

圖 206 連接藍芽後將 ListPickere 關掉

如下圖所示，在藍芽通訊程式所需要的『BTRun』時間物件下，我們為了確定藍芽已完整建立通訊，先行判斷是否藍芽已完整建立通訊。

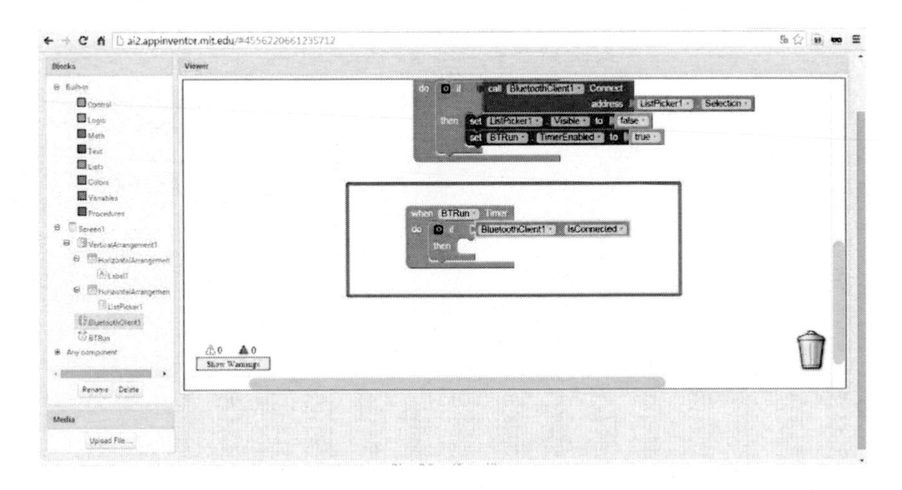

圖 207 定時驅動藍芽-判斷是否藍芽連線中

如下圖所示，在藍芽通訊程式所需要的『BTRun』時間物件下，如果藍芽已完整建立通訊，再判斷判斷是否藍芽有資料傳入。

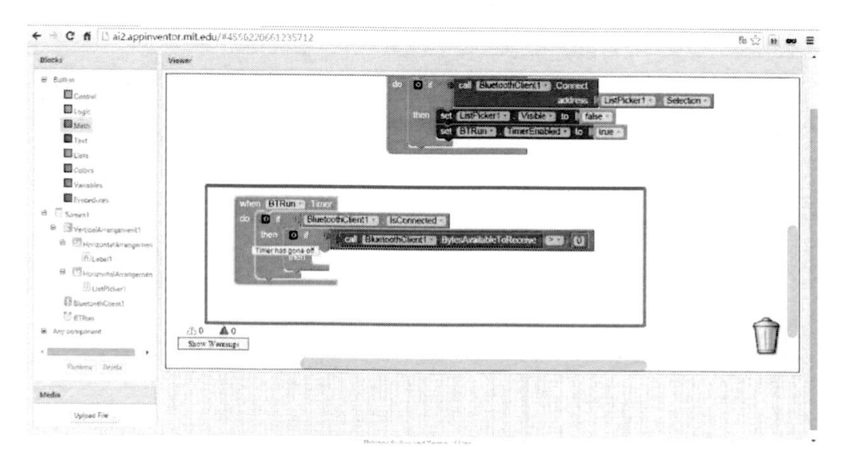

圖 208 定時驅動藍芽-判斷是否藍芽有資料傳入

如下圖所示，在藍芽通訊程式所需要的『BTRun』時間物件下，如果藍芽已完整建立通訊，再判斷判斷是否藍芽有資料傳入，再將此資料存入『BTChar』變數裡面。

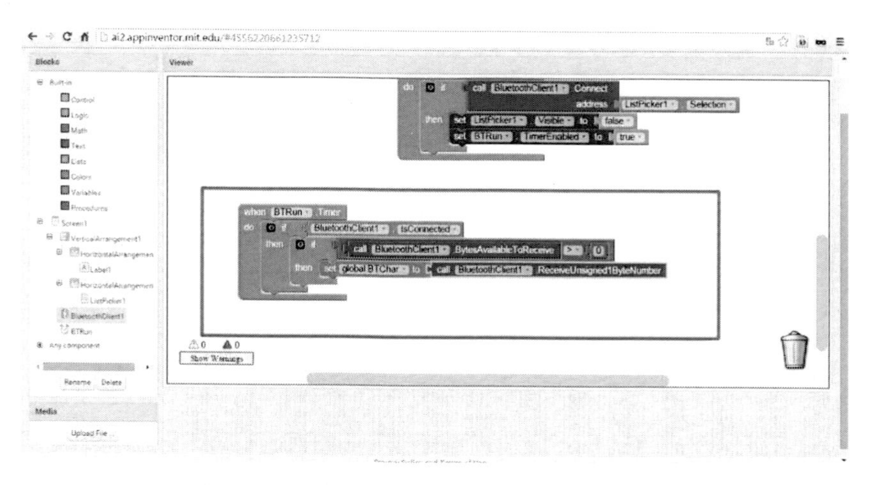

圖 209 定時驅動藍芽-讀出藍芽資料送入變數

如下圖所示，再將『BTChar』變數顯示在畫面的 Label1 的 Text 上。

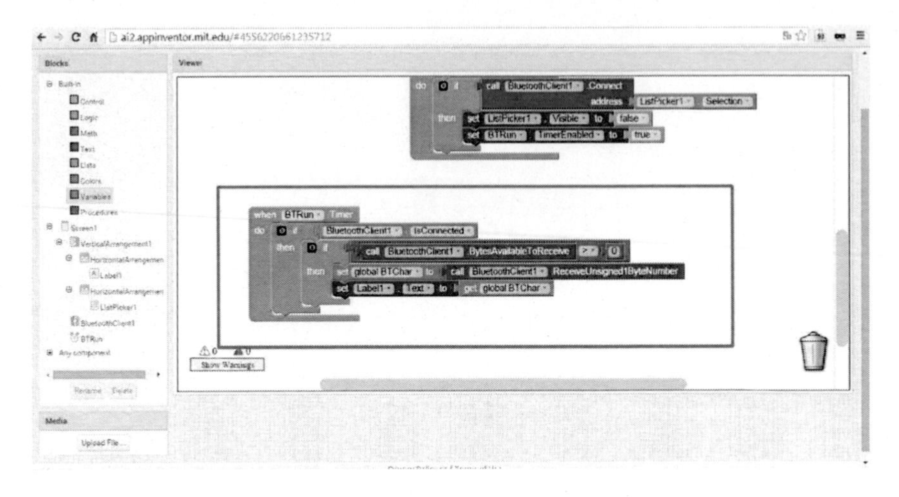

圖 210 定時驅動藍芽-顯示藍芽資料到 Label 物件

首先，如下圖所示，我們在 App Inventor 2 程式模塊編輯畫面之中，在『Connect』的選單下，選取 AICompanion。

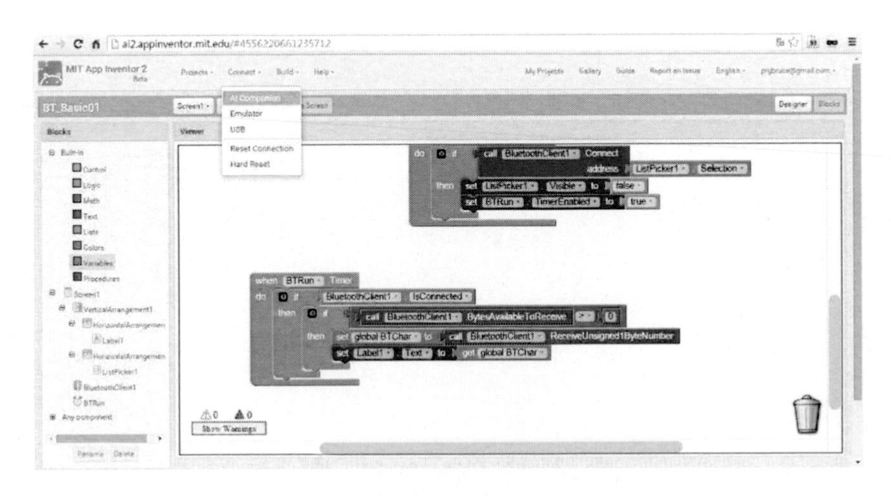

圖 211 啟動手機測試功能

如下圖所示，系統會出現一個 QR Code 的畫面。

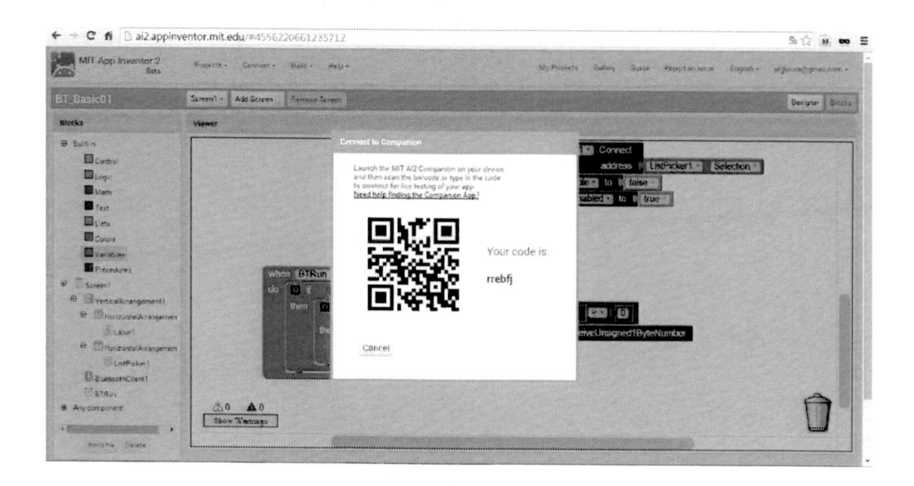

圖 212 手機 QRCODE

如下圖所示，我們在使用 Android 的手機、平板，執行已安裝好的『MIT App Inventor 2 Companion』，點選之後進入如下圖。

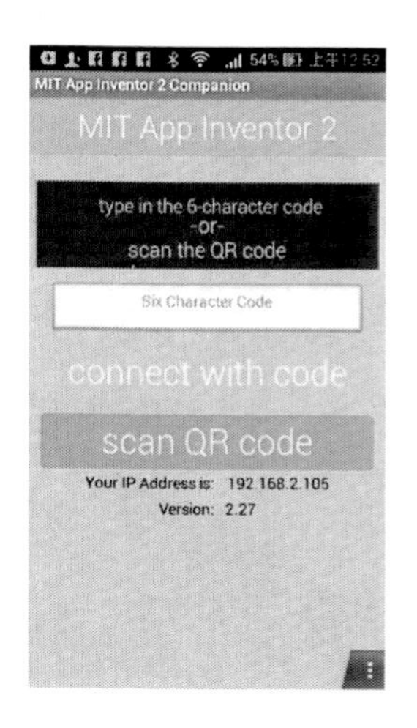

圖 213 啟動 MIT_AI2_Companion

如下圖所示，我們在選擇『scan QR code，點選之後進入如下圖。

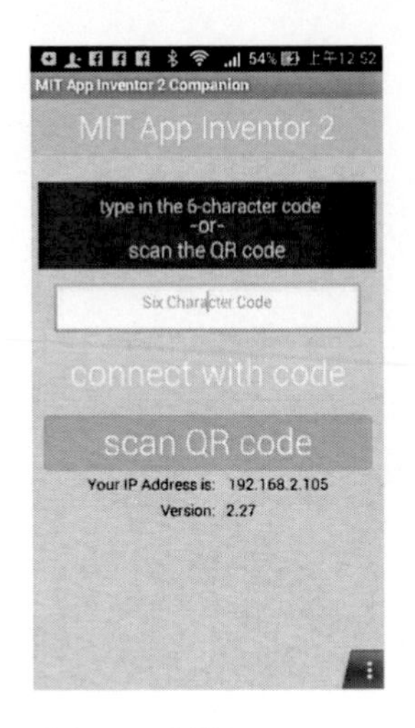

圖 214 掃描 QRCode

如下圖所示，手機會啟動掃描 QR code 的程式功能，這時後只要將手機、平板的 Camera 鏡頭描準畫面的 QR Code 就可以了。

圖 215 掃描 QRCodeing

如下圖所示，如果手機會啟動掃描 QR code 成功的話，系統會回傳 QR Code 碼到如下圖所示的紅框之中。

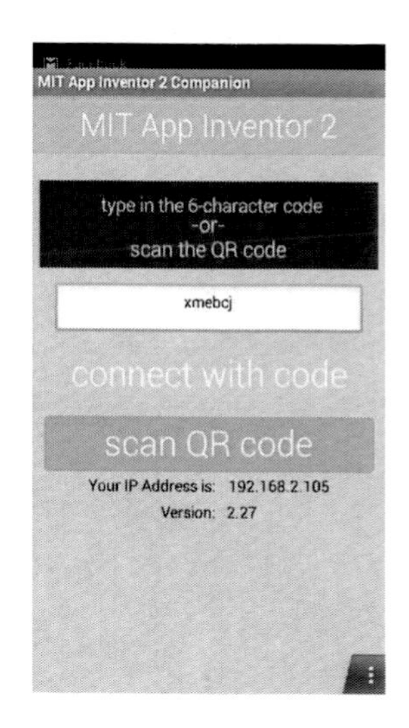

圖 216 取得 QR 程式碼

如下圖所示，我們點選如下圖所示的紅框之中的『connect with code』，就可以進入測試程式區。

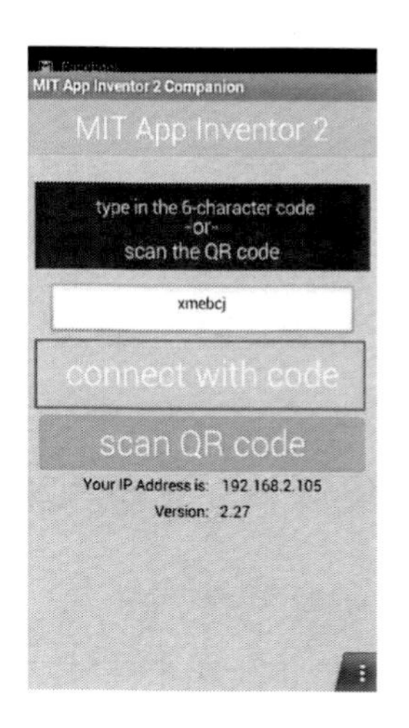

圖 217 執行程式

如下圖所示，如果程式沒有問題，我們就可以成功進入測試程式的主畫面。

圖 218 執行程式主畫面

如下圖所示，我們先選擇『SelectBT』來選擇藍芽裝置。

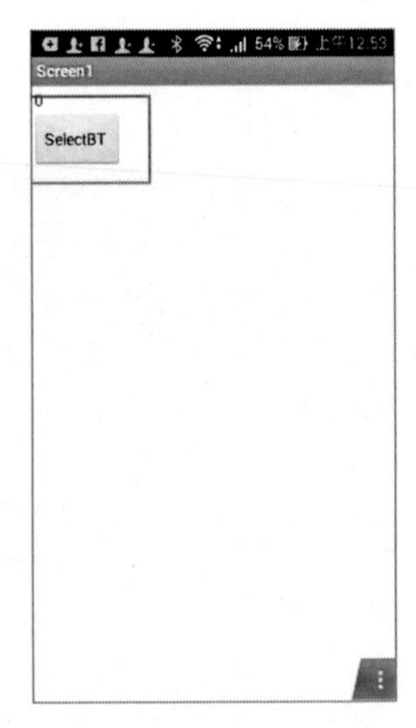

圖 219 選藍芽裝置

如下圖所示，會出現手機、平板中已經配對好的藍芽裝置。

圖 220 顯示藍芽裝置

如下圖所示，我們可以選擇手機、平板中已經配對好的藍芽裝置。

圖 221 選取藍芽裝置

如下圖所示，如果藍芽配對成功，可以正確連接您選擇的藍芽裝置，則會進入通訊模式的主畫面，可以接收配對藍芽裝置傳輸的資料，並顯示在上面。

圖 222 接收藍芽資料顯示中

手機相機程式開發

本節我們要介紹使用 App Inventor 2 程式，攥寫一個使用 Android 作業系統的手機或平板進行拍照的程式。

首先，如下圖所示，我們開啟一個新專案，並可以取『Camera_Take』的名字。

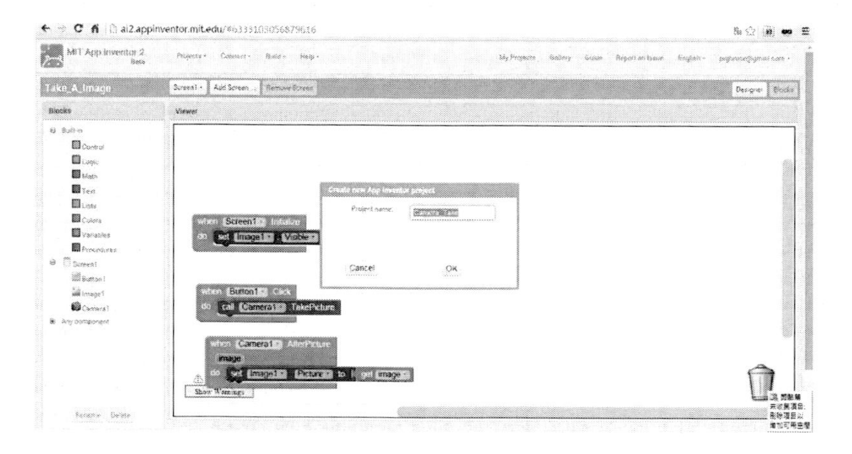

圖 223 開啟新專案

首先，我們拉出按紐。

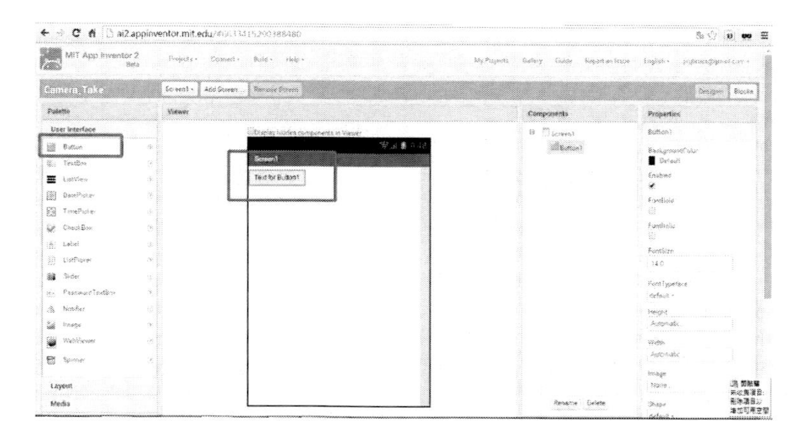

圖 224 拉出按紐

如下圖所示，我們將拉出按紐，改變其名稱為『Take a Photo』。

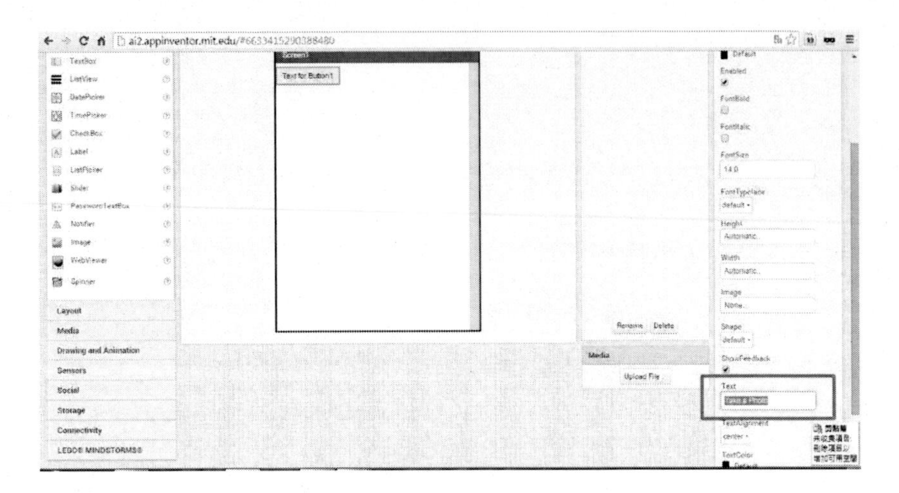

圖 225 修改按紐顯示文字

如下圖所示，我們拉出 Camera 元件。

圖 226 拉出 Camera 物件

如下圖所示，我們拉出 Image 元件。

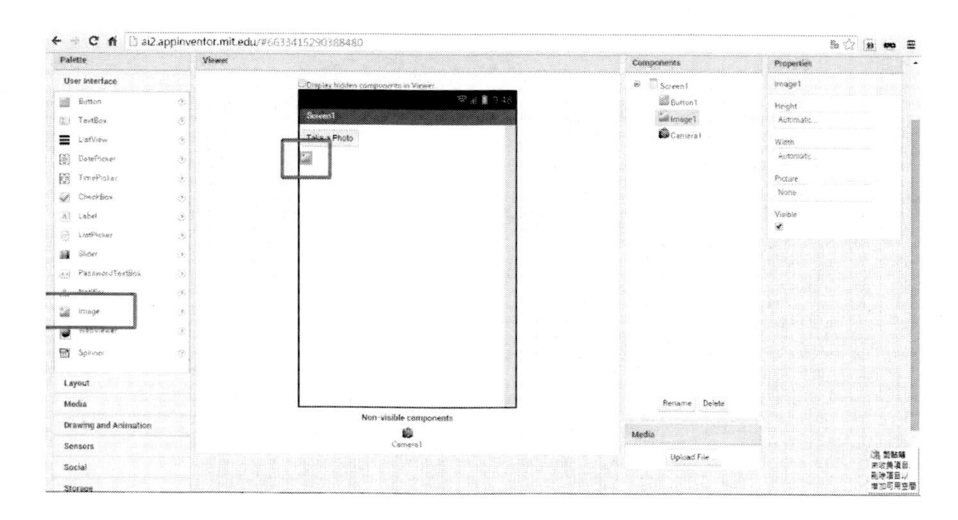

圖 227 拉出 image 物件

如下圖所示，我們為了編修程式，請點選如下圖所示之紅框區『Blocks』按鈕。

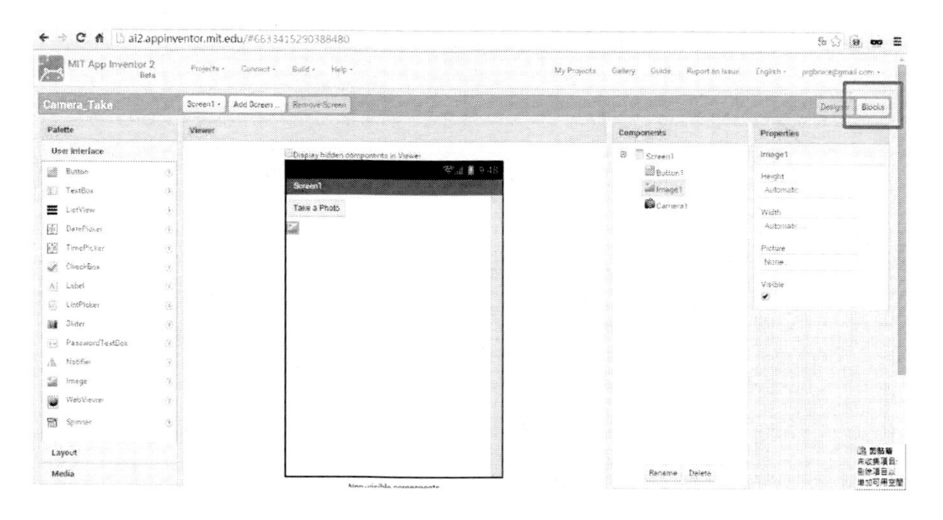

圖 228 切換程式設計模式

為了建全的系統，如下圖所示，我們進行系統初始化，在 Screen1.initialize 建立下列敘述。

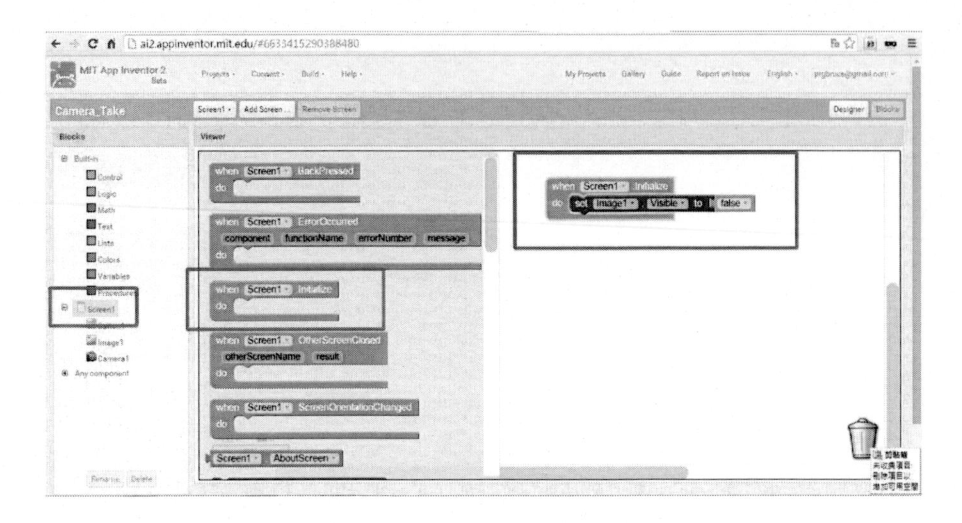

圖 229 畫面初始化設定

首先，在點『Take a Photo』的按紐，如下圖所示，我們在 Button1.Click 建立下列敘述。

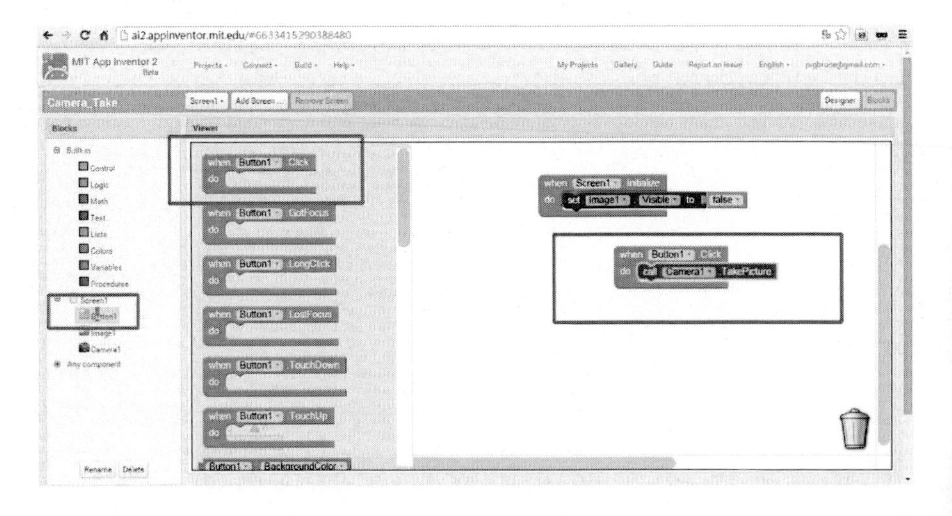

圖 230 按下按紐啟動相機

如下圖所示，我們在 Camera 元件的 Camera1.AfterPicture 建立下列敘述。

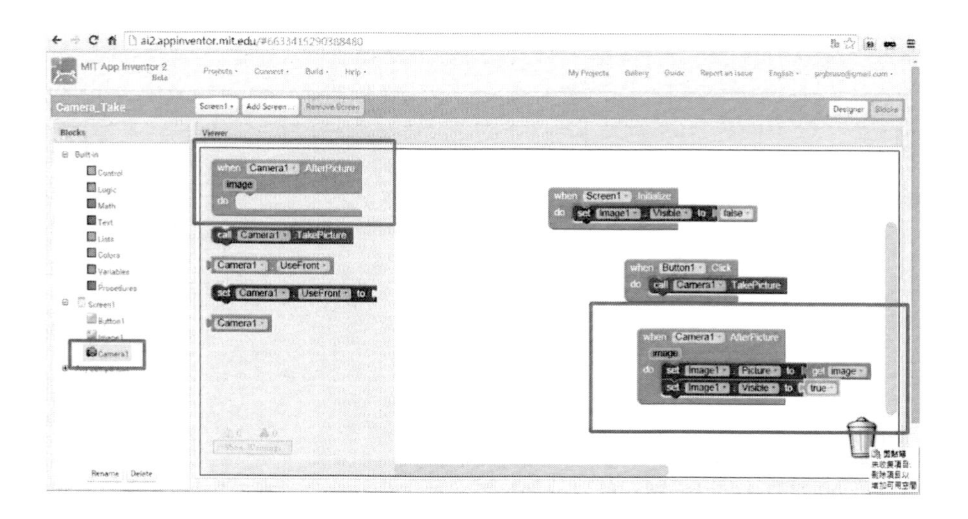

圖 231 拍完照顯示相片

整合手機測試

如何在手機或平板上執行 App Inventor 2 程式，請參考『如何執行 AppInventor 程式』一節。

如下圖所示，我們直接顯示測試程式的主畫面。

圖 232 程式主畫面

如下圖所示，我們點選下圖紅框處『Take a Photo』按紐 7。

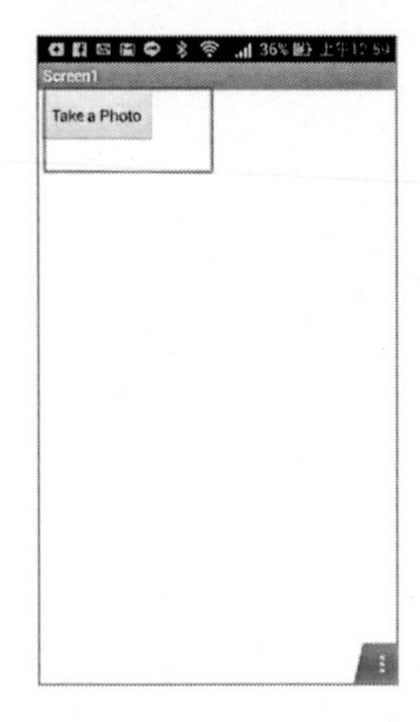

圖 233 按下照相按紐

如下圖所示，我們選擇主體進行拍照。

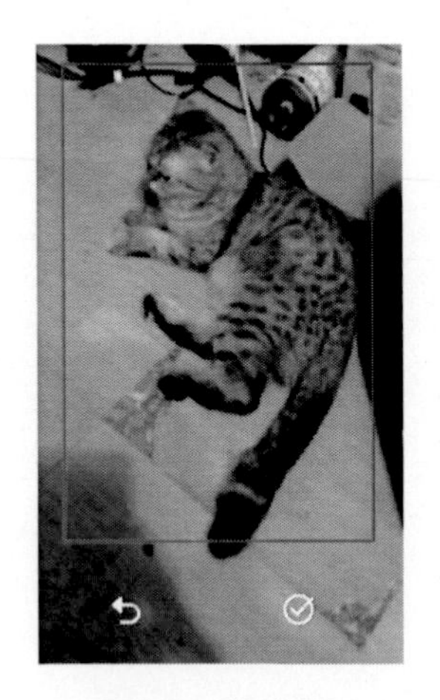

圖 234 拍完照

如下圖所示，我們選擇主體拍照後，按下手機、平板的拍照紐，拍下照片。

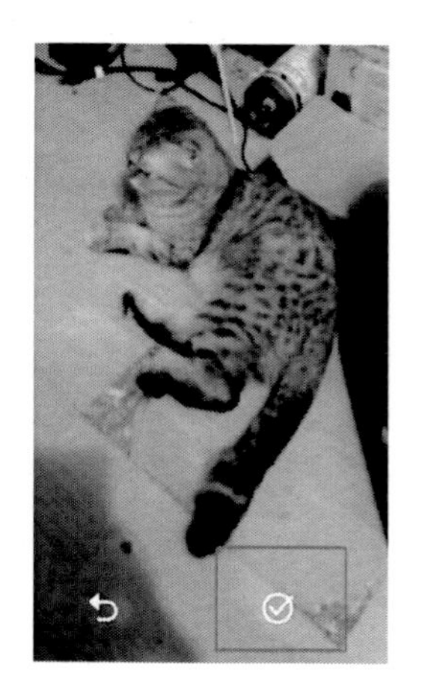

圖 235 按下確定取照片紐

如下圖所示，拍完照片後，系統會將拍到的照片帶回系統，完成拍照。

圖 236　顯示拍照照片於手機上

手機語音辨視

本節我們要介紹使用 App Inventor 2 程式，攥寫一個使用 Android 作業系統的手機或平板使用語音辨視的程式。

首先，如下圖所示，我們開啟一個新專案，並可以取『Speech_Reconize』的名字。

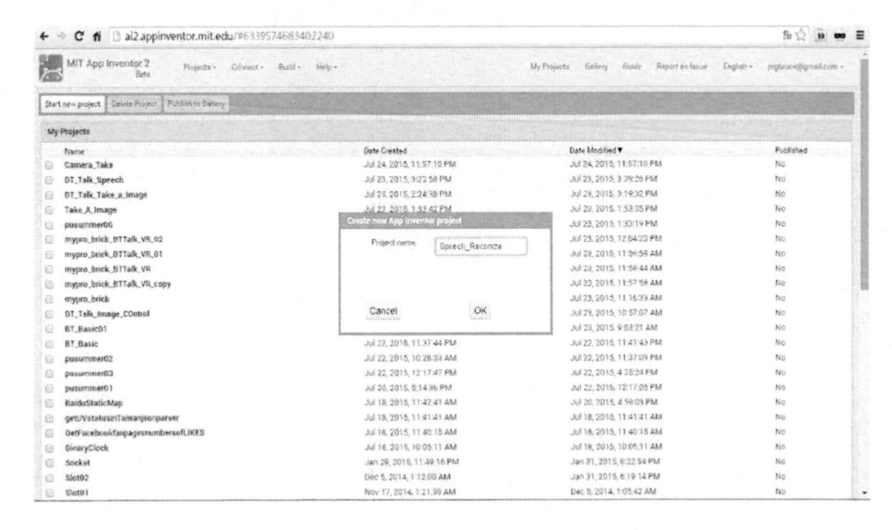

圖 237 開啟新專案

首先，我們拉出視覺化規劃元件。

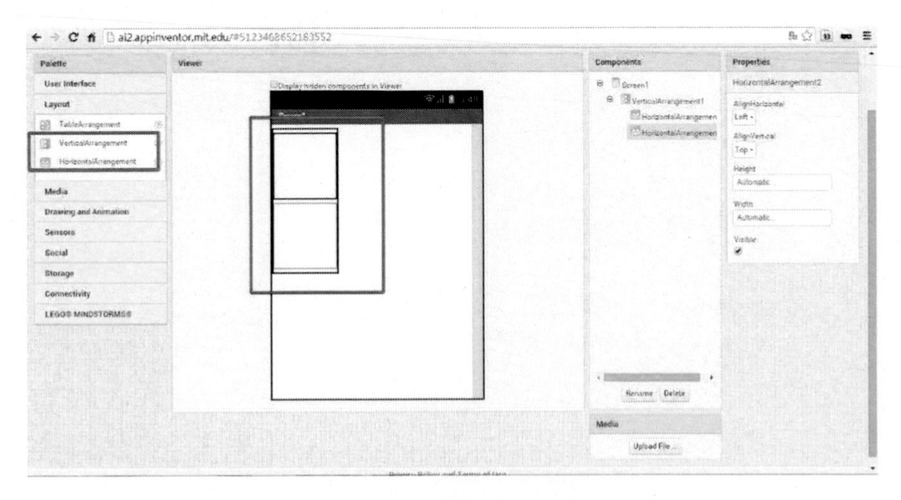

圖 238 拉出視覺化規劃元件

首先，我們拉出顯示用 Label 物件。

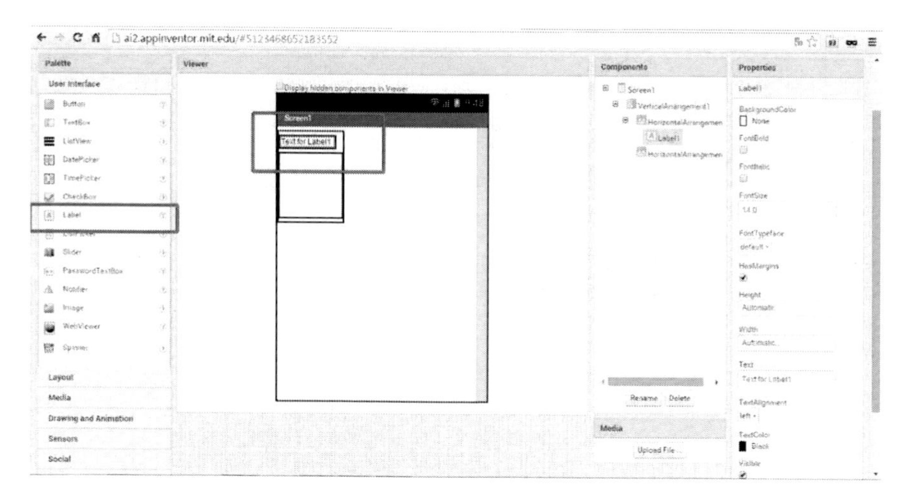

圖 239 拉出顯示用 Label 物件

首先，我們變更 Label 預設顯示內容。

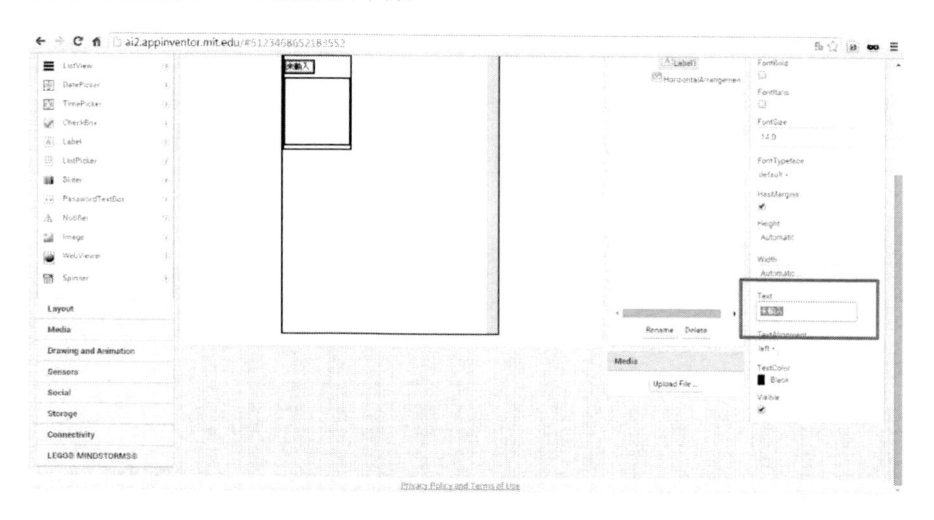

圖 240 變更 Label 預設顯示內容

首先，我們拉出呼叫語音辨視之按紐。

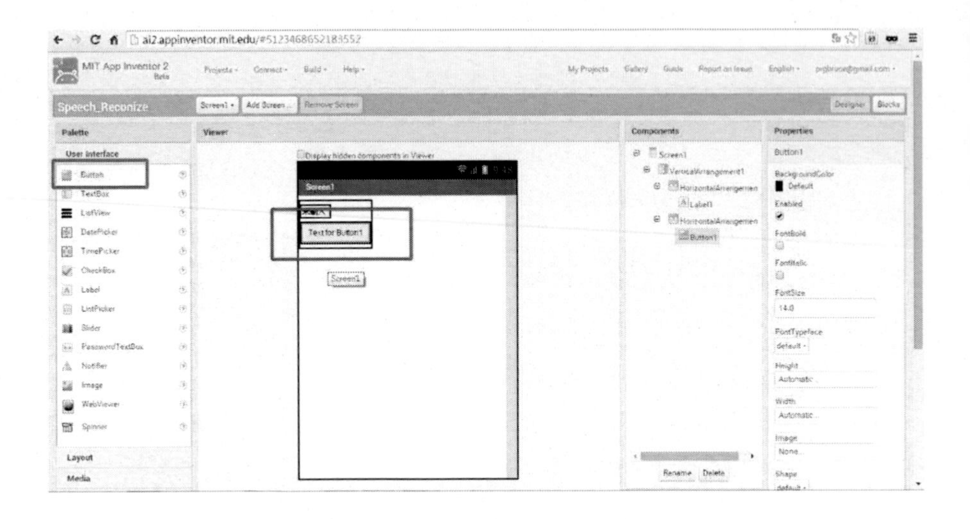

圖 241 拉出呼叫語音辨視之按紐

首先，我們變更按紐顯示內容。

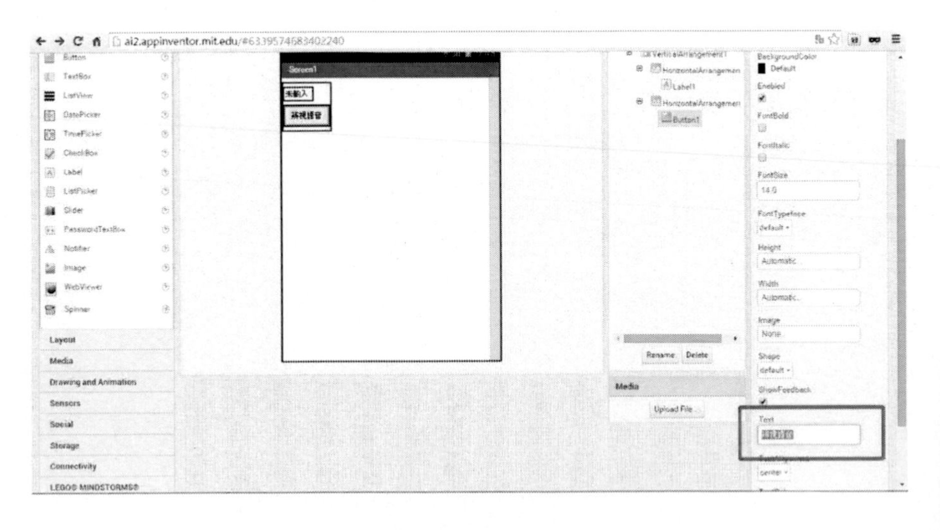

圖 242 變更按紐顯示內容

首先，我們拉出語音辨視物件。

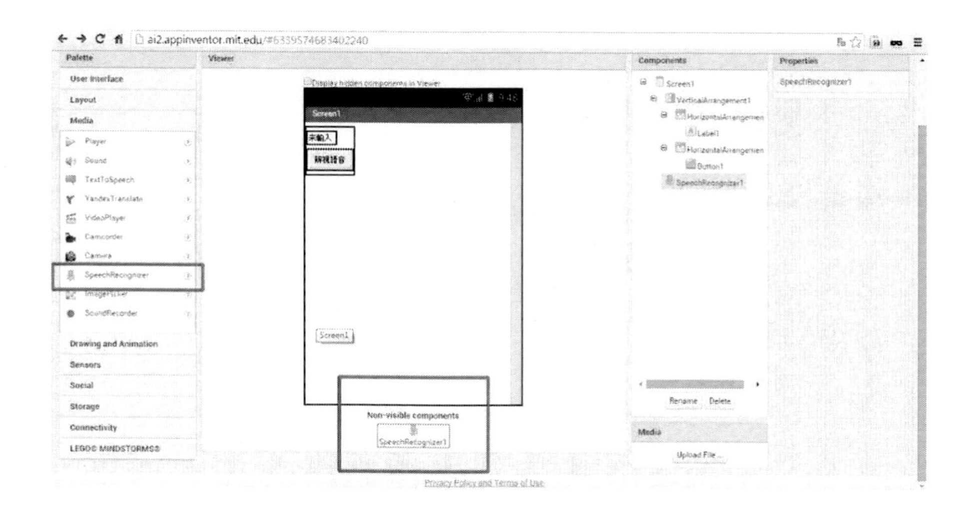

圖 243 拉出語音辨視物件

如下圖所示，我們為了編修程式，請點選如下圖所示之紅框區『Blocks』按鈕。

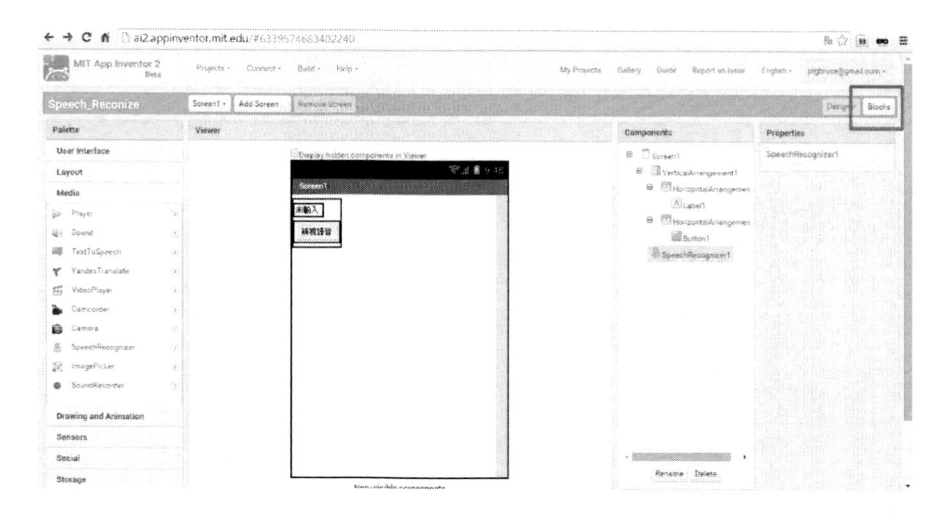

圖 244 切換程式設計模式

如下圖所示，我們在按紐按下時動作建立下列敘述。

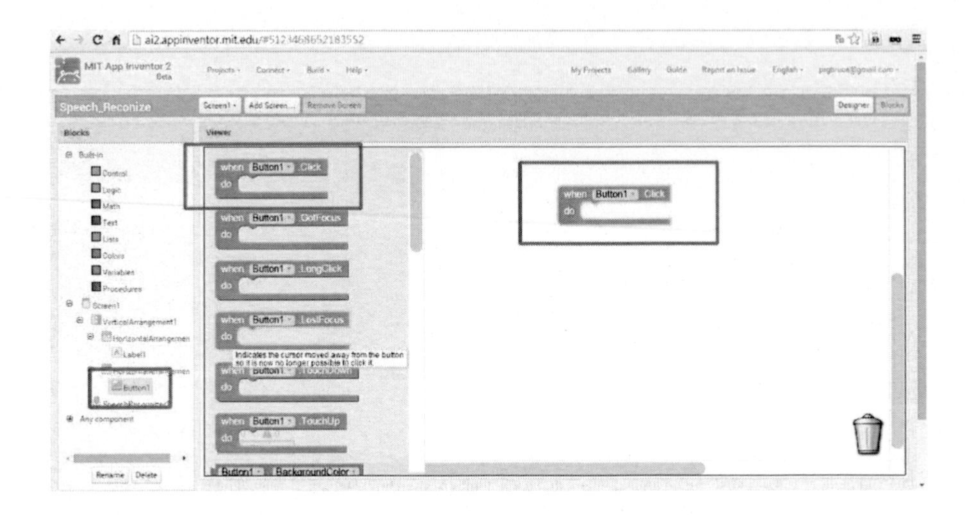

圖 245 按紐按下時動作

如下圖所示，我們在按紐按下時啟動語音辨視。

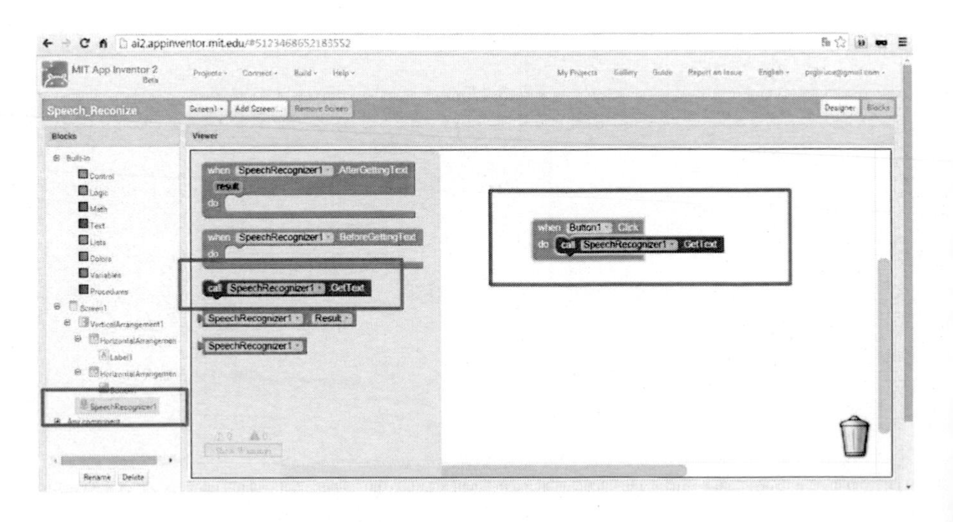

圖 246 啟動語音辨視

如下圖所示，我們在語音辨視後動作建立下列敘述。

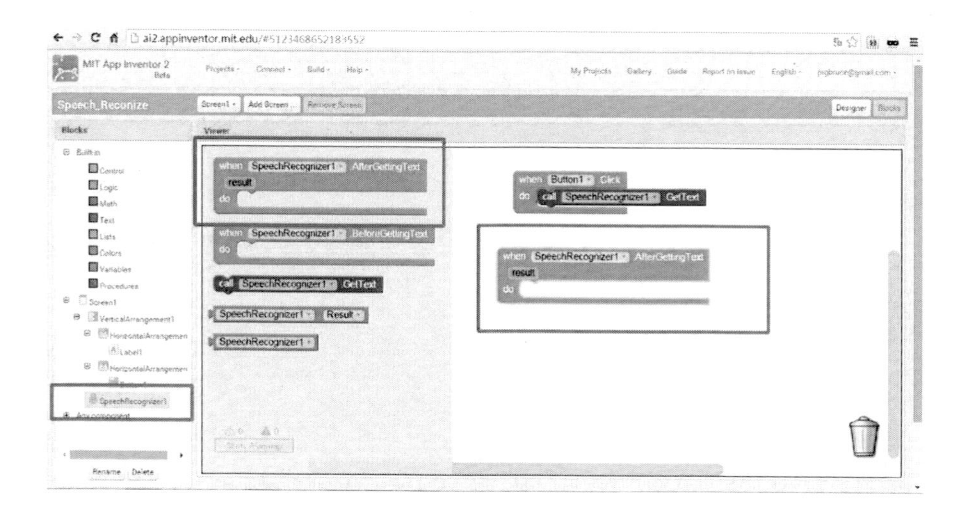

圖 247 語音辨視後動作

如下圖所示，我們在語音辨視後回傳語音辨視結果到 Label 物件上。

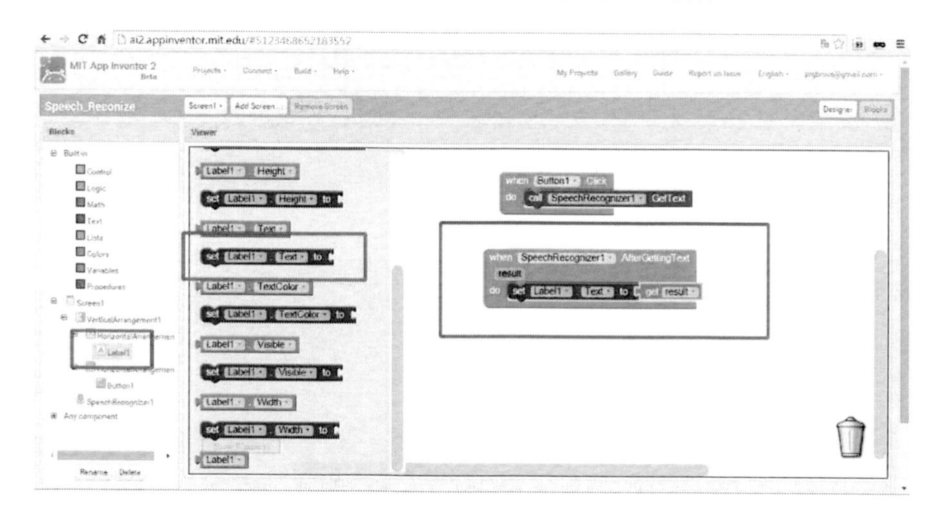

圖 248 回傳語音辨視結果到 Label 物件上

整合手機測試

如何在手機或平板上執行 App Inventor 2 程式，請參考『如何執行 AppInventor 程式』一節。

如下圖所示，我們直接顯示測試程式的主畫面。

圖 249 程式主畫面

如下圖所示，我們點選下圖紅框處『語音辨視』，按下語音辨視按紐。

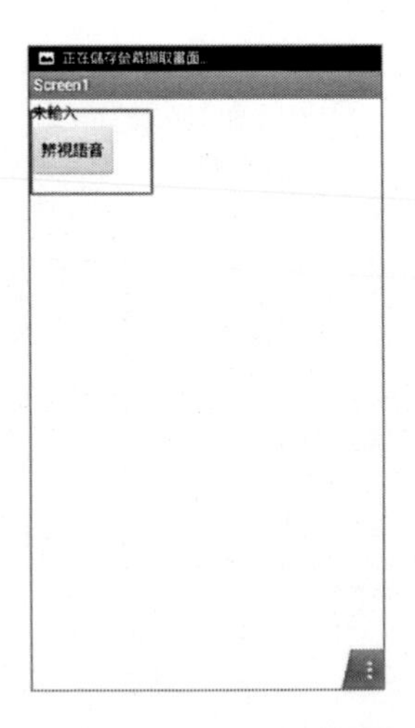

圖 250 按下語音辨視按紐

如下圖所示，這時後我們就可以輸入語音進行辨識。

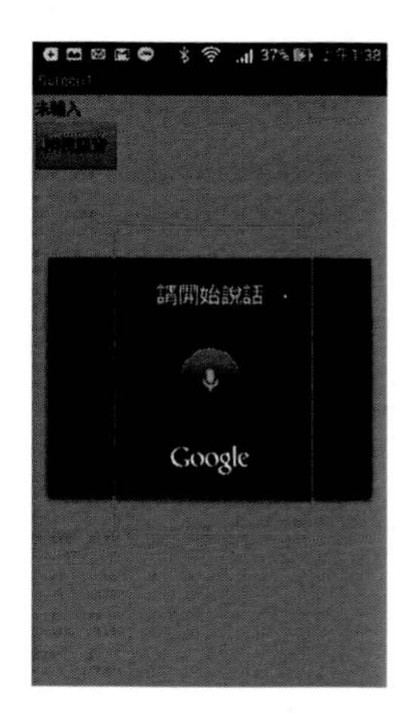

圖 251 輸入語音進行辨識

如下圖所示，在輸入語音後進行辨識，如果辨視完成與正確，則顯示語音辨識內容於手機上。

圖 252 顯示語音辨識內容於手機上

傳送文字念出語音

本節我們要介紹使用 App Inventor 2 程式，攥寫一個使用 Android 作業系統的手機或平板，我們輸入一段字，讓系統幫我們念出這一段字的語音。

首先，如下圖所示，我們開啟一個新專案，並可以取『BT_Talk_Text2Speech』的名字。

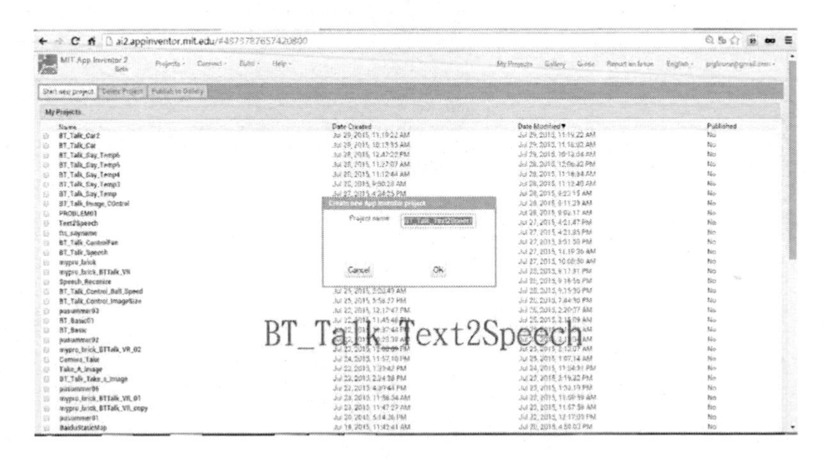

圖 253　開新專案-BT_Talk_Text2Speech

如下圖所示，我們在 VerticalArrangement1 內拉出拉出 ListPictker(選藍芽裝置用)，並改變其顯示的文字為『Select BT』。

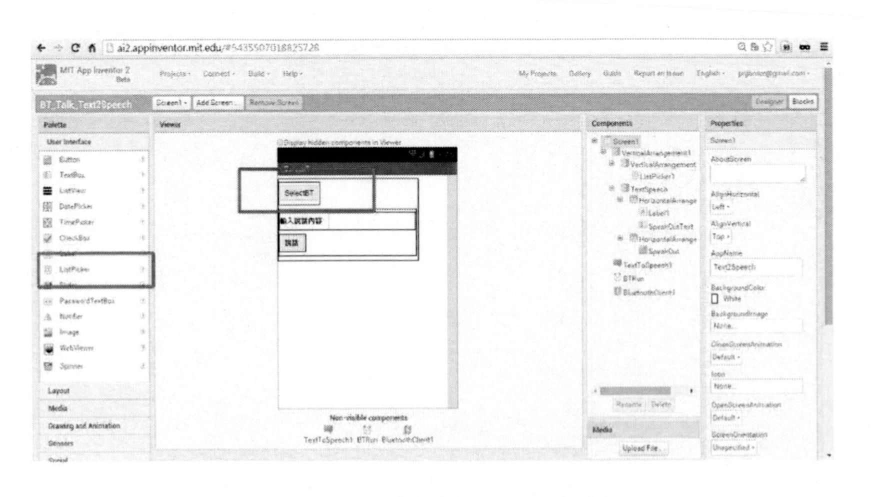

圖 254 拉出藍芽裝置選取物件-ListPicker

如下圖所示，拉出輸入文字區與前置文字。

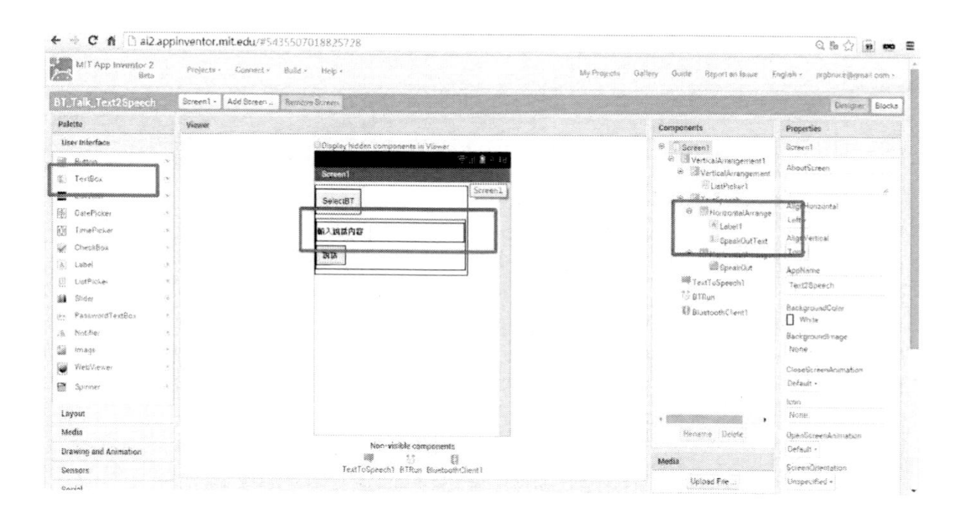

圖 255 拉出輸入文字區與前置文字

如下圖所示，拉出讀出文字區的按紐並將其按紐改為『說話』。

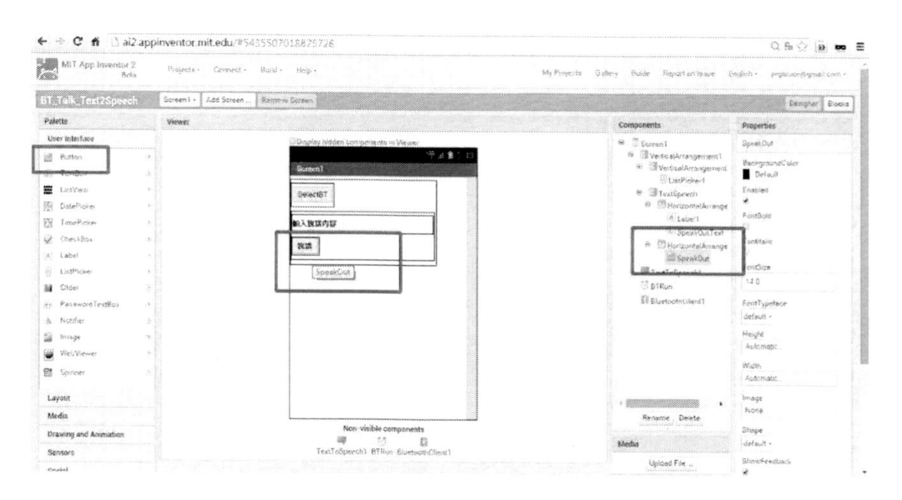

圖 256 拉出讀出文字區文字並語音輸出

如下圖所示，拉出文字轉語音物件。

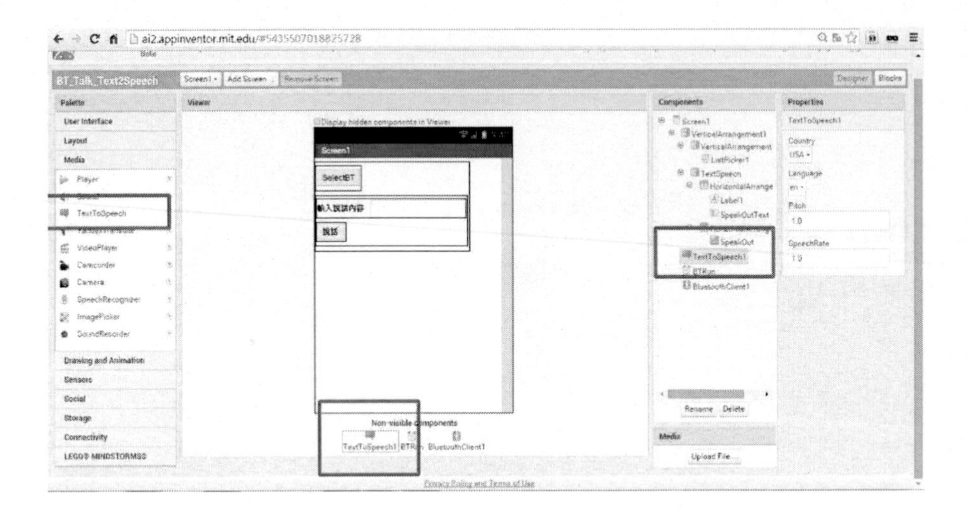

圖 257 拉出文字轉語音物件

如下圖所示，拉出藍芽元件。

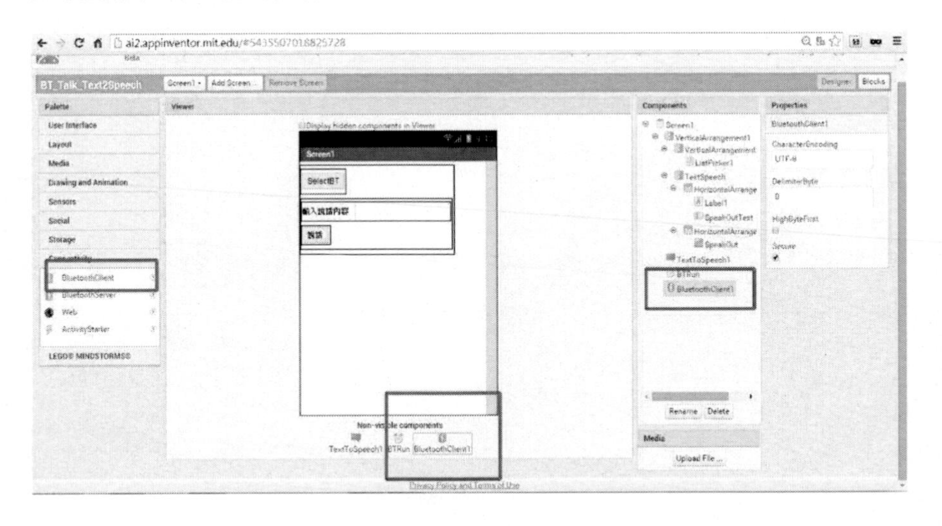

圖 258 拉出藍芽元件

如下圖所示，我們為了編修程式，請點選如下圖所示之紅框區『Blocks』按紐。

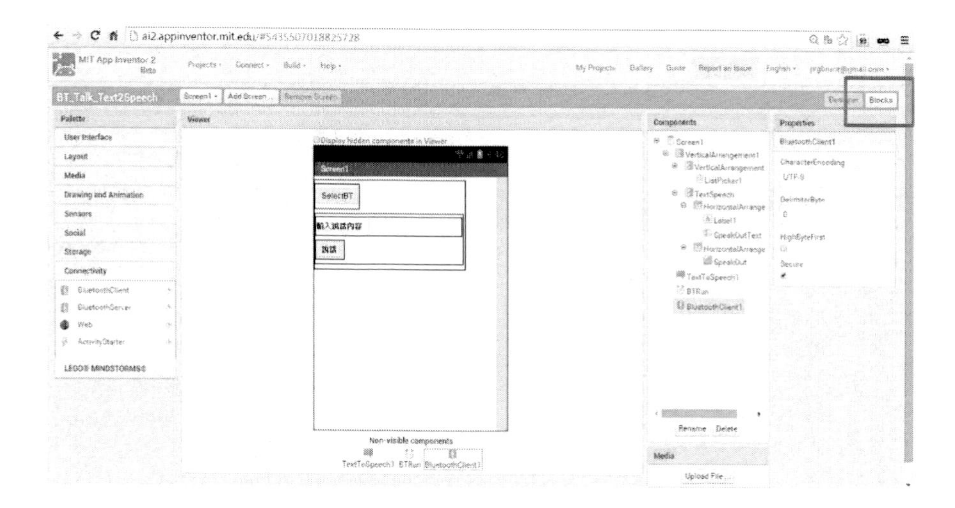

圖 259 9-程式設計模式

如下圖所示，我們在 App Inventor 2 的程式編輯區，建立初始化變數。

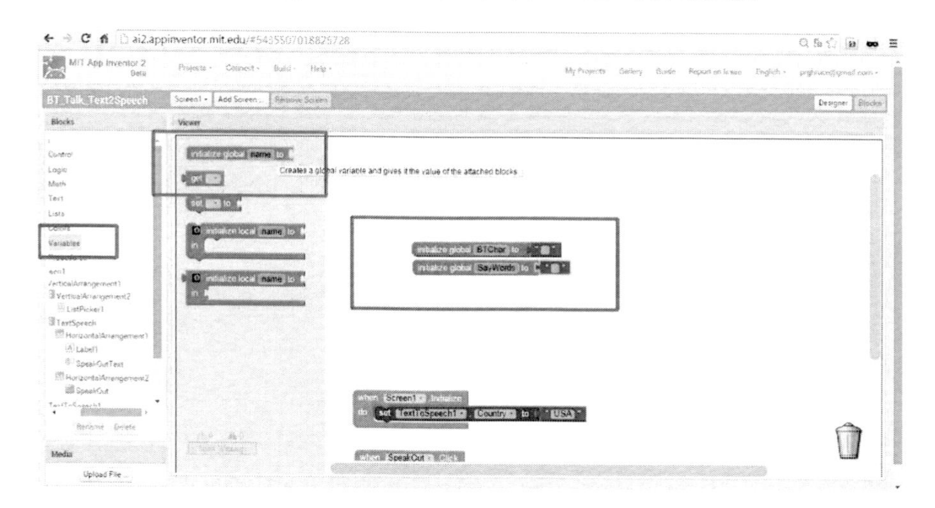

圖 260 初始化變數

為了建全的系統，如下圖所示，我們進行系統初始化，在 Screen1.initialize 建立下列敘述。

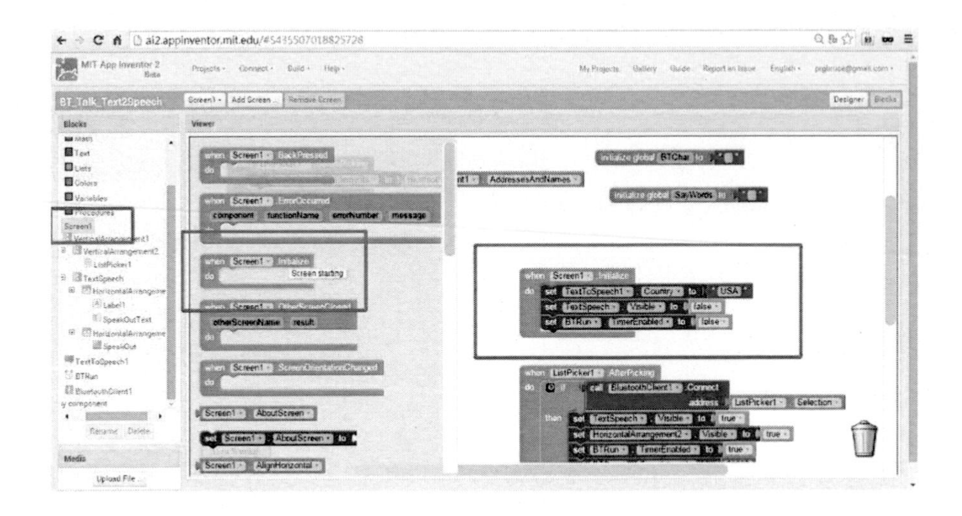

圖 261 系統初始化

首先，在點選藍芽裝置『ListPicker1』下，如下圖所示，我們在 ListPicker1.BeforePicking 建立下列敘述。

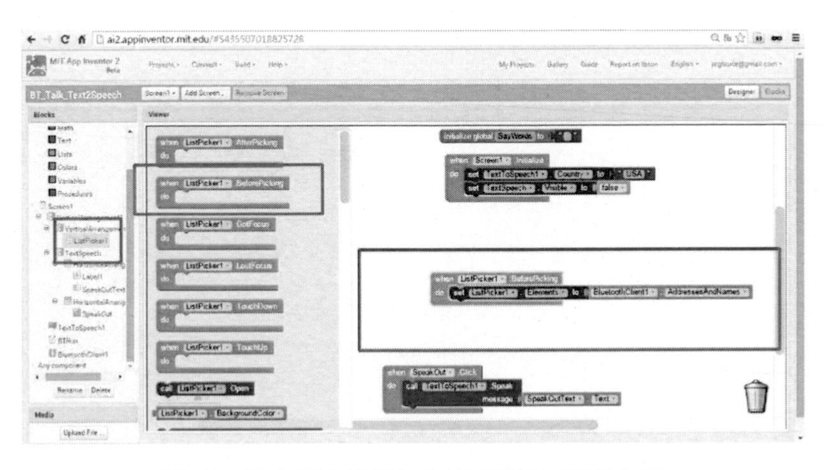

圖 262 設定選取藍芽之系統已配對知藍芽內容

如下圖所示，在點選藍芽裝置『ListPicker1』下，我們在 ListPicker1.AfterPicking 建立下列敘述，因為已經選好藍芽裝智，所以不需要選藍芽裝置『ListPicker1』，所以將它關掉，並開啟藍芽通訊程式所需要的『BTRun』時間物件 。

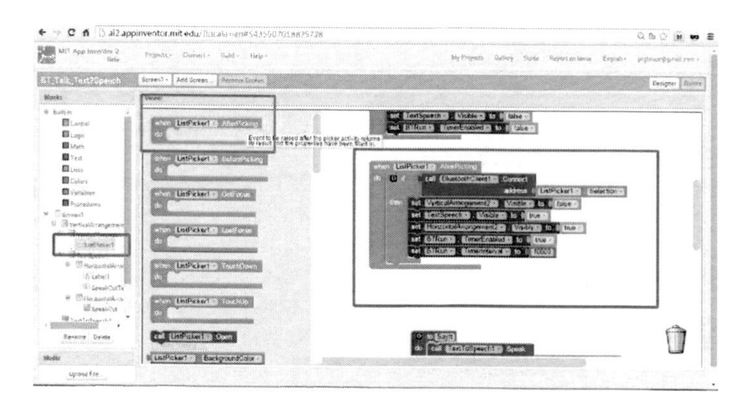

圖 263 選取藍芽後-啟動藍芽傳輸功能

如下圖所示，我們攥寫產生發出語音的函式『SayIt』。

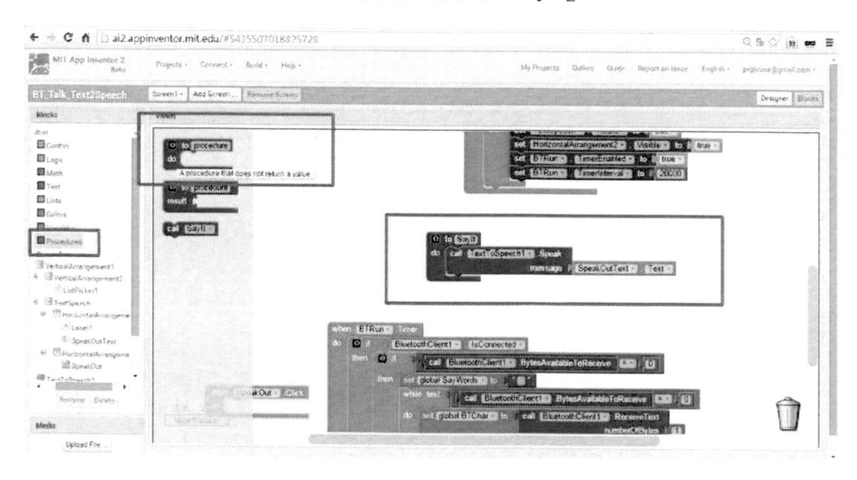

圖 264 產生發出語音的函式

如下圖所示，攥寫藍芽通訊程式所需要的『BTRun』時間物件下，如果藍芽已完整建立通訊，進行藍芽傳輸程式。

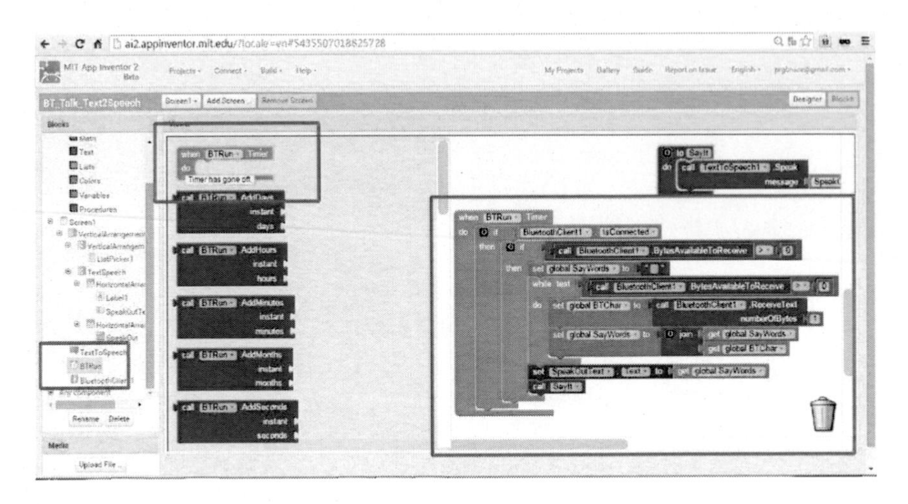

圖 265 攥寫藍芽傳輸程式

如下圖所示，如果按下按紐，則呼叫發出語音的函式『SayIt』。

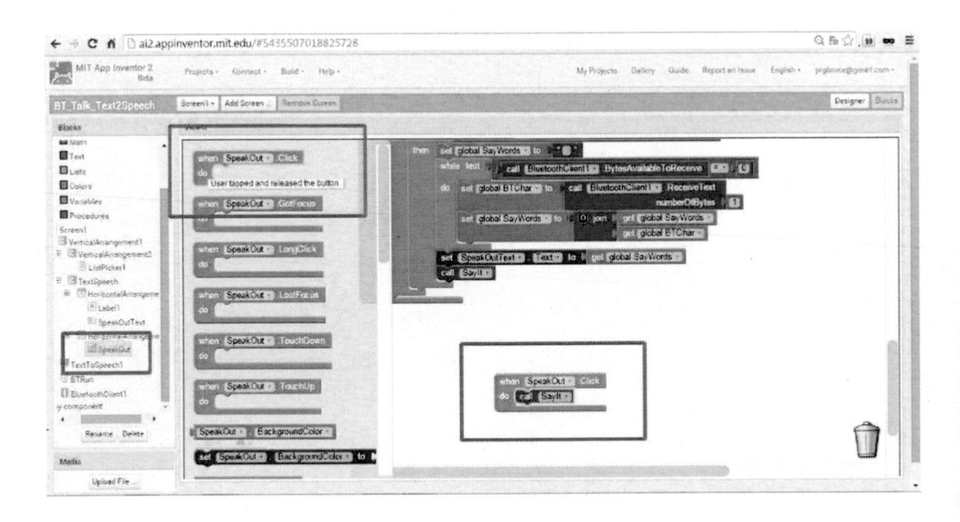

圖 266 設計語音測試紐

整合手機測試

如何在手機或平板上執行 App Inventor 2 程式，請參考『如何執行 AppInventor 程式』一節。

如下圖所示，我們直接顯示測試程式的主畫面。

圖 267 傳送文字讀出語音主畫面

如下圖所示，我們先選擇『SelectBT』來選擇藍芽裝置。

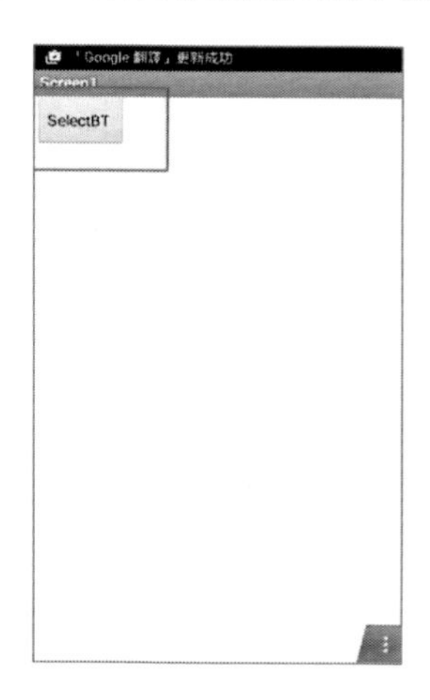

圖 268 點選選取藍芽紐

如下圖所示，會出現手機、平板中已經配對好的藍芽裝置，我們可以選擇手機、平板中已經配對好的藍芽裝置。

圖 269 選取欄芽裝置

如下圖所示，我們可以先看到『輸入說話內容區』。

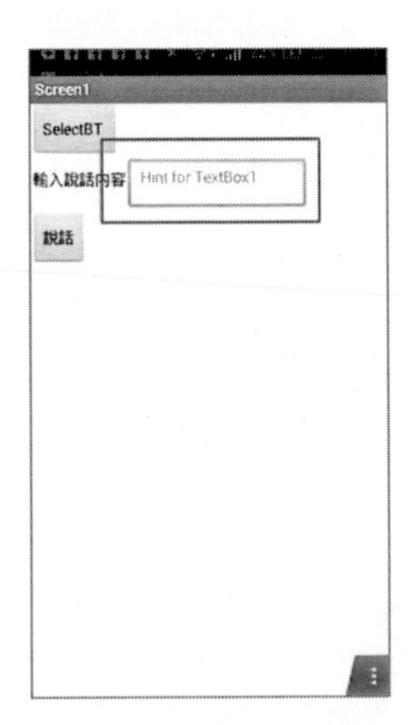

圖 270 輸入測試文字

如下圖所示，我們可以先看到『輸入說話內容區』，輸入測試文字 Apple。

圖 271 輸入測試文字 Apple

如下圖所示，我們可以先看到『輸入說話內容區』，輸入測試文字 Apple，按下說話的按紐就會讀出『Apple』的語音。

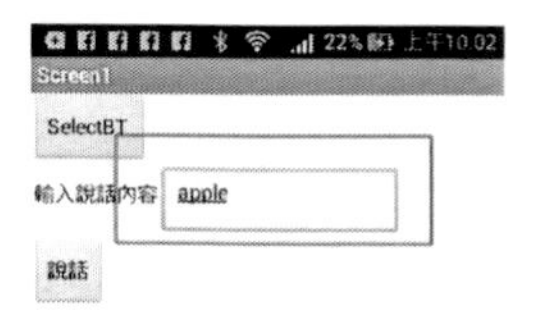

圖 272 測試文字

為了能夠設計 Arduino 與手機、平板通訊傳送語音，我們先回到 Arduino 開發板設計。

如下圖所示，這個實驗我們需要用到的實驗硬體有下圖.(a)的 fayalab UNO 與下圖.(b) USB 下載線、下圖.(c) 藍芽模組(HC-05/HC-06)：

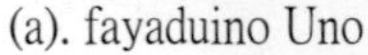

(a). fayaduino Uno

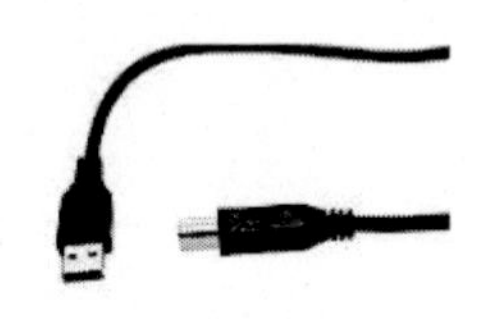

(b). USB 下載線

(c). 藍芽模組(HC-05/HC-06)

圖 273 藍芽通訊模組(HC-05)所需零件表

如下圖所示，我們可以看到連接藍芽通訊模組(HC-05)，只要連接 VCC、GND、TXD、RXD 等四個腳位，讀者要仔細觀看，切勿弄混淆了。

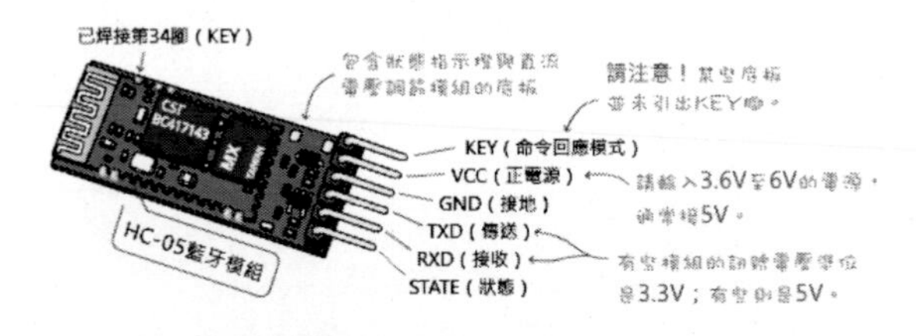

圖 274 附帶底板的 HC-05 藍牙模組接腳圖

資料來源：趙英傑老師網站(http://swf.com.tw/?p=693)(趙英傑, 2013, 2014)

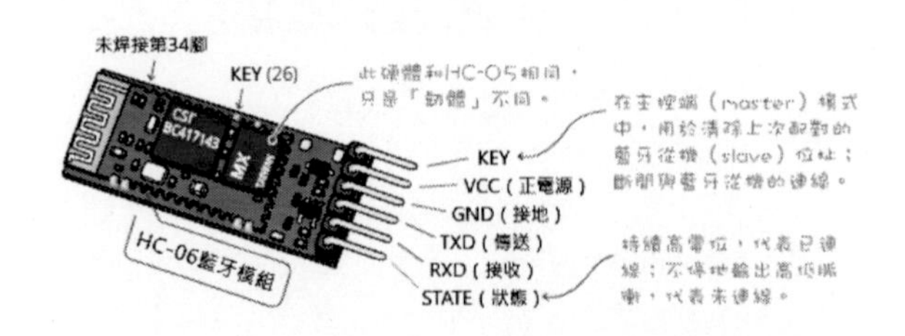

圖 275 附帶底板的 HC-06 藍牙模組接腳圖

資料來源：趙英傑老師網站(http://swf.com.tw/?p=693)(趙英傑, 2013, 2014)

如下圖所示，我們可以知道只要將藍芽通訊模組(HC-05)的 VCC 接在 Arduino 開發板 +5V 的腳位(有的要接 3.3V)，GND 接在 Arduino 開發板 GND 的腳位，剩下的 TXD、、RXD 兩個通訊接腳，如果要用實體通訊接腳連接，就可以接在 Arduino 開發板 Tx0、、Rx0 的腳位，如果使用 Arduino Mega 2560 開發板又可以多三組通訊腳位可以使用，或者讀者可以使用軟體通訊埠，也一樣可以達到相同功能，只不過速度無法如同硬體的通訊埠那麼快。

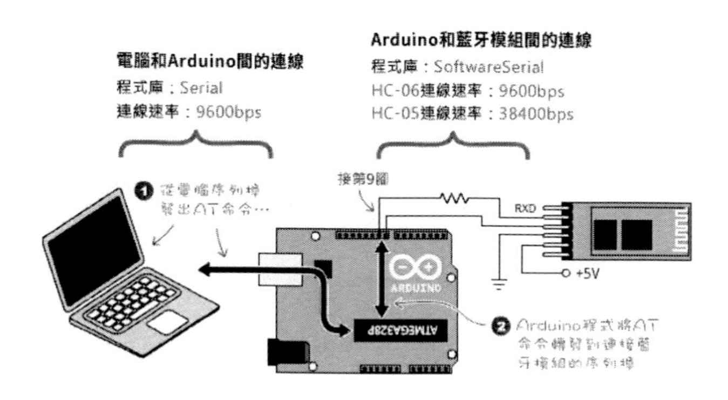

圖 276 連接藍芽模組之簡圖

資料來源：趙英傑老師網站(http://swf.com.tw/?p=712)(趙英傑, 2013, 2014)

由於本書使用 HC-05 藍牙模組，所以我們遵從下表來組立電路，來完成本節的實驗：

表格 30　HC-05 藍牙模組接腳表

HC-05 藍牙模組	Arduino 開發板接腳
VCC	Arduino +5V Pin
GND	Arduino Gnd Pin
TX	Arduino Uno digital Pin 8

HC-05 藍牙模組	Arduino 開發板接腳
RX	Arduino Uno digital Pin 9
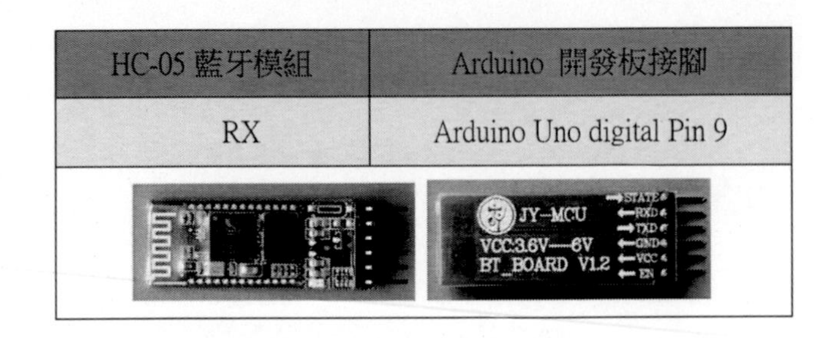	

我們遵照前面所述，將 fayaduino Uno 開發板的驅動程式安裝好之後，作者參考上表與上圖之後，完成電路的連接，完成後如下圖所示之藍牙模組 HC-05 接腳實際組裝圖。

圖 277 藍牙模組 HC-05 接腳實際組裝圖

我們遵照前幾章所述，將 fayaduino Uno 開發板的驅動程式安裝好之後，我們打開 Arduino 開發板的開發工具：Sketch IDE 整合開發軟體，攥寫一段程式，如下表所示之藍牙模組 HC-05 測試程式一，來進行藍牙模組 HC-05 的通訊測試。

表格 31 藍牙模組 HC-05 測試程式一

藍牙模組 HC-05 測試程式一(BT_Talk)
// ref HC-05 與 HC-06 藍牙模組補充說明（三）：使用 Arduino 設定 AT 命令 // ref http://swf.com.tw/?p=712

```
#include <SoftwareSerial.h>    // 引用程式庫

// 定義連接藍牙模組的序列埠
SoftwareSerial BT(8, 9); // 接收腳, 傳送腳
char val;  // 儲存接收資料的變數

void setup() {
  Serial.begin(9600);    // 與電腦序列埠連線
  Serial.println("BT is ready!");

  // 設定藍牙模組的連線速率
  // 如果是 HC-05，請改成 38400
  BT.begin(9600);
}

void loop() {

  // 若收到藍牙模組的資料，則送到「序列埠監控視窗」
  if (BT.available()) {
    val = BT.read();
    Serial.print(val);
  }

  // 若收到「序列埠監控視窗」的資料，則送到藍牙模組
  if (Serial.available()) {
    val = Serial.read();
    BT.write(val);
  }
}
```

如下圖所示，以看到輸入的字元可以轉送到藍芽另一端接收端。

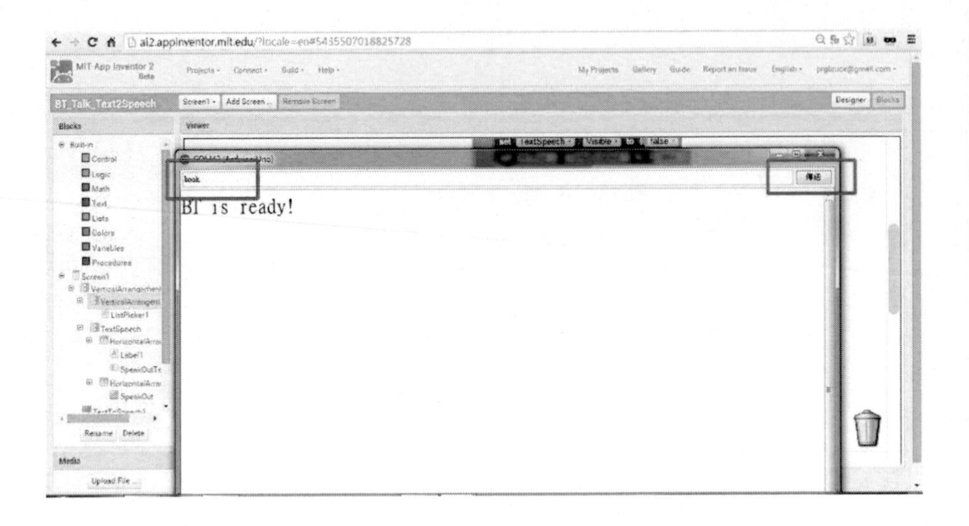

圖 278 從 Arduino 傳送文字

如下圖所示，可以看到 Arduino 開發板的串列埠監控畫面輸入的字元可以轉送到手機、平板『輸入說話內容』的文字區中。

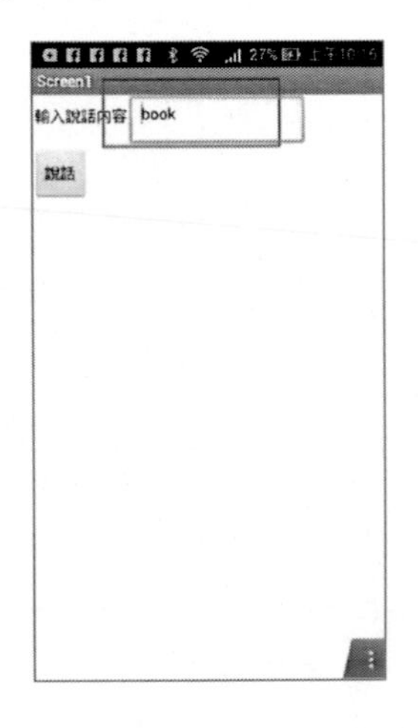

圖 279 得到測試文字並念出來

如上圖所示，傳送到手機、平板『輸入說話內容』的文字則會透過手機、平板的語音功能讀出文字內容。

章節小結

本章主要介紹使用 Arduino 開發板與手機、平板常會用的的模組，先讓讀者透過本章熟悉這些模組的設計與基本用法，在往下的章節才能更快實做出我們的實驗。

5 CHAPTER

手機程式開發

首先我們先參考下圖，完成下圖之電路。

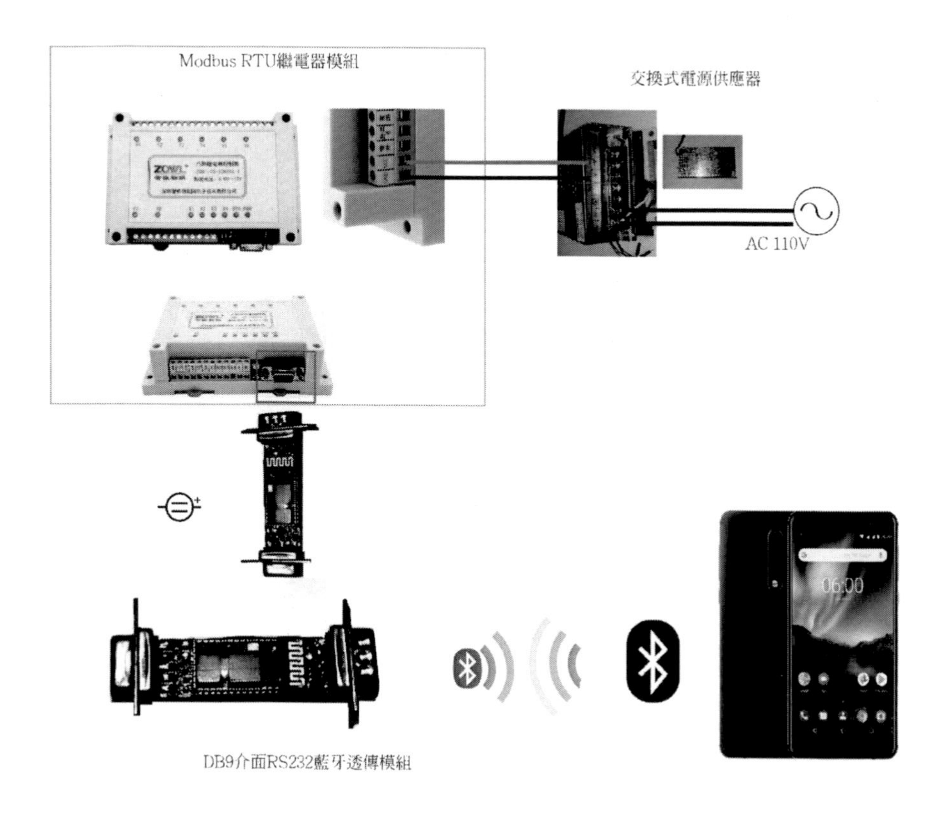

圖 280 運用 DB9 介面 RS232 藍牙透傳模組簡化電路

執行 AppInventor 程式

首先，如下圖所示，我們先使用 Chrome 瀏覽器，在網址列輸入：http://ai2.appinventor.mit.edu/，如下圖所示，可以看到專案管理箱。

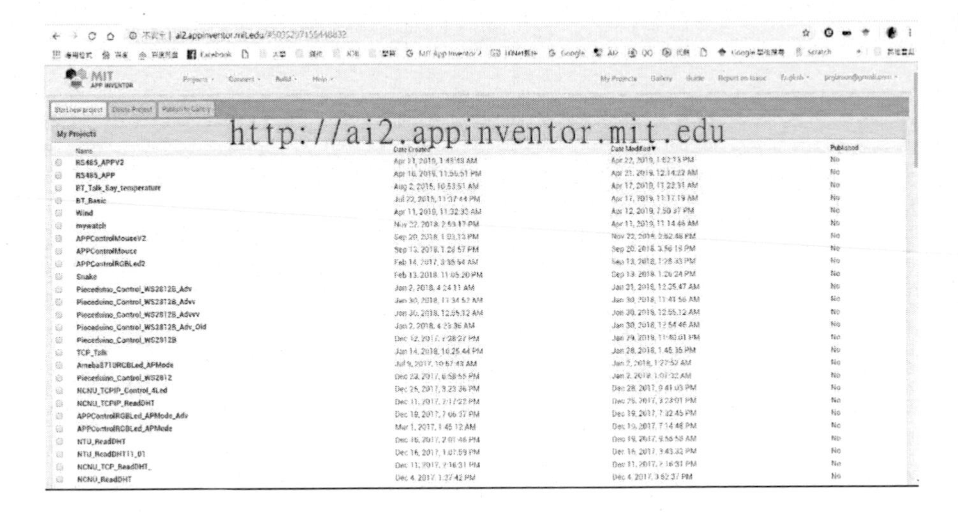

圖 281 專案管理箱

如下圖所示，我們在 App Inventor 2 程式模塊編輯畫面之中，開立一個新專案。

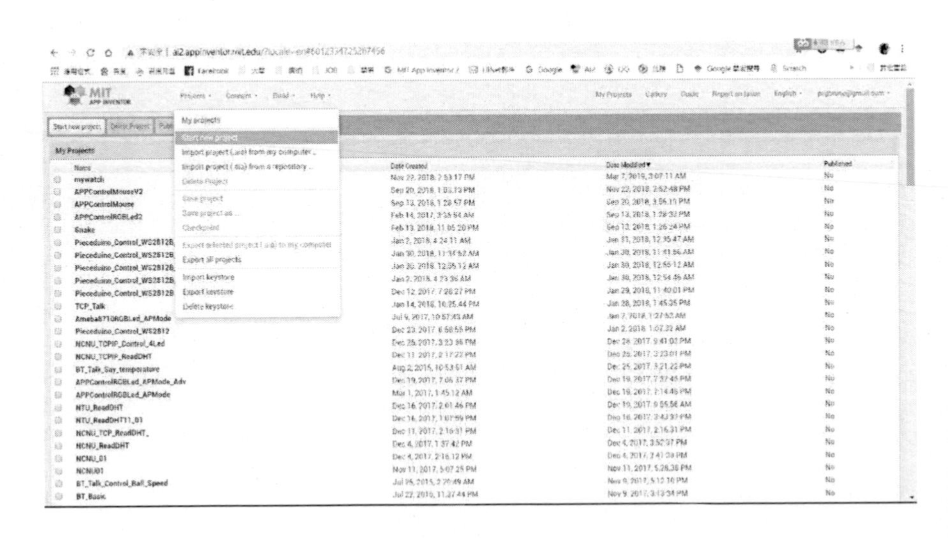

圖 282 建立新專案

如下圖所示，我們輸入檔名。

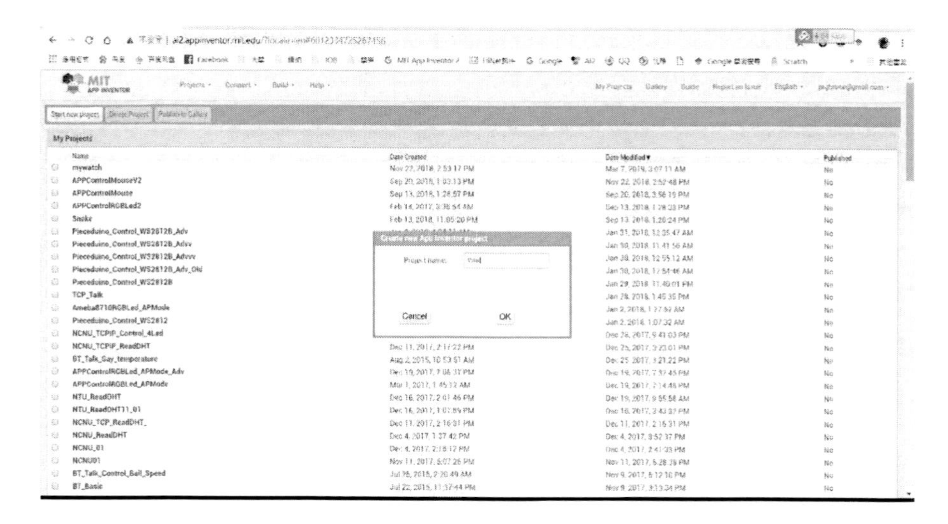

圖 283 輸入檔名

如下圖所示，我們輸入檔名完成。

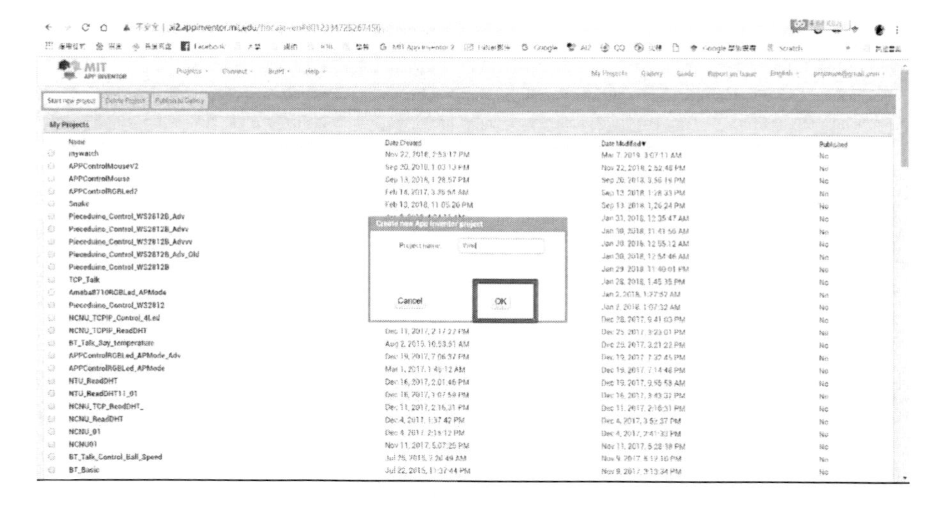

圖 284 輸入檔名完成

如下圖所示，我們開立一個新專案：新檔空白專案。

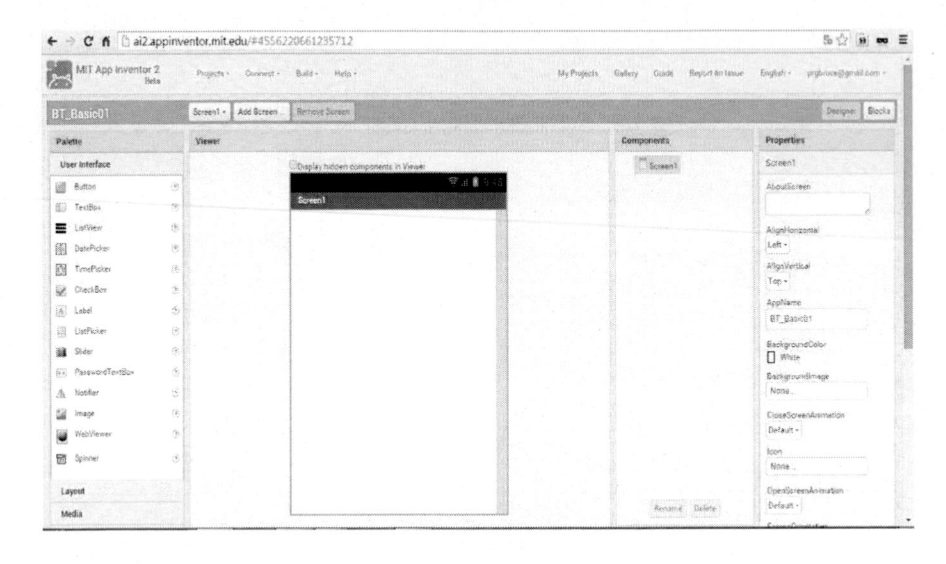

圖 285 新檔空白專案

藍芽元件設計

如下圖所示，我們在專案選取藍芽元件。

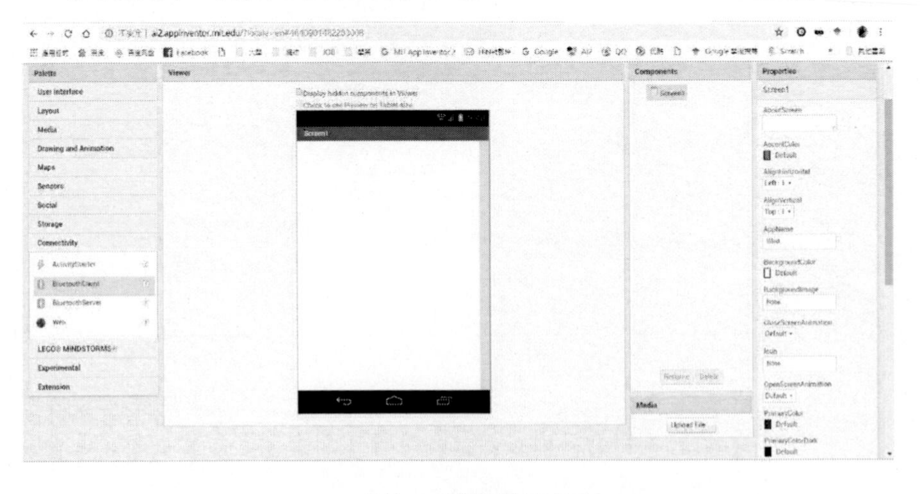

圖 286 選取藍芽元件

如下圖所示，我們將藍芽元件加入專案。

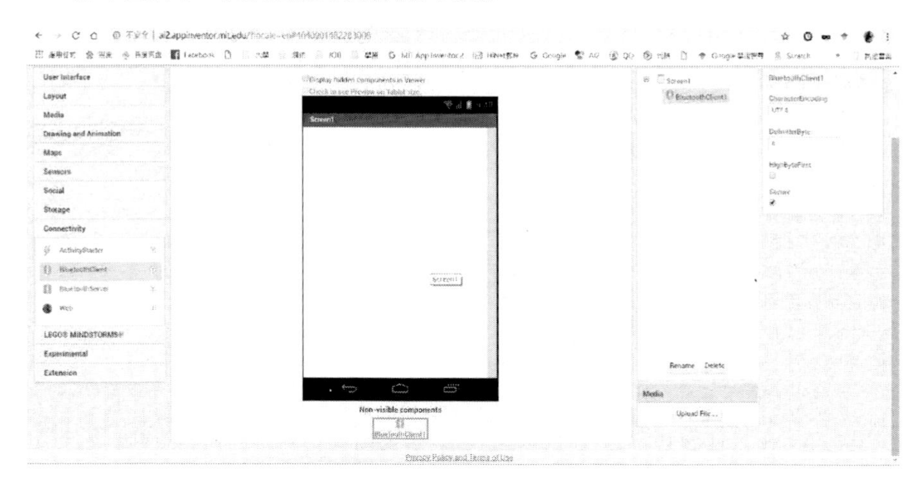

圖 287 將藍芽元件加入專案

如下圖所示，我們修改藍芽元件名稱。

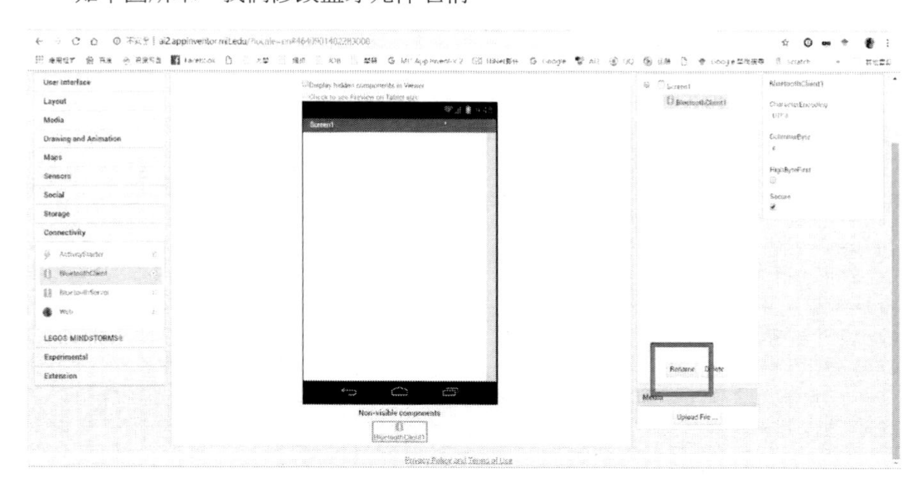

圖 288 修改藍芽元件名稱

如下圖所示，我們修改藍芽元件名稱為 BT。

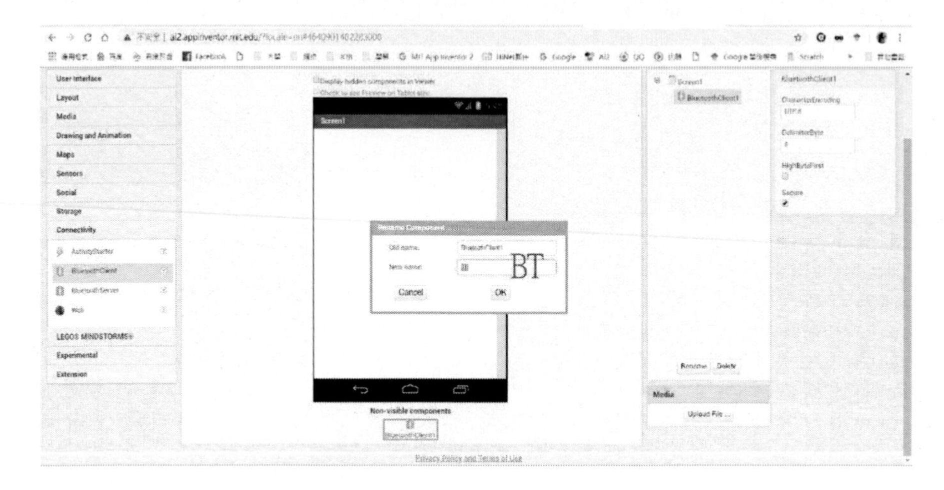

圖 289 修改藍芽元件名稱為 BT

介面設計

如下圖所示，我們拉 VerticalArrangement。

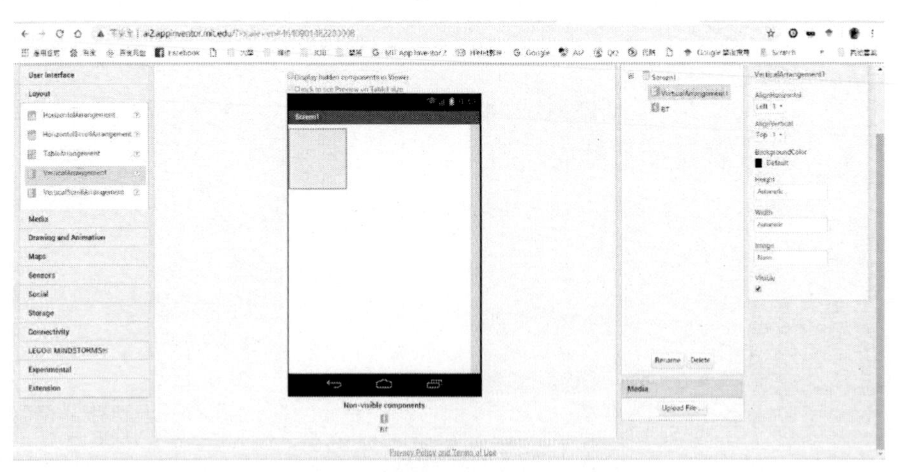

圖 290 拉 VerticalArrangement

如下圖所示，我們設定 VerticalArrangement 寬度為最大。

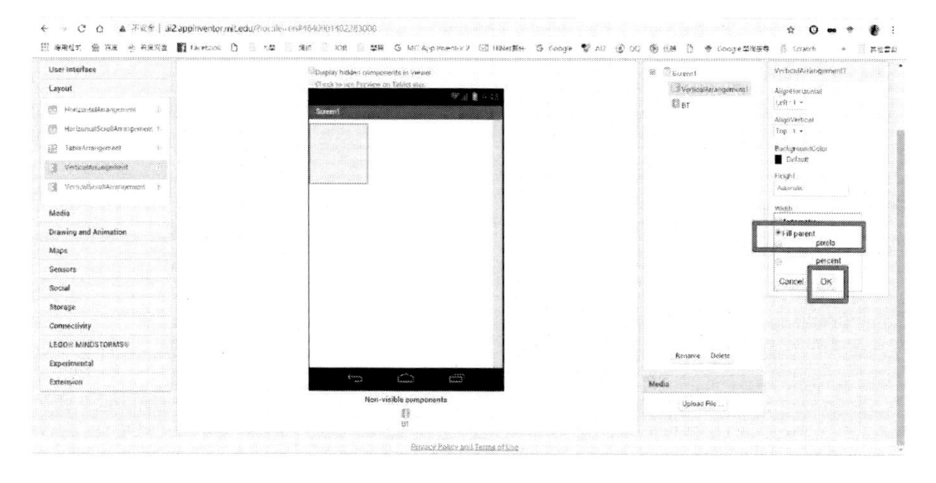

圖 291 設定 VerticalArrangement 寬度為最大

如下圖所示，我們已完成設 VerticalArrangement 寬度為最大。

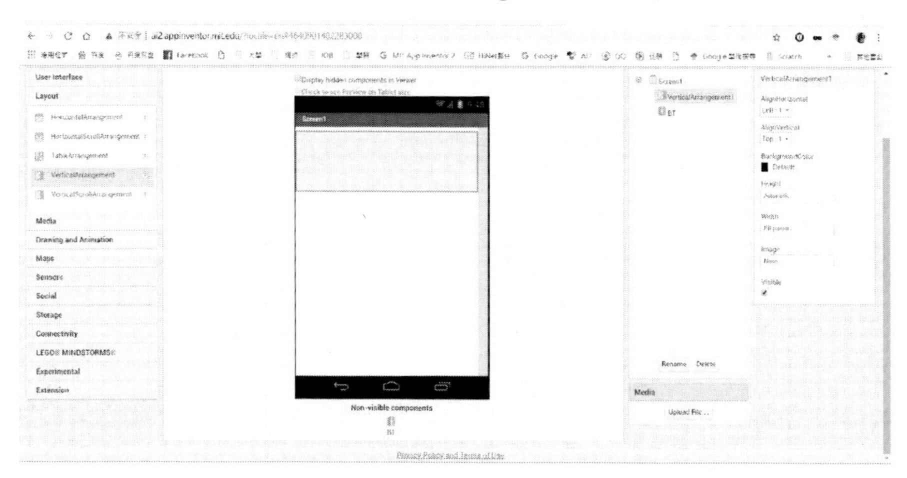

圖 292 VerticalArrangement 寬度為最大

如下圖所示，我們拉 HorizontallArrangement。

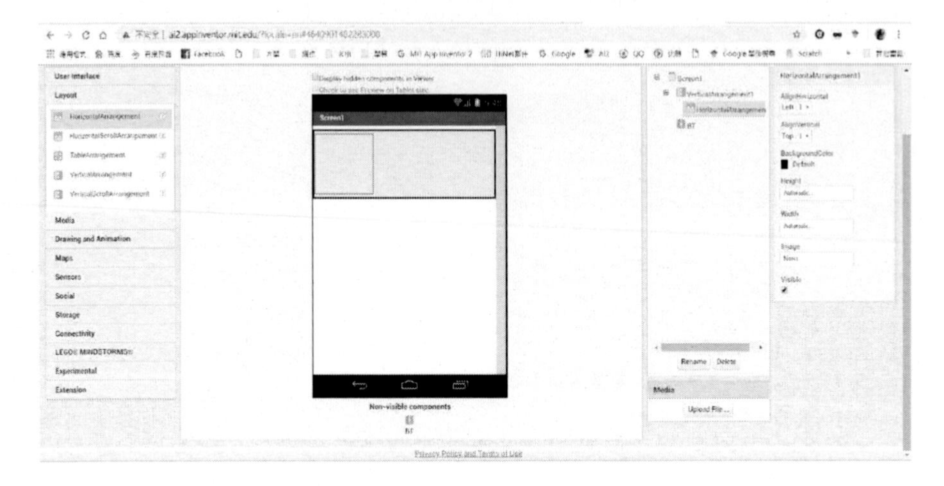

圖 293 拉 HorizontallArrangement

如下圖所示，我們修改 HorizontallArrangement 名稱。

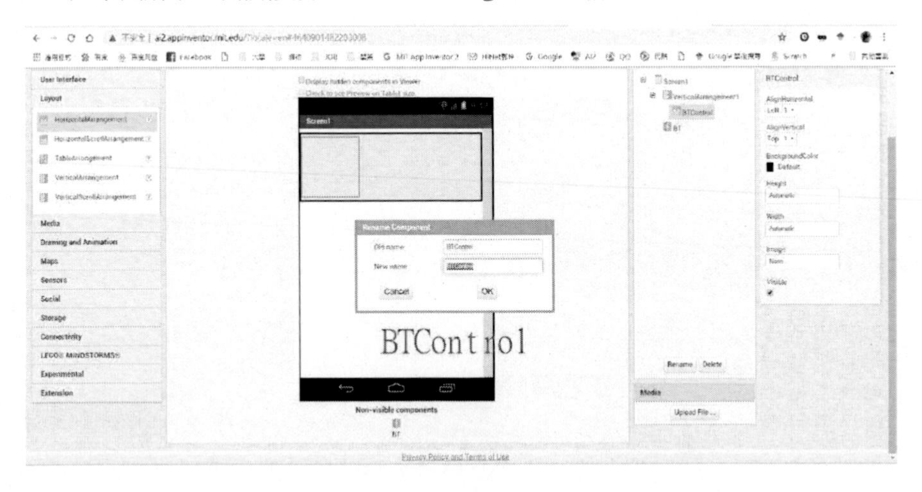

圖 294 修改 HorizontallArrangement 名稱

如下圖所示，我們修改 HorizontallArrangement 名稱為 BTControl。

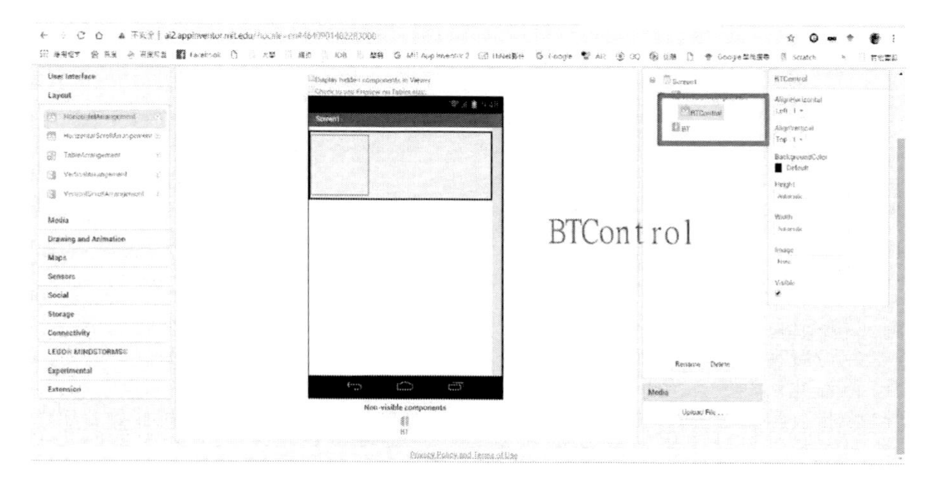

圖 295 修改 HorizontallArrangement 名稱為 BTControl

如下圖所示，我們修改 HorizontallArrangement 寬度為最大。

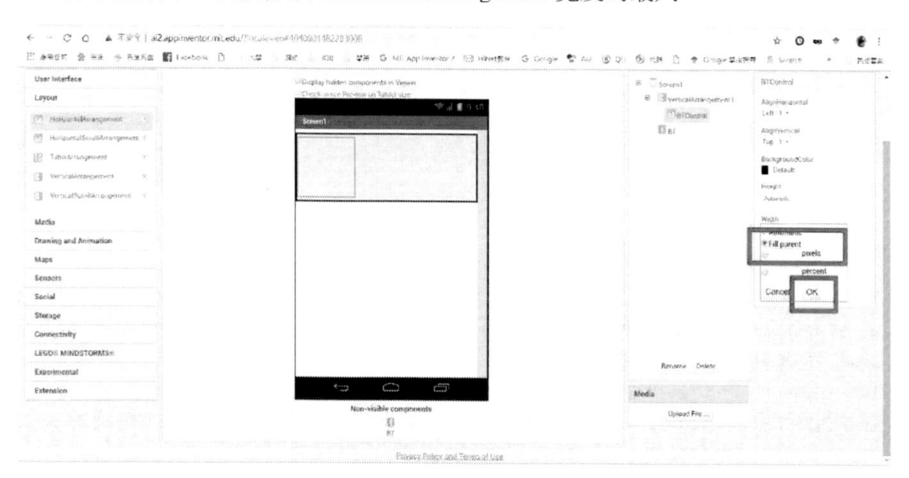

圖 296 修改 HorizontallArrangement 寬度為最大

如下圖所示，我們完成設定 HorizontallArrangement 寬度為最大。

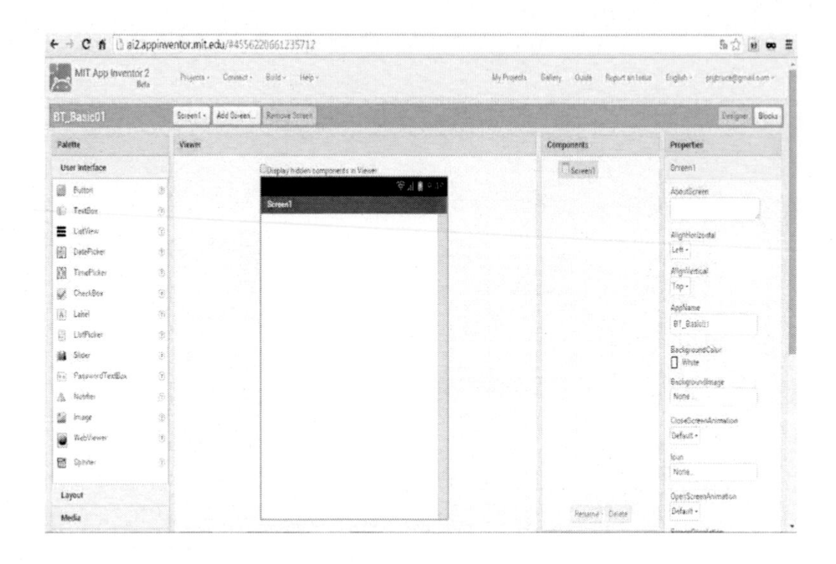

圖 297 設定 HorizontallArrangement 寬度為最大

如下圖所示，我們拉 Label 物件。

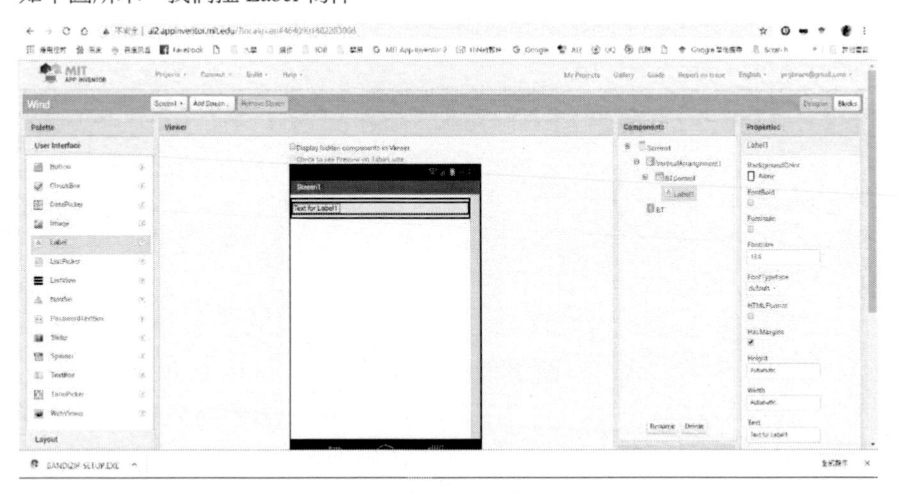

圖 298 拉 Label 物件

如下圖所示，我們修改 Label 物件的 Text 為選取藍芽。

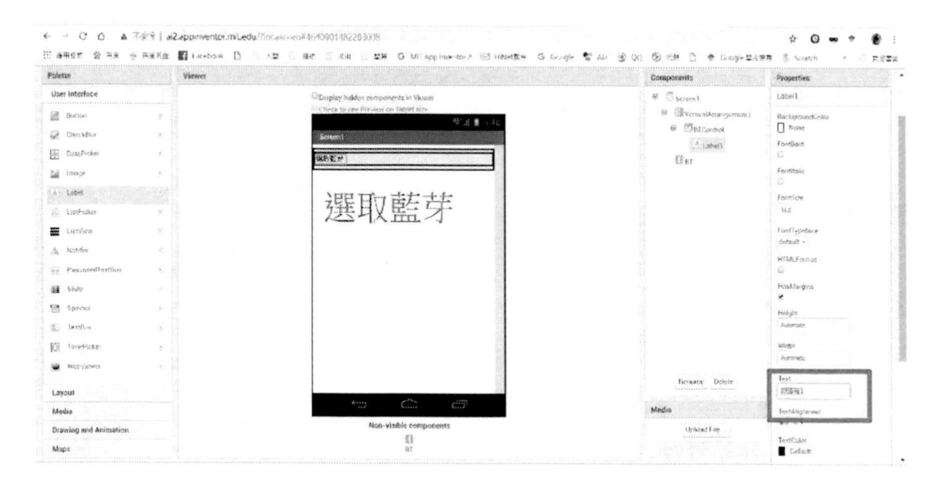

圖 299 修改 Label 物件的 Text 為選取藍芽

如下圖所示，我們拉 ListPicker 物件。

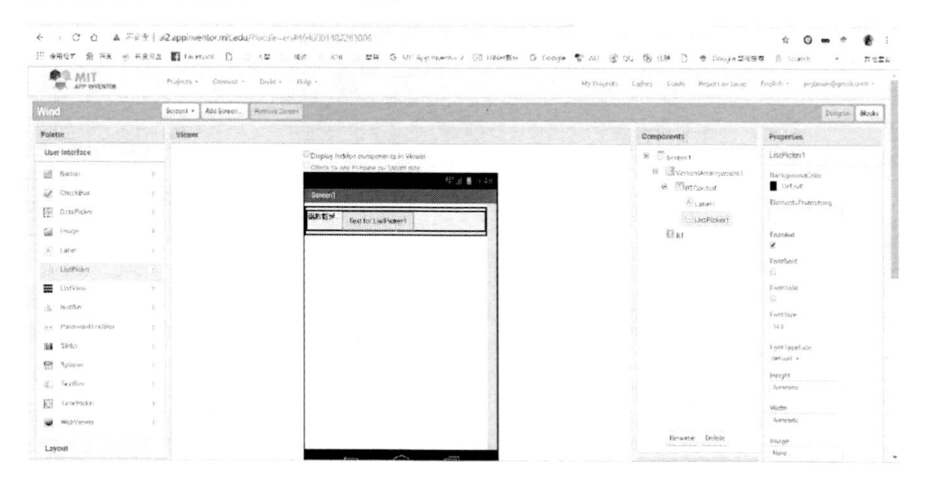

圖 300 拉 ListPicker 物件

如下圖所示，我們設定 ListPicker 物件的 Text 屬性為點選設定連接藍芽裝置。

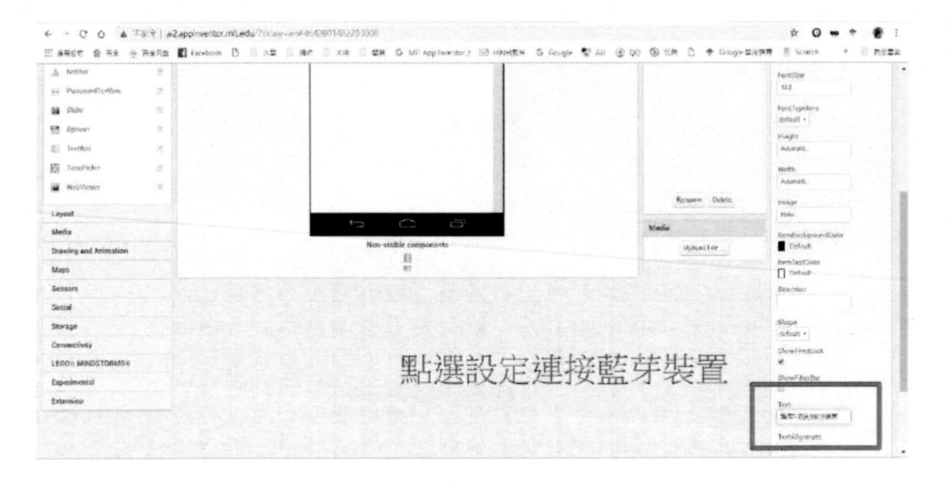

圖 301 設定 ListPicker 物件的 Text 屬性為點選設定連接藍芽裝置

如下圖所示，我們設定 ListPicker 物件的名稱為 SelBT 案。

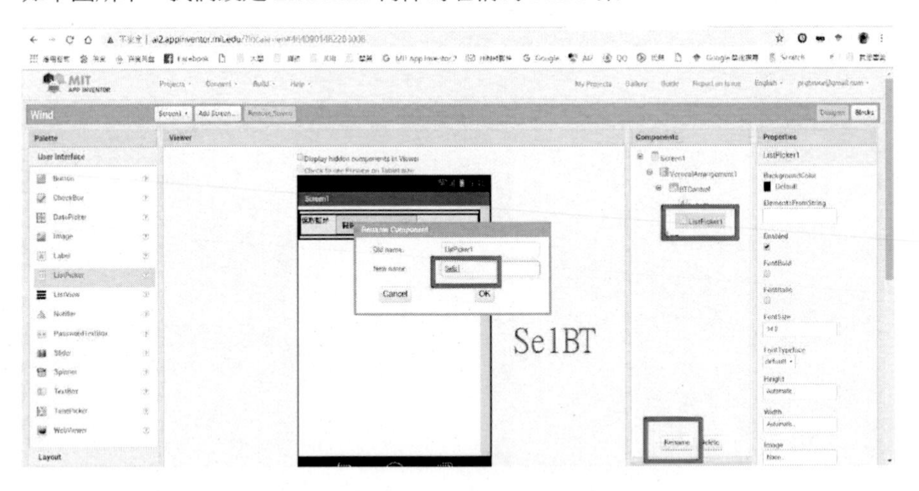

圖 302 設定 ListPicker 物件的名稱為 SelBT

主畫面元件設計與介面設計

如下圖所示，我們拉 VerticalArrangement。

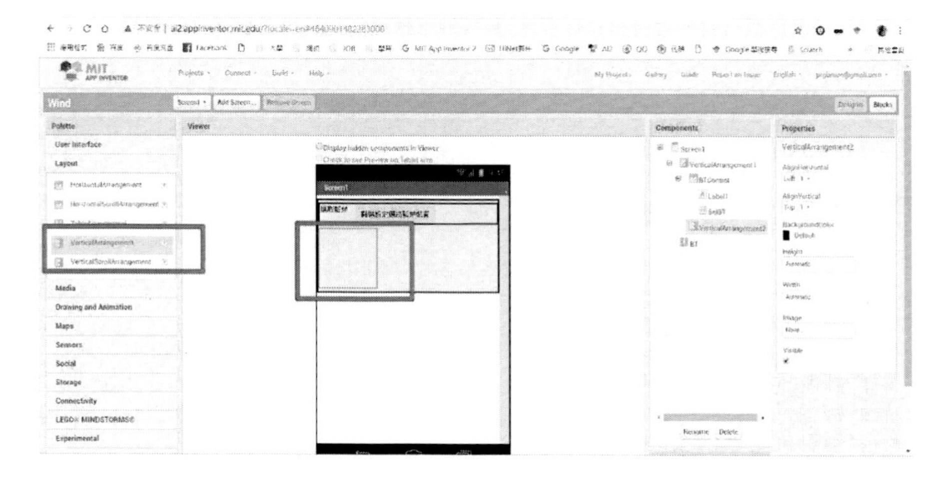

圖 303 拉 VerticalArrangement

如下圖所示，我們設定 VerticalArrangement 的名稱為 Main。

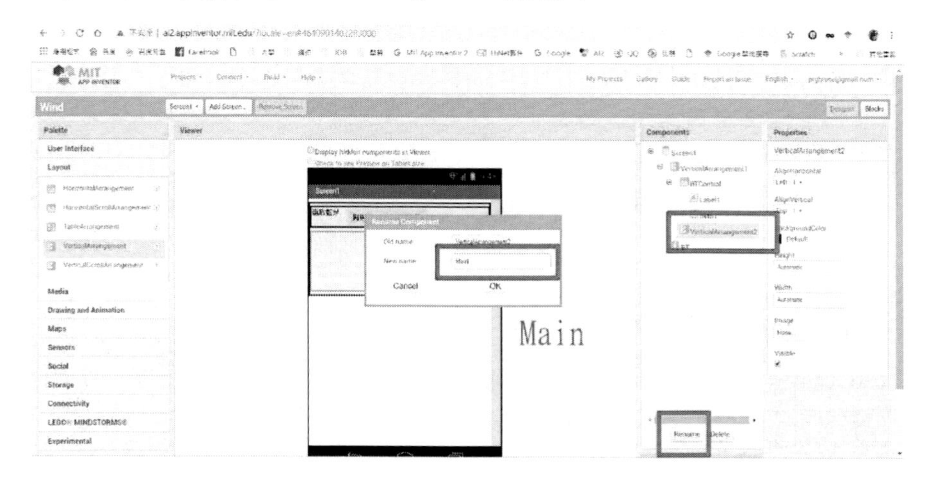

圖 304 設定 VerticalArrangement 的名稱為 Main

如下圖所示，我們設定 VerticalArrangement 的寬度為最大案。

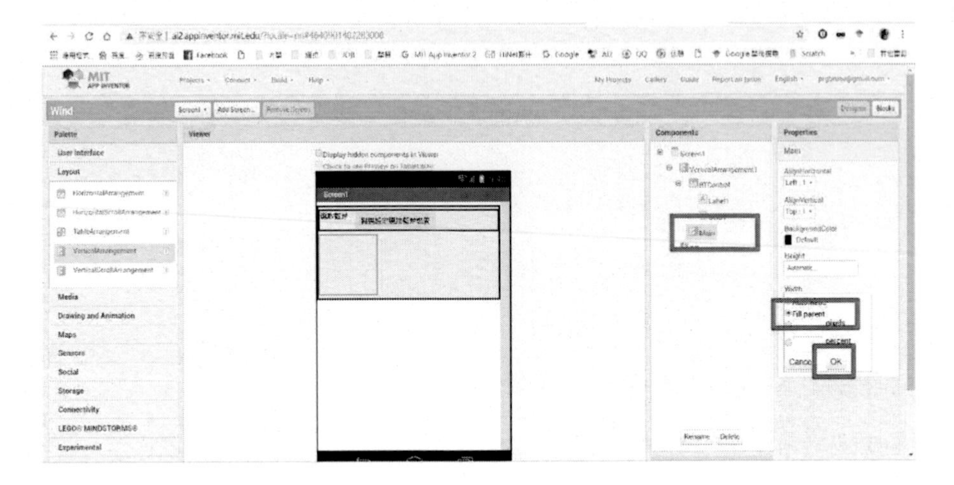

圖 305 設定 VerticalArrangement 的寬度為最大

如下圖所示，我們拉 HorizontallArrangement。

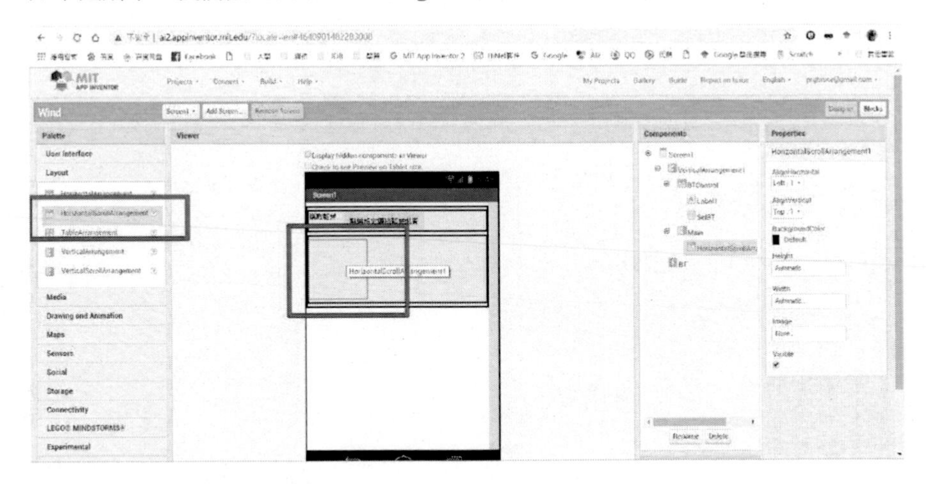

圖 306 拉 HorizontallArrangement

如下圖所示，我們設定 HorizontallArrangement 寬度為最大。

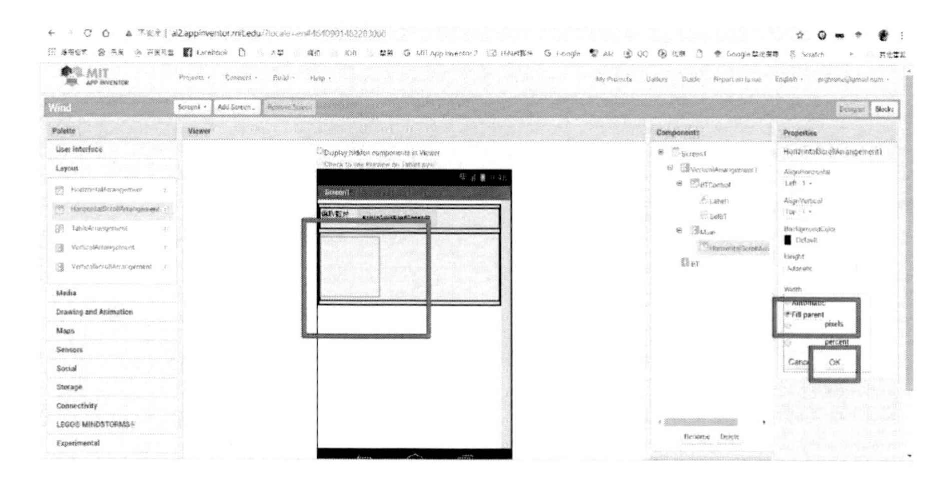

圖 307 設定 HorizontallArrangement 寬度為最大

控制繼電器介面設計

如下圖所示，我們拉 Button 物件。

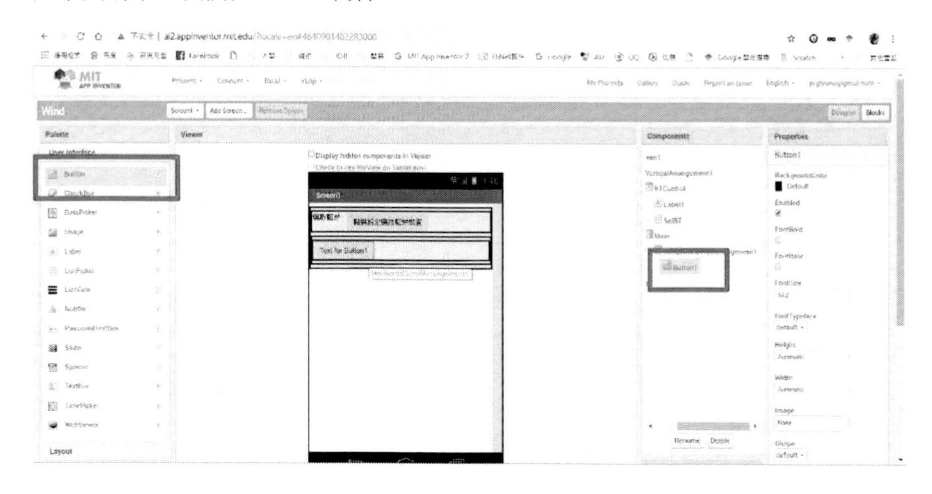

圖 308 拉 Button 物件

如下圖所示，我們設定 Button 物件顯示打開全部繼電器。

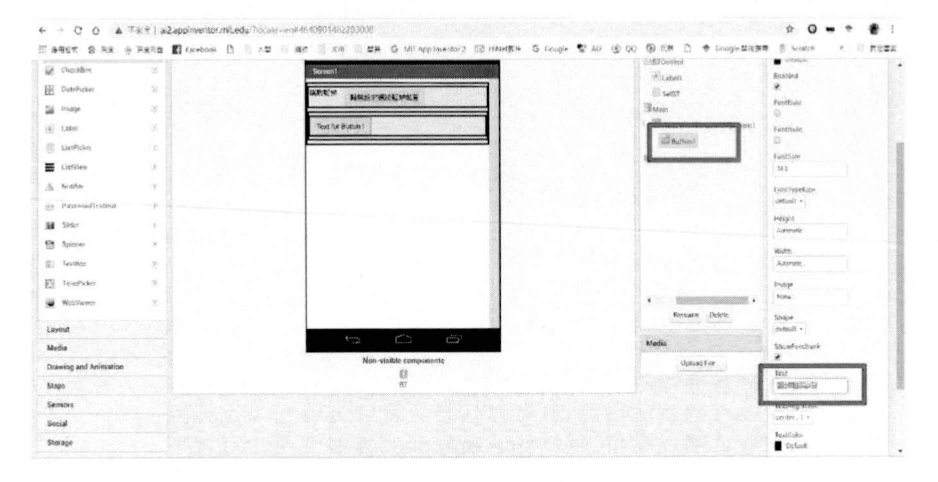

圖 309 設定 Button 物件顯示打開全部繼電器

如下圖所示，我們拉 Button 物件。

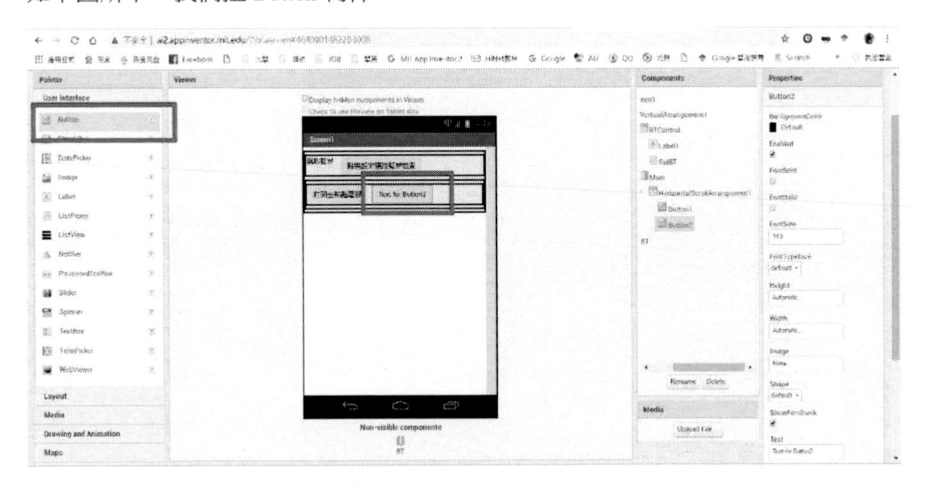

圖 310 拉 Button 物件

如下圖所示，我們設定 Button 物件顯示關閉全部繼電器。

圖 311 設定 Button 物件顯示關閉全部繼電器

控制每一組繼電器介面設計

如下圖所示，我們拉 HorizontallArrangement。

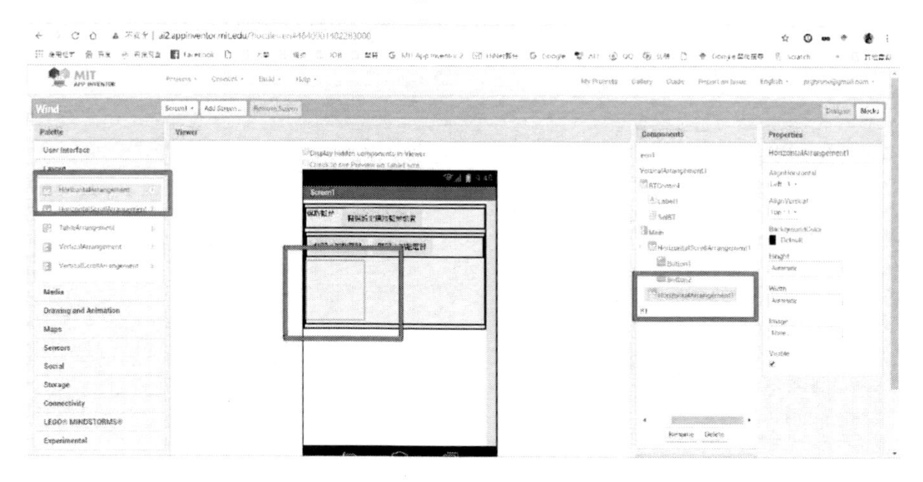

圖 312 拉 HorizontallArrangement

如下圖所示，我們設定 HorizontallArrangement 寬度為最大。

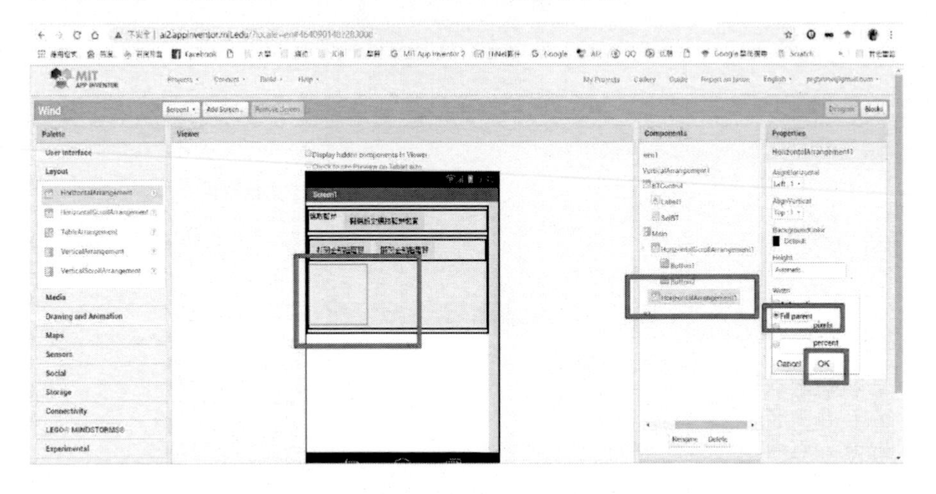

圖 313 設定 HorizontallArrangement 寬度為最大

如下圖所示，我們拉 Button 物件。

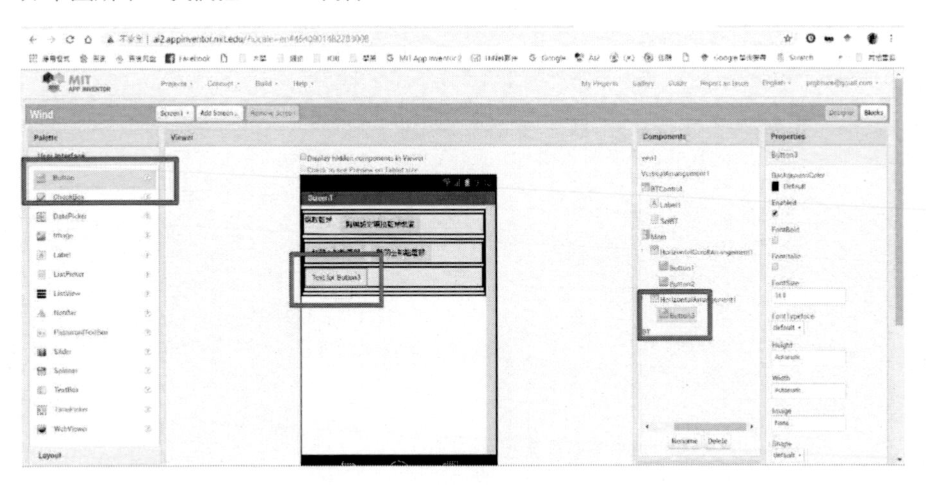

圖 314 拉 Button 物件

如下圖所示，我們設定 Button 物件顯示開啟第一個繼電器。

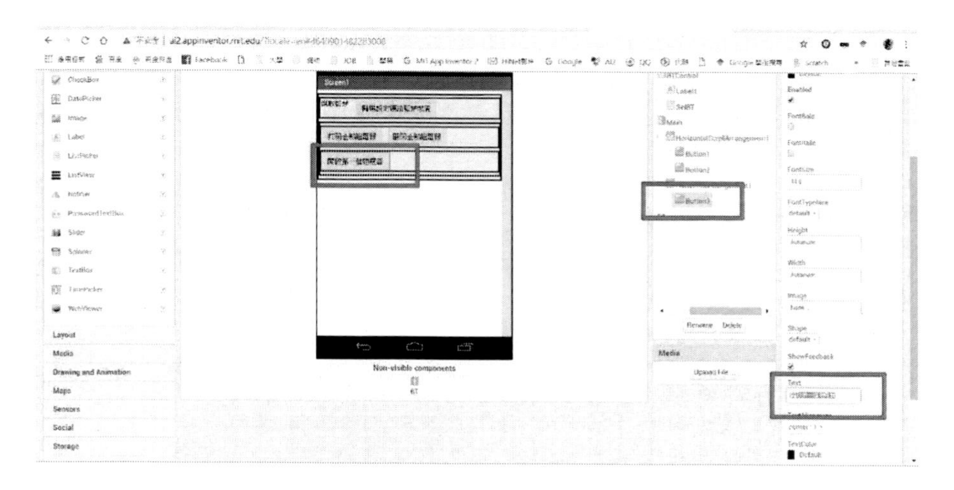

圖 315 設定 Button 物件顯示開啟第一個繼電器

如下圖所示，我們拉 Button 物件。

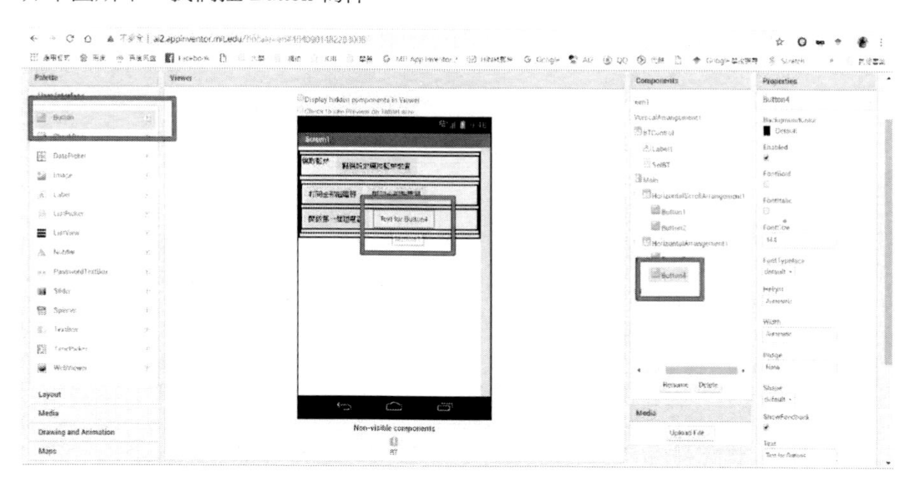

圖 316 拉 Button 物件

如下圖所示，我們設定 Button 物件顯示關閉第一個繼電器。

圖 317 設定 Button 物件顯示關閉第一個繼電器

如下圖所示，我們重複上面動作直到完成八組繼電器。

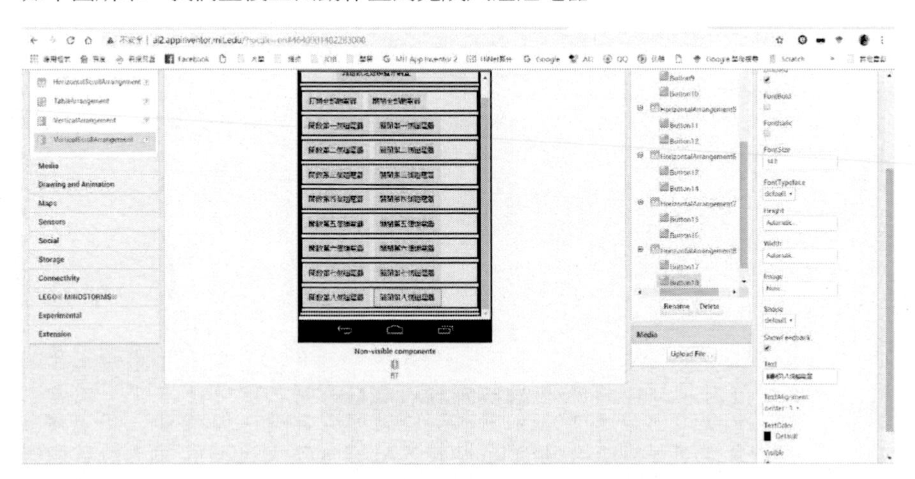

圖 318 重複上面動作直到完成八組繼電器

系統控制介面設計

如下圖所示，我們拉 HorizontallArrangement。

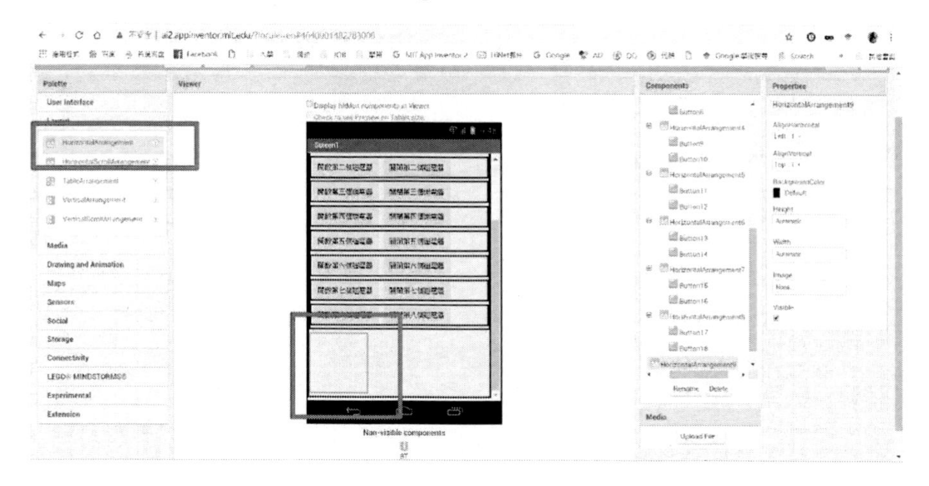

圖 319 拉 HorizontallArrangement

如下圖所示，我們設定 HorizontallArrangement 寬度為最大。

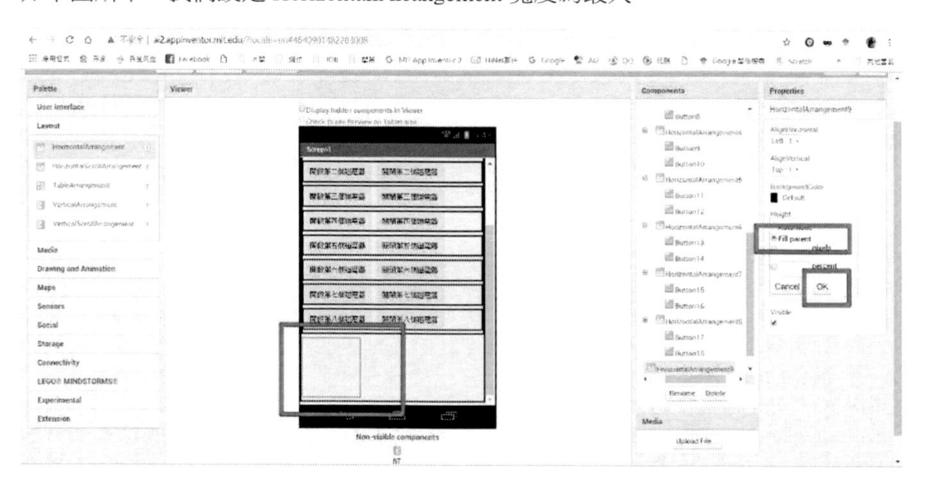

圖 320 設定 HorizontallArrangement 寬度為最大

如下圖所示，我們修改 HorizontallArrangement 名稱為 Controlbar。

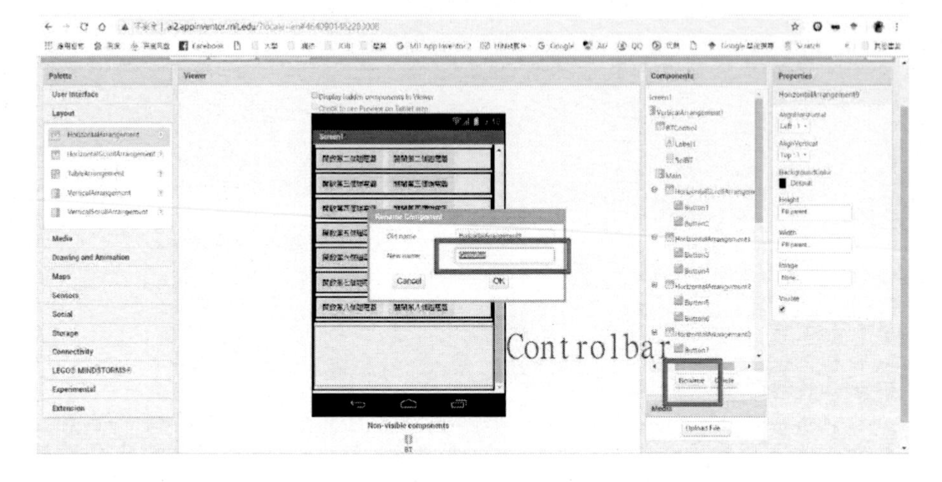

圖 321 修改 HorizontallArrangement 名稱為 Controlbar

如下圖所示，我們拉 Button 物件。

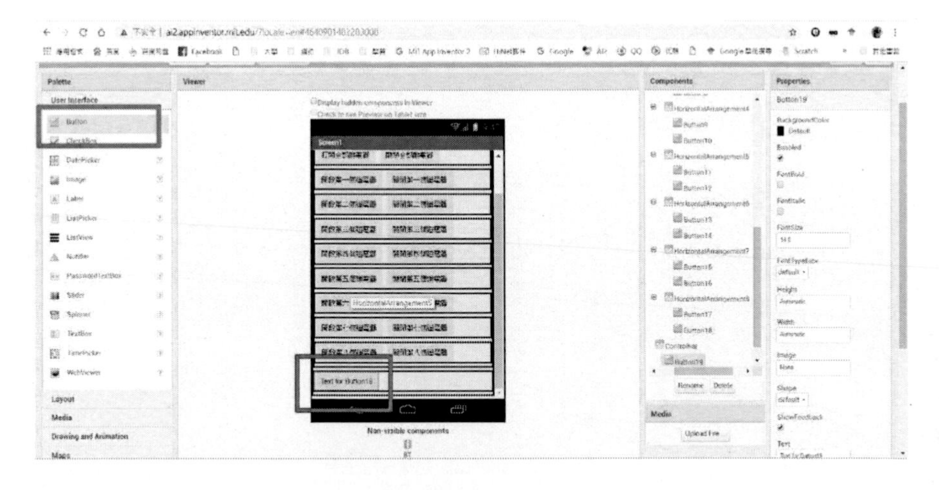

圖 322 拉 Button 物件

如下圖所示，我們設定 Button 物件顯示重選藍芽裝置。

圖 323 設定 Button 物件顯示重選藍芽裝置

如下圖所示，我們拉 Button 物件。

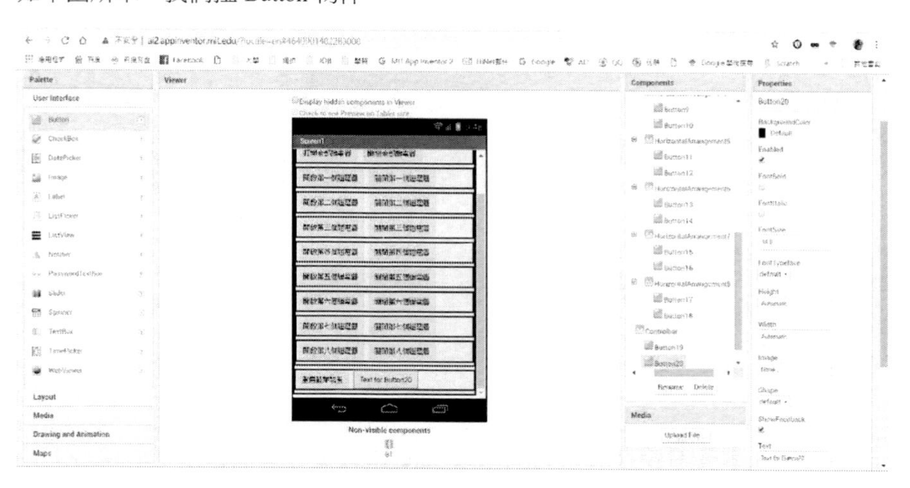

圖 324 拉 Button 物件

如下圖所示，我們設定 Button 物件顯示離開系統。

圖 325 設定 Button 物件顯示離開系統

如下圖所示，我們 Notifier 物件。

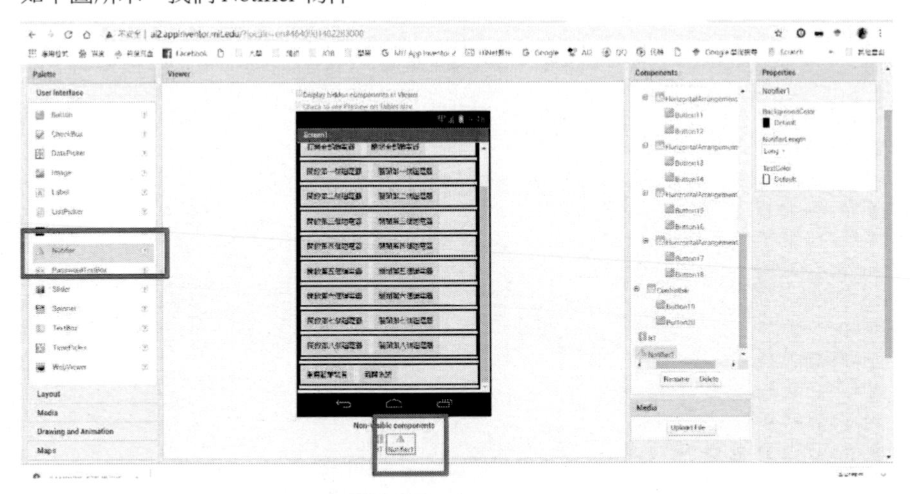

圖 326 Notifier 物件

如下圖所示，我們設定 APP 的 Title 為工業基本控制程式設計(手機 APP 控制篇)。

圖 327 設定 APP 的 Title 為工業基本控制程式設計(手機 APP 控制篇)

如下圖所示，我們設定 APP 的 NAME 為工業基本控制程式設計。

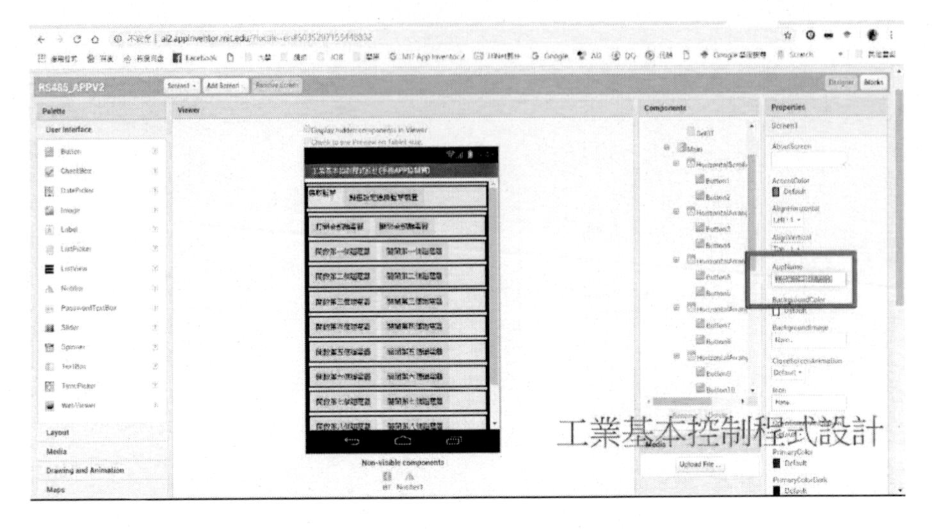

圖 328 設定 APP 的 NAME 為工業基本控制程式設計

切換程式設計

如下圖所示，我們切換到程式設計畫面。

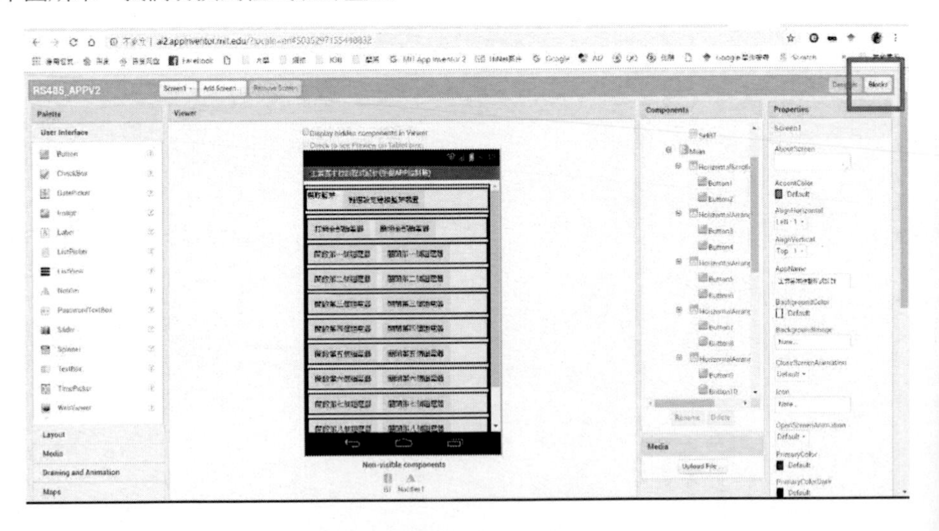

圖 329 切換到程式設計畫面

程式設計

進入程式設計後

如下圖所示，我們進入到程式設計畫面。

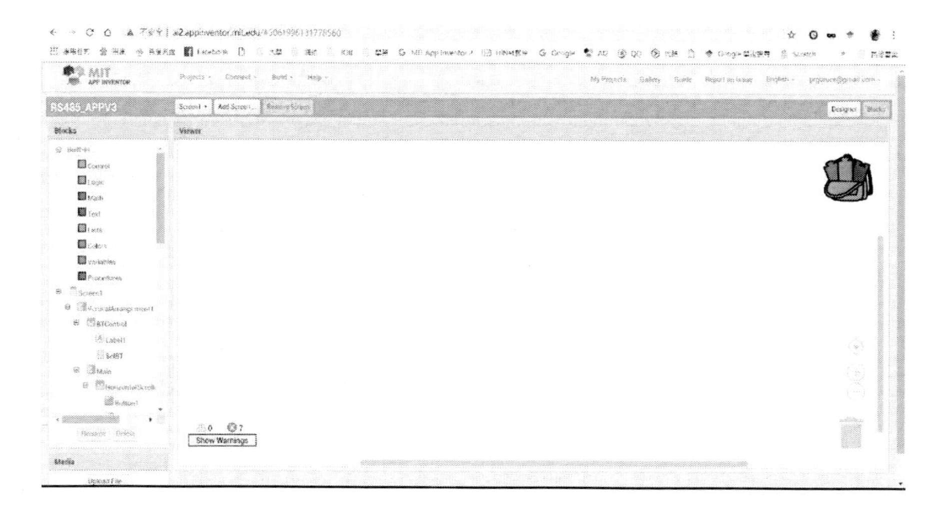

圖 330 程式設計畫面

函數程式設計

如下圖所示，我們設計 systeminit 之函數。

```
to systeminit
do  if BT . IsConnected
    then call BT .Disconnect
    set BTControl . Visible to true
    set Main . Visible to false
    set Controlbar . Visible to false
```

圖 331 systeminit

如下圖所示，我們設計 working 之函數。

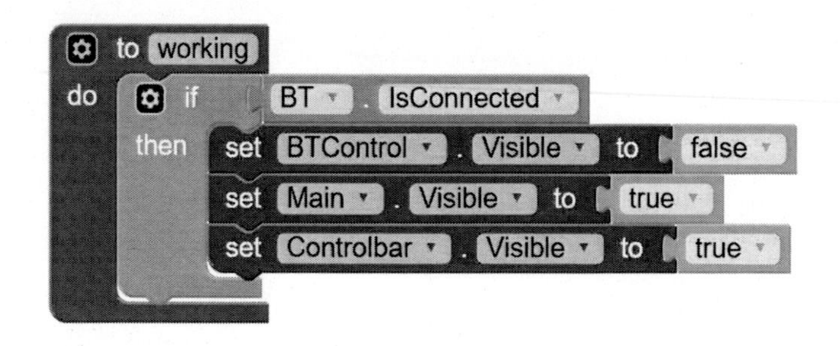

圖 332 working

如下圖所示，我們設計 controlrelay 之函數。

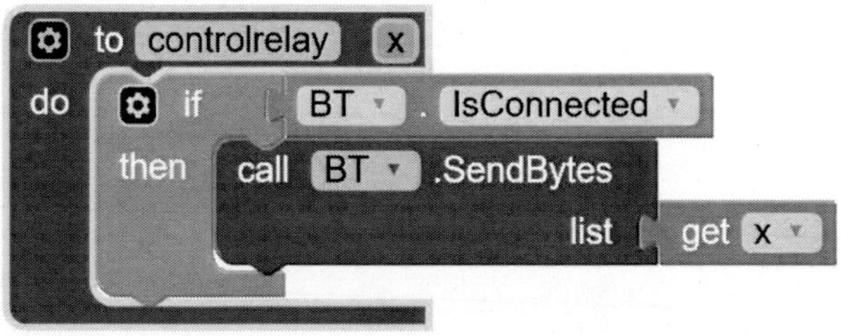

圖 333 controlrelay

函數變數設計

如下圖所示，我們設計變數 allon。

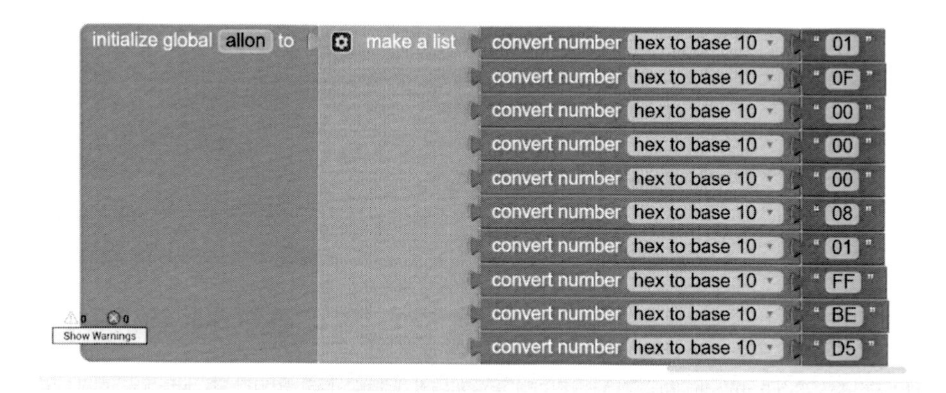

圖 334 變數 allon

如下圖所示，我們設計變數 alloff。

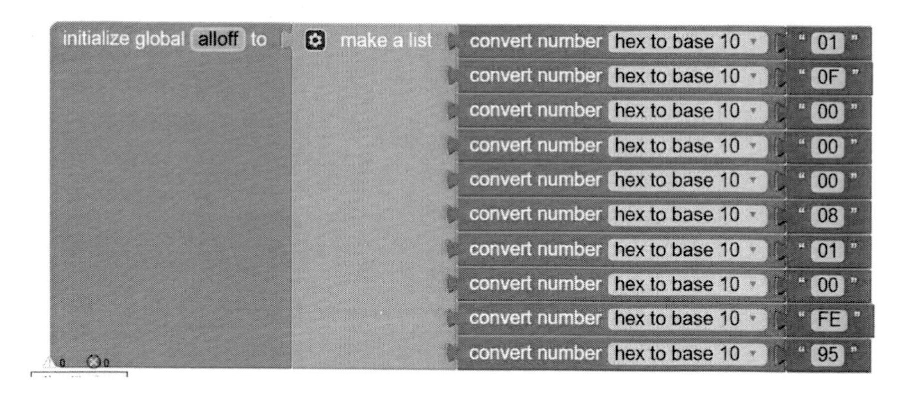

圖 335 變數 alloff

如下圖所示，我們設計變數 on1。

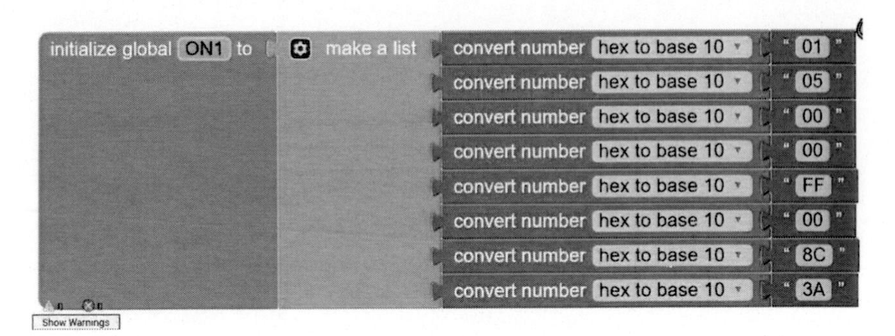

圖 336 變數 on1

如下圖所示，我們變數 on2。

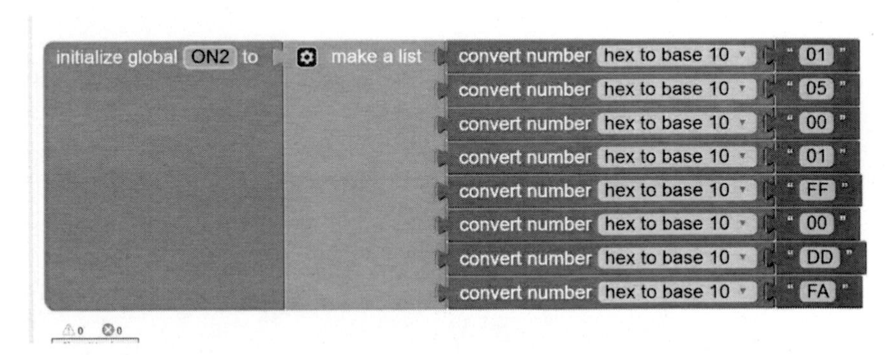

圖 337 變數 on2

如下圖所示，我們設計變數 on3。

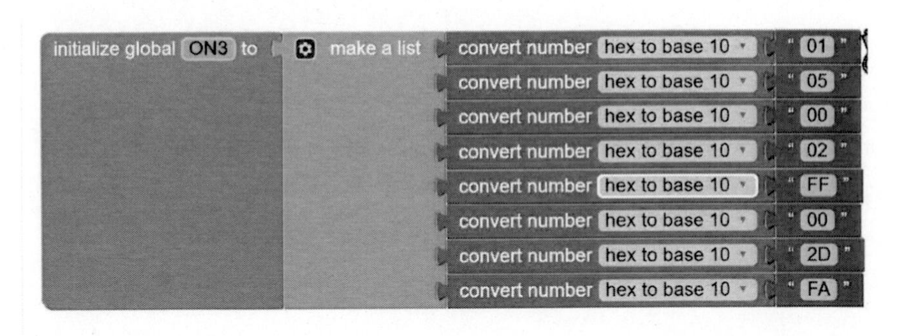

圖 338 變數 on3

如下圖所示，我們設計變數 on4。

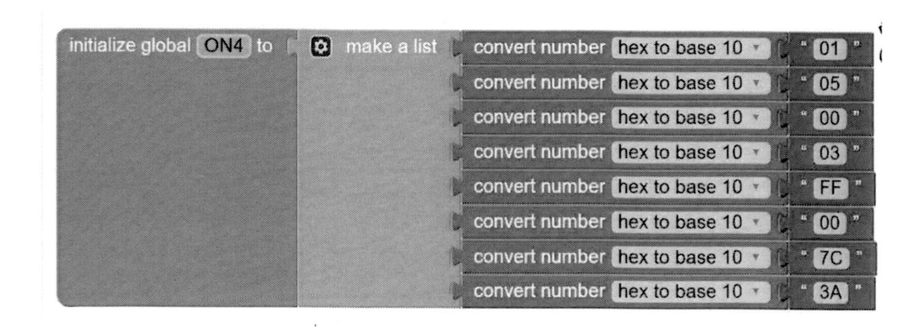

圖 339 變數 on4

如下圖所示，我們設計變數 on5。

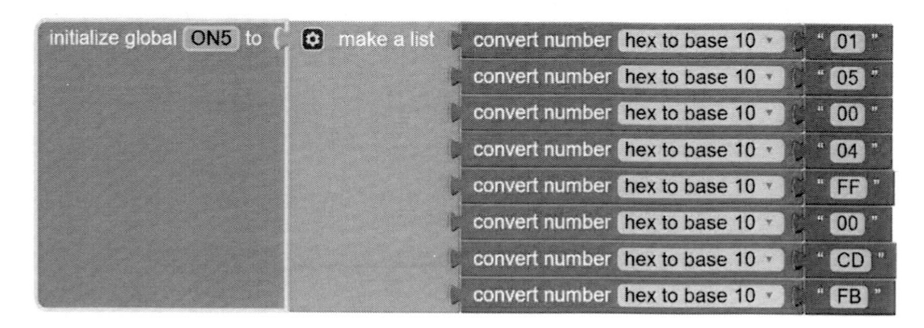

圖 340 變數 on5

如下圖所示，我們設計變數 on6。

圖 341 變數 on6

如下圖所示，我們設計變數 on7。

圖 342 變數 on7

如下圖所示，我們設計變數 on8。

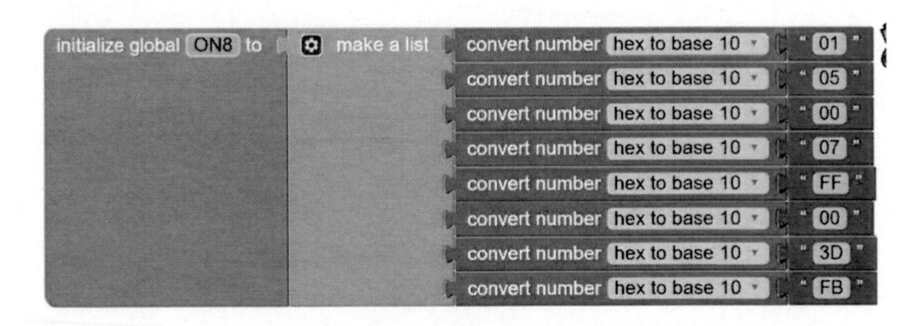

圖 343 變數 on8

如下圖所示，我們設計變數 off1。

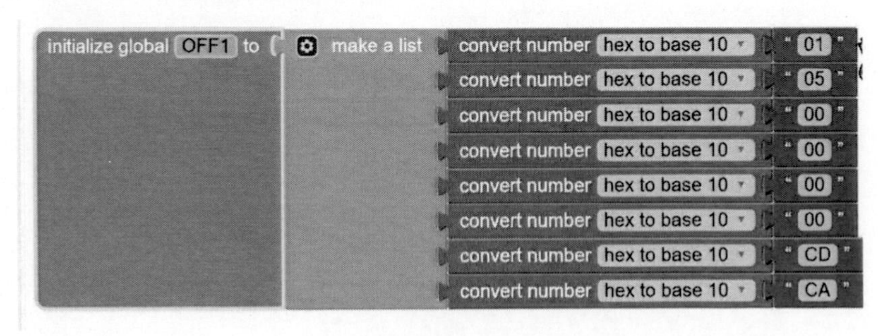

圖 344 變數 off1

如下圖所示，我們設計變數 off2。

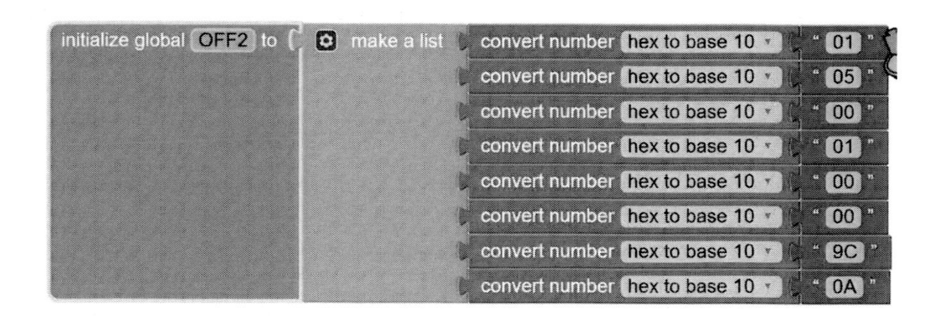

圖 345 變數 off2

如下圖所示，我們設計變數 off3。

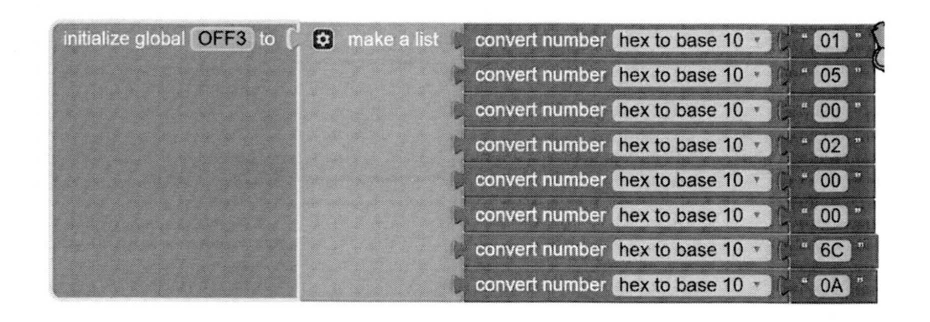

圖 346 變數 off3

如下圖所示，我們設計變數 off4。

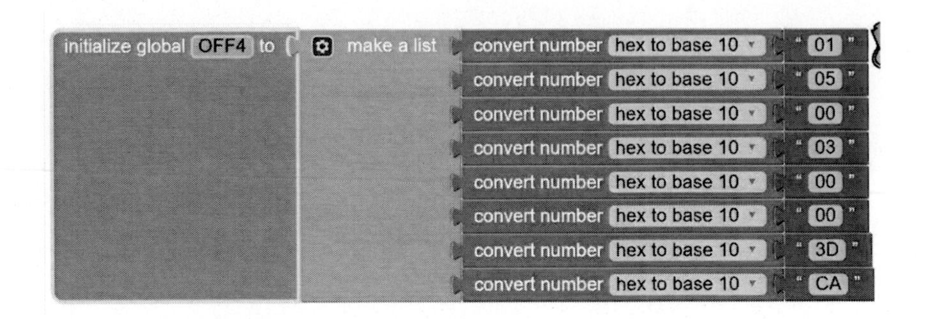

圖 347 變數 off4

如下圖所示，我們設計變數 off5。

圖 348 變數 off5

如下圖所示，我們設計變數 off6。

圖 349 變數 off6

如下圖所示，我們設計變數 off7。

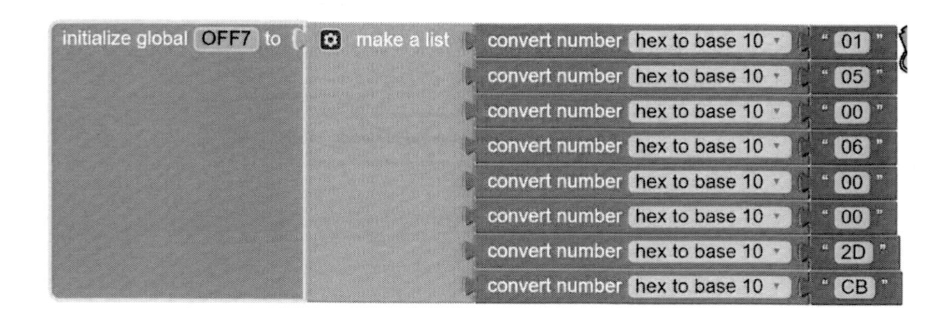

圖 350 變數 off7

如下圖所示，我們設計變數 off8。

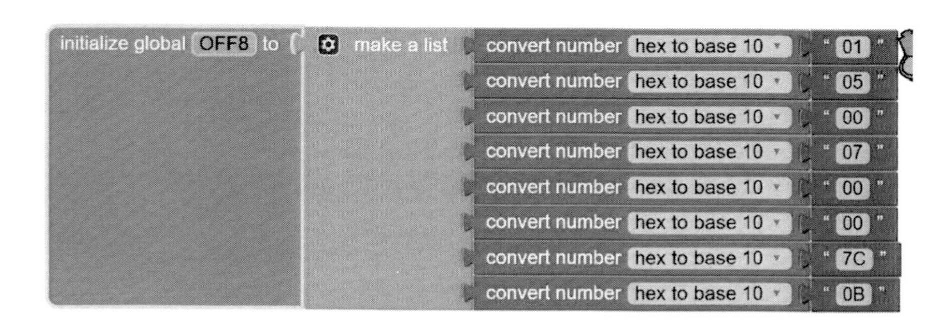

圖 351 變數 off8

系統設計

如下圖所示，我們鑽寫系統設定。

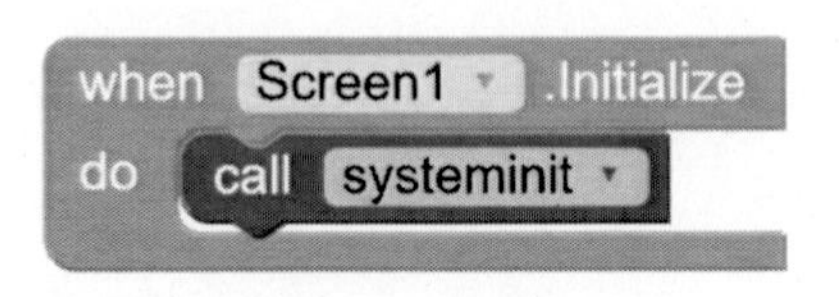

圖 352 系統設定

藍芽操控設計

如下圖所示，我們鑽寫選擇藍牙選前設定。

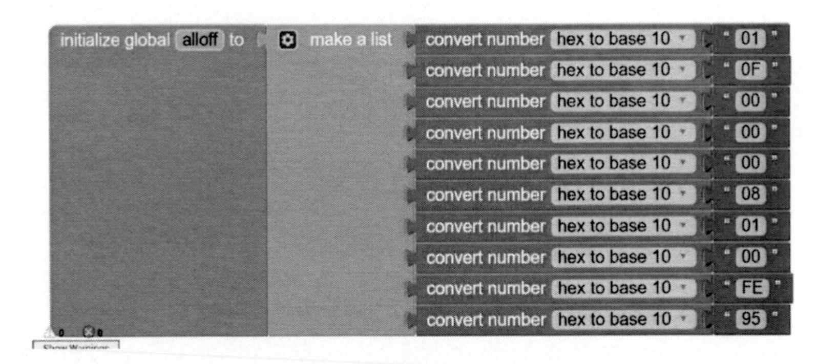

圖 353 選擇藍牙選前設定

如下圖所示，我們鑽寫選擇藍牙選後執行。

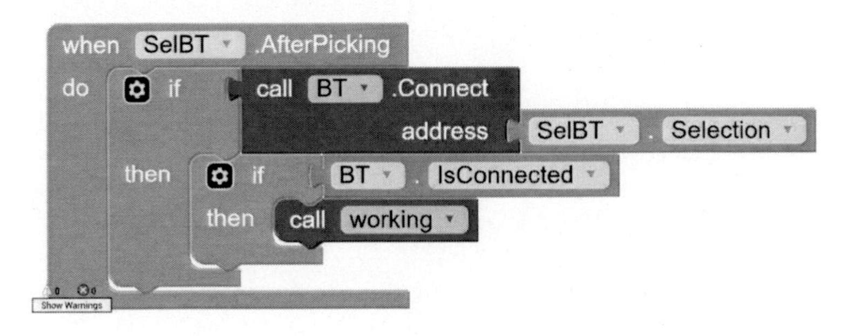

圖 354 選擇藍牙選後執行

繼電器總體操控設計

如下圖所示，我們鑽寫按鈕 button1 按下動作。

when Button1 .Click
do call controlrelay
x get global allon

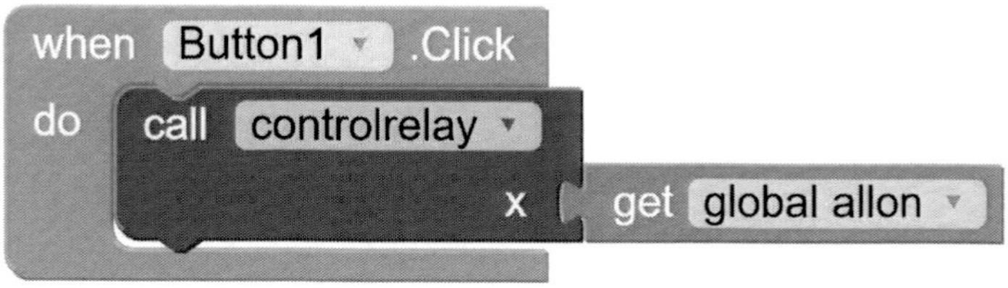

圖 355 按鈕 button1 按下動作

如下圖所示，我們鑽寫按鈕 button2 按下動作。

when Button2 .Click
do call controlrelay
x get global alloff

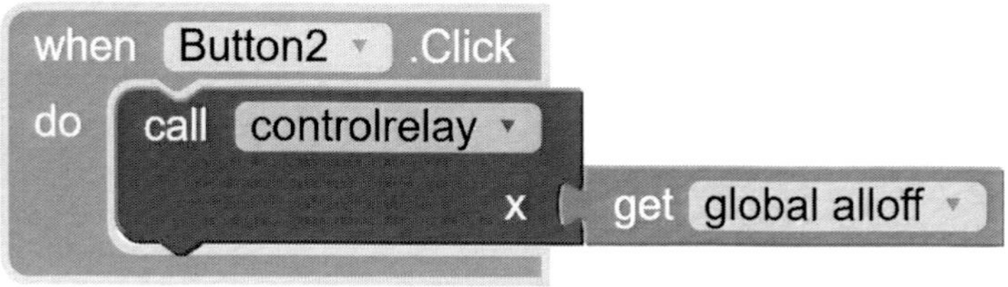

圖 356 按鈕 button2 按下動作

單一繼電器操控設計

如下圖所示，我們鑽寫按鈕 button3 按下動作。

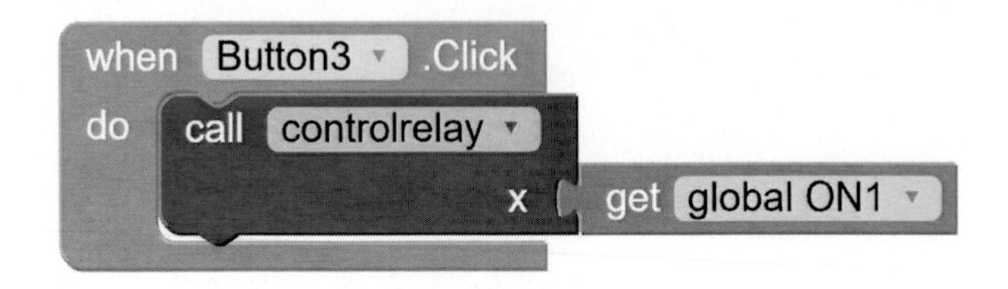

圖 357 按鈕 button3 按下動作

如下圖所示，我們鑽寫按鈕 button4 按下動作。

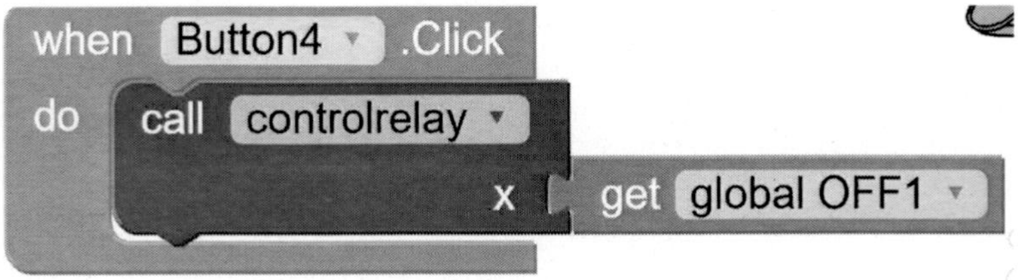

圖 358 按鈕 button4 按下動作

如下圖所示，我們鑽寫按鈕 button5 按下動作。

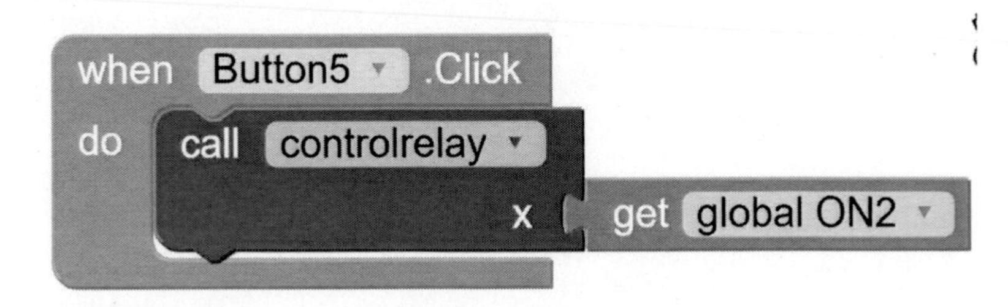

圖 359 按鈕 button5 按下動作

如下圖所示，我們鑽寫按鈕 button6 按下動作。

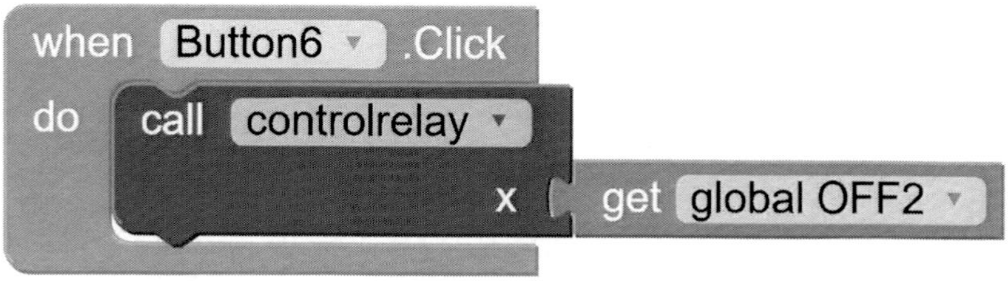

圖 360 按鈕 button6 按下動作

如下圖所示，我們鑽寫按鈕 button7 按下動作。

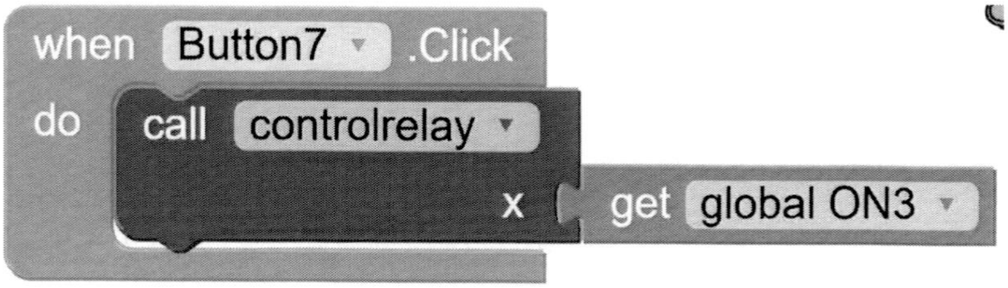

圖 361 按鈕 button7 按下動作

如下圖所示，我們鑽寫按鈕 button8 按下動作。

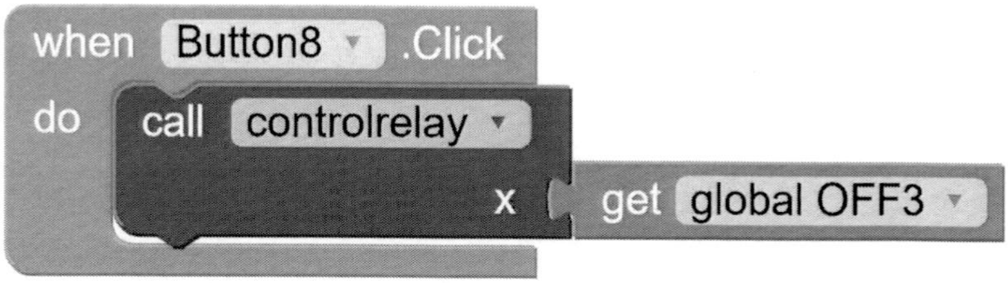

圖 362 按鈕 button8 按下動作

如下圖所示，我們鑽寫按鈕 button9 按下動作。

when
Button9
.Click
do
call
controlrelay
x
get
global ON4

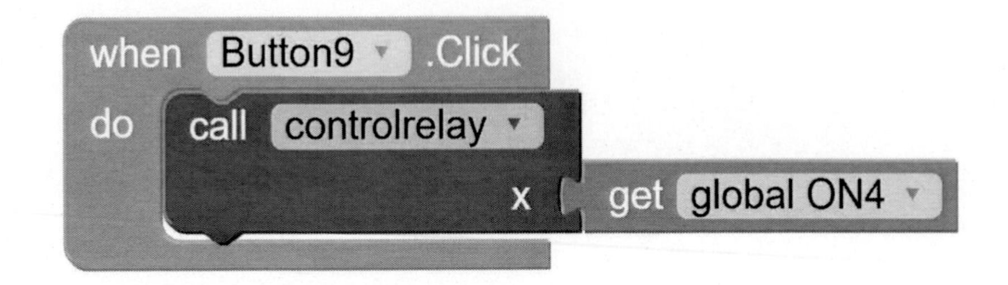

圖 363 按鈕 button9 按下動作

如下圖所示，我們鑽寫按鈕 button10 按下動作。

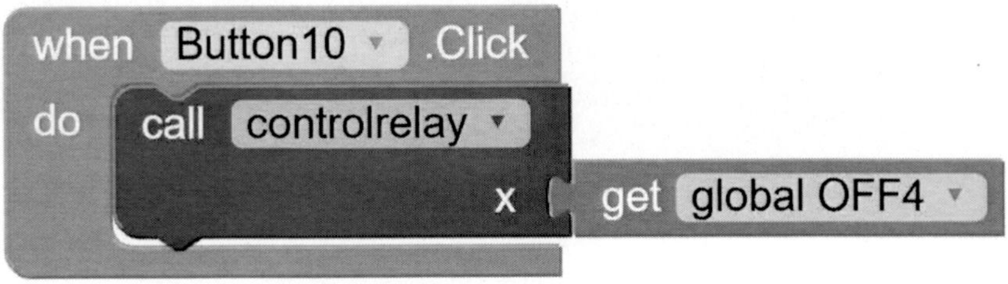

when
Button10
.Click
do
call
controlrelay
x
get
global OFF4

圖 364 按鈕 button10 按下動作

如下圖所示，我們鑽寫按鈕 button11 按下動作。

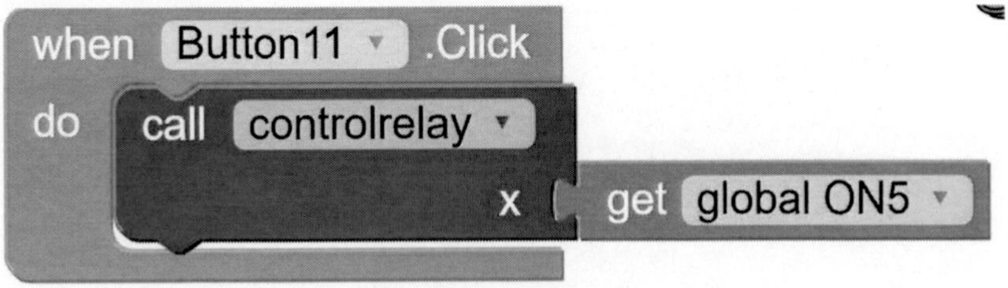

when
Button11
.Click
do
call
controlrelay
x
get
global ON5

圖 365 按鈕 button11 按下動作

如下圖所示，我們鑽寫按鈕 button12 按下動作。

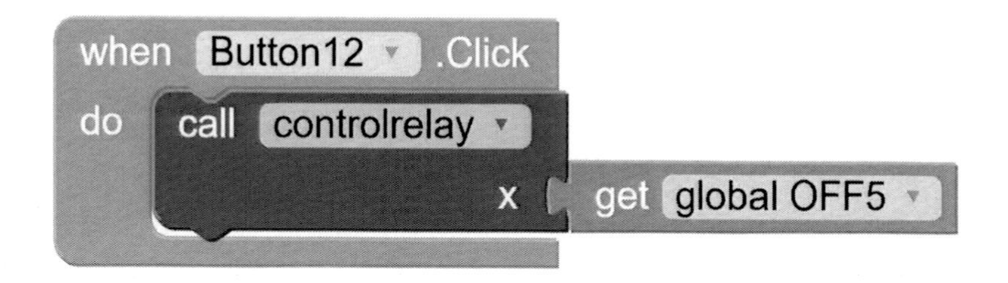

圖 366 按鈕 button12 按下動作

如下圖所示，我們鑽寫按鈕 button13 按下動作。

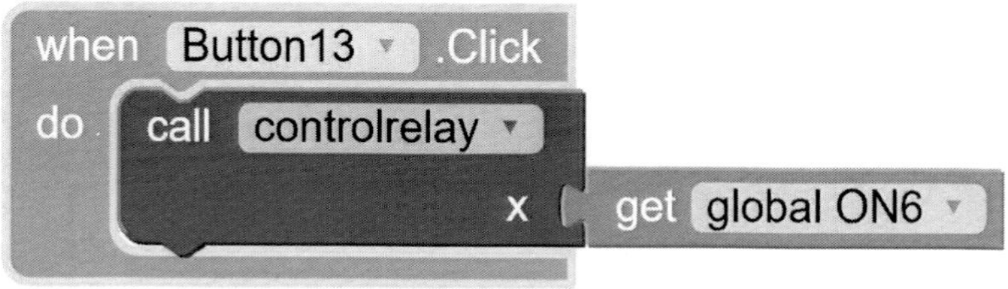

圖 367 按鈕 button13 按下動作

如下圖所示，我們鑽寫按鈕 button14 按下動作。

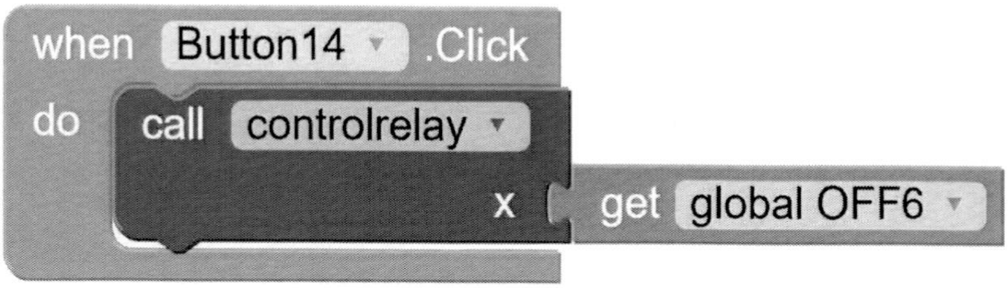

圖 368 按鈕 button14 按下動作

如下圖所示，我們鑽寫按鈕 button15 按下動作。

when
Button15
.Click
do
call
controlrelay
x
get
global ON7

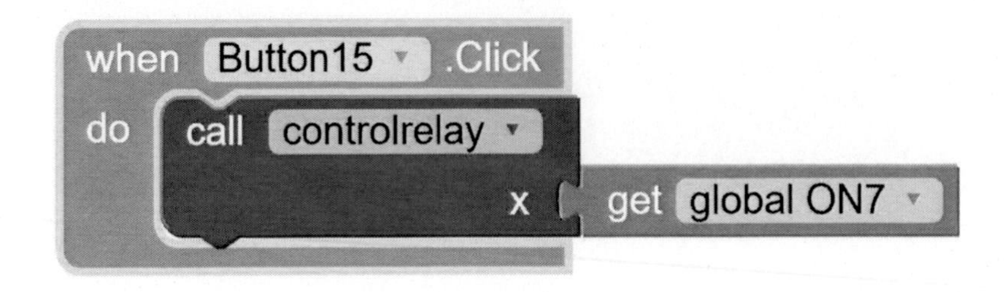

圖 369 按鈕 button15 按下動作

如下圖所示，我們鑽寫按鈕 button16 按下動作。

when
Button16
.Click
do
call
controlrelay
x
get
global OFF7

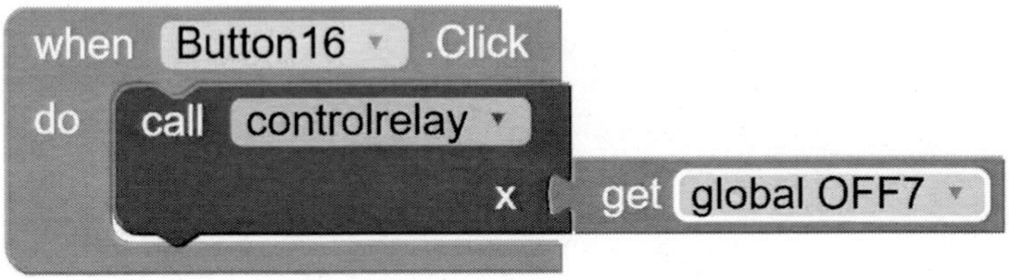

圖 370 按鈕 button16 按下動作

如下圖所示，我們鑽寫按鈕 button17 按下動作。

when
Button17
.Click
do
call
controlrelay
x
get
global ON8

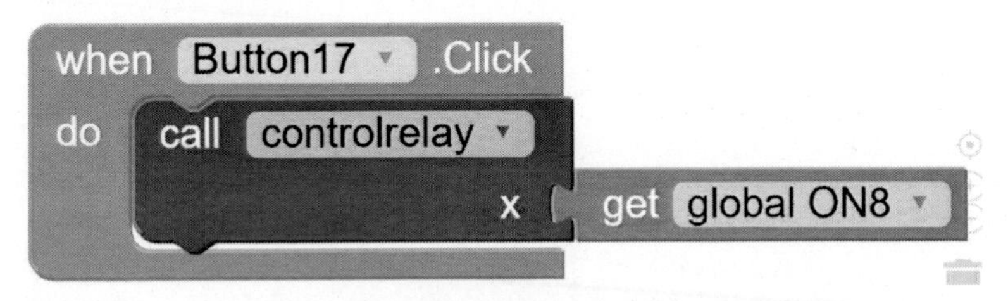

圖 371 按鈕 button17 按下動作

如下圖所示，我們鑽寫按鈕 button18 按下動作。

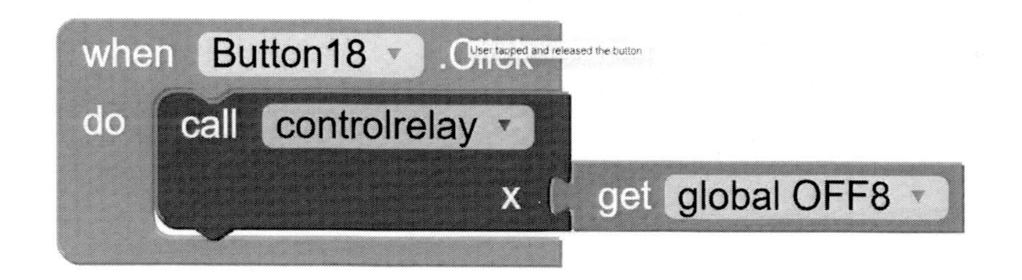

圖 372 按鈕 button18 按下動作

回到主畫面設計

如下圖所示，我們鑽寫按鈕 button19 回起始畫面。

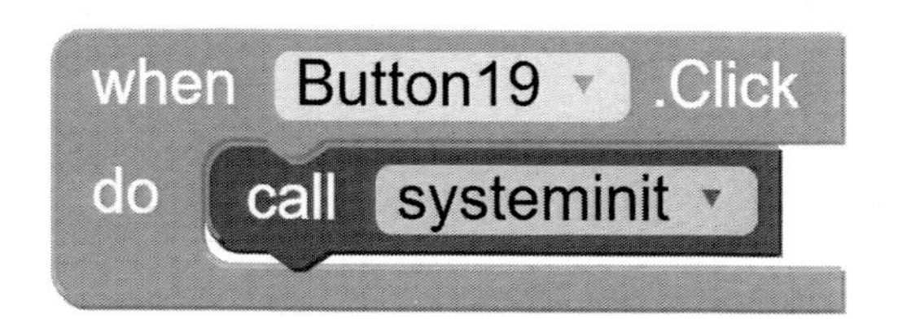

圖 373 按鈕 button19 回起始畫面

離開系統設計

如下圖所示，我們鑽寫按鈕 button20 離開系統。

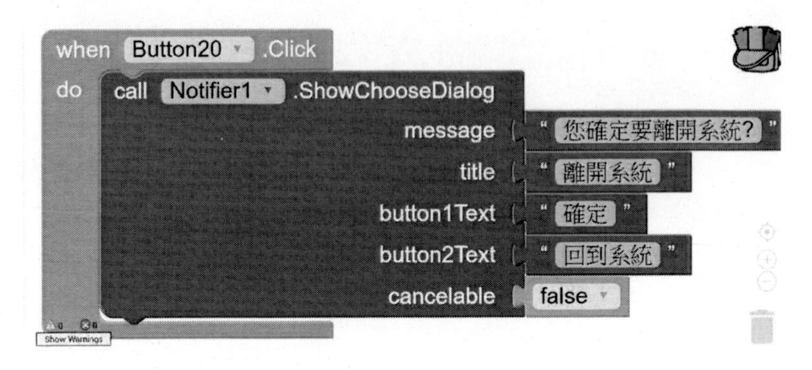

圖 374 按鈕 button20 離開系統

如下圖所示，我們鑽寫按鈕 button20_對話盒回應處理程序。

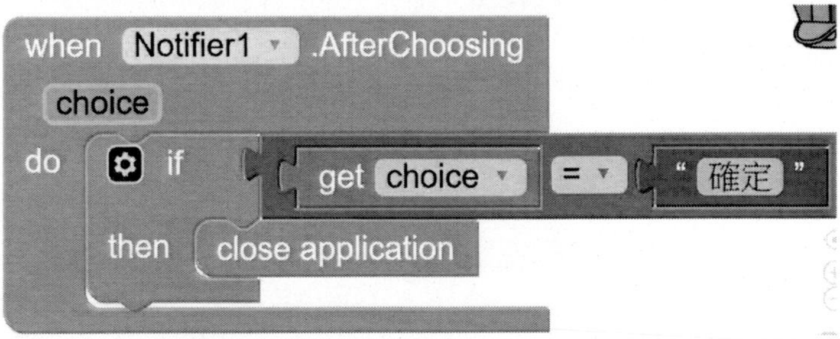

圖 375 按鈕 button20_對話盒回應處理程序

下載開發之程式

如下圖所示，我們下載 APP 之 APK 檔。

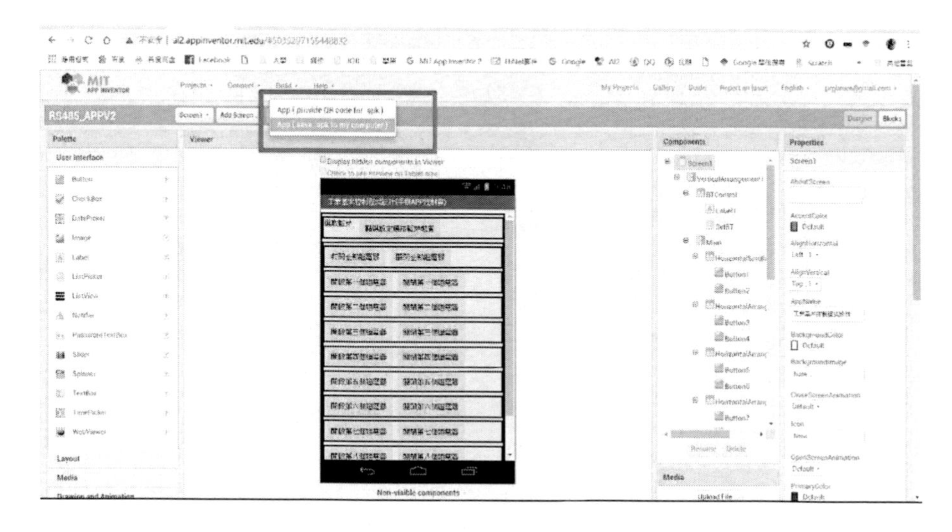

圖 376 下載 APP 之 APK 檔

如下圖所示，我們下如下圖所示，我們下載 APP 之 APK 檔。

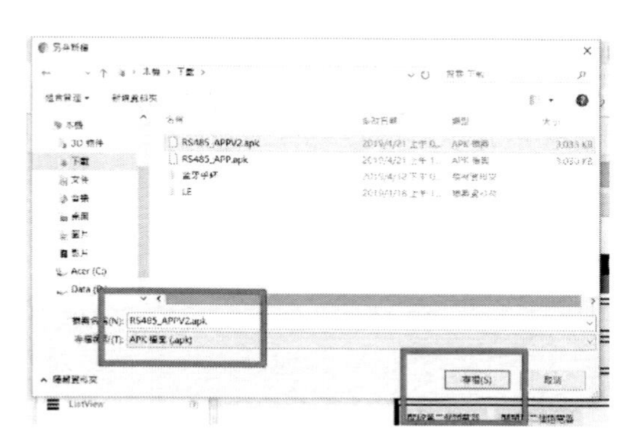

圖 377 將下載 APP 之 APK 檔存入電腦

安裝開發之程式

將下載 APP 之 APK 檔存入電腦

如下圖所示，我們開啟桌面檔案總管。

圖 378 開啟桌面檔案總管

如下圖所示，我們選擇 SD 卡儲存空間。

圖 379 選擇 SD 卡儲存空間

如下圖所示，我們選擇下載目錄。

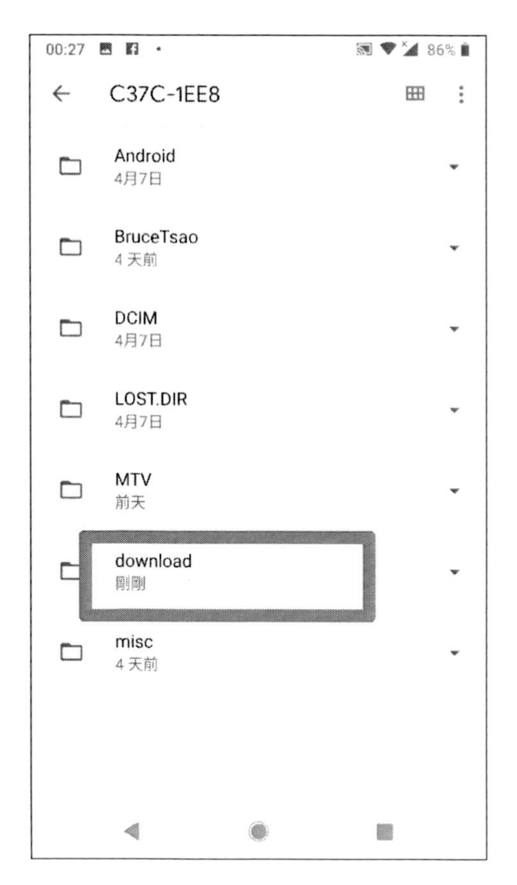

圖 380 選擇下載目錄

如下圖所示，我們選擇下載的程式進行安裝。

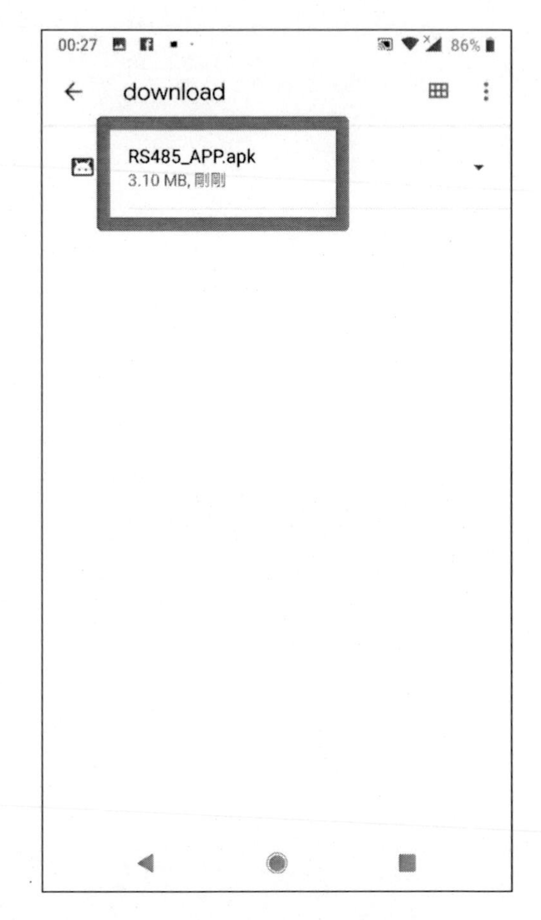

圖 381 選擇下載的程式進行安裝

如下圖所示，我們進行安裝。

圖 382 進行安裝

如下圖所示，我們可以看到系統安裝中。

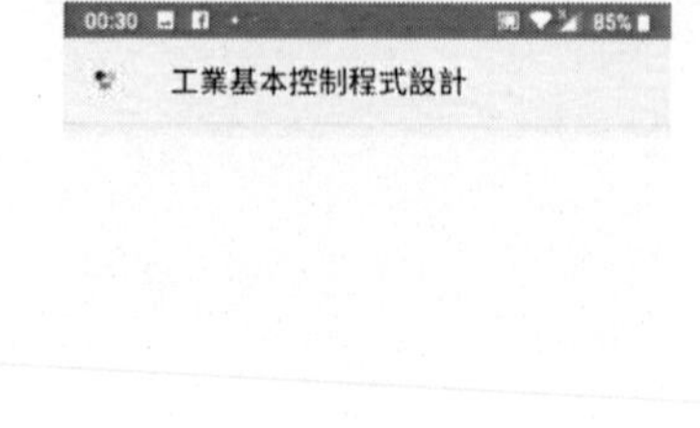

圖 383 系統安裝中

如下圖所示，我們可以看到系統安裝完成。

圖 384 系統安裝完成

執行程式

如下圖所示，我們開啟安裝程式之桌面。

圖 385 開啟安裝程式之桌面

如下圖所示，我們執行安裝程式。

圖 386 執行安裝程式

如下圖所示，我們看到系統開始畫面。

圖 387 系統開始畫面系統開始畫面

如下圖所示，我們選擇藍芽職裝置。

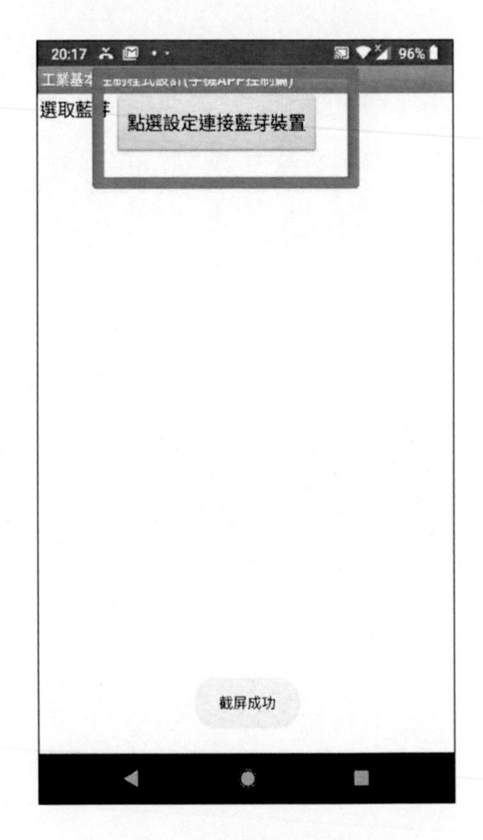

圖 388 選擇藍芽職裝置

如下圖所示，我們看到已配對之藍芽畫面。

圖 389 已配對之藍芽畫面

如下圖所示，我們選取裝置之藍芽裝置。

圖 390 選取裝置之藍芽裝置

如下圖所示，我們看到系統主畫面。

圖 391 系統主畫面

如下圖所示，我們選擇要開啟之繼電器之對應按鈕。

圖 392 選擇要開啟之繼電器之對應按鈕

使用軟體回饋測試畫面

我們使用 Accessport，開始連線進行測試，如下圖所示，為開啟所有繼電器之 AccessPort 畫面擷取圖：

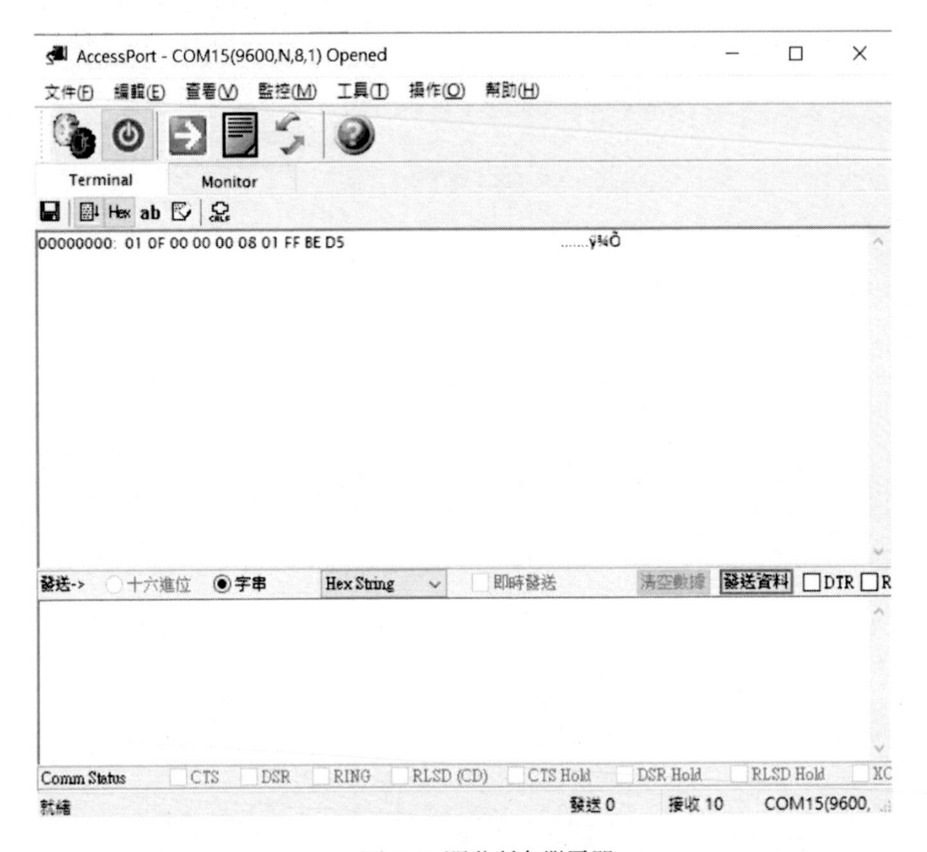

圖 393 開啟所有繼電器

如下圖所示，為關閉所有繼電器之 AccessPort 畫面擷取圖：

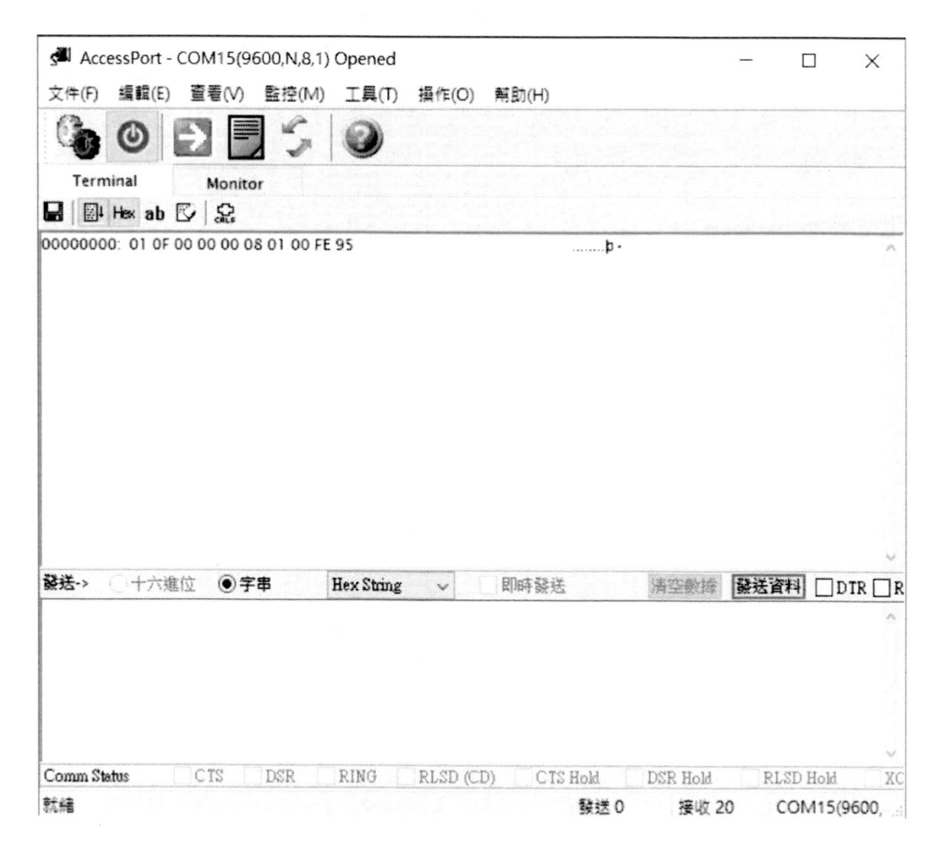

圖 394 關閉所有繼電器

如下圖所示，為開啟第一組繼電器之 AccessPort 畫面擷取圖：

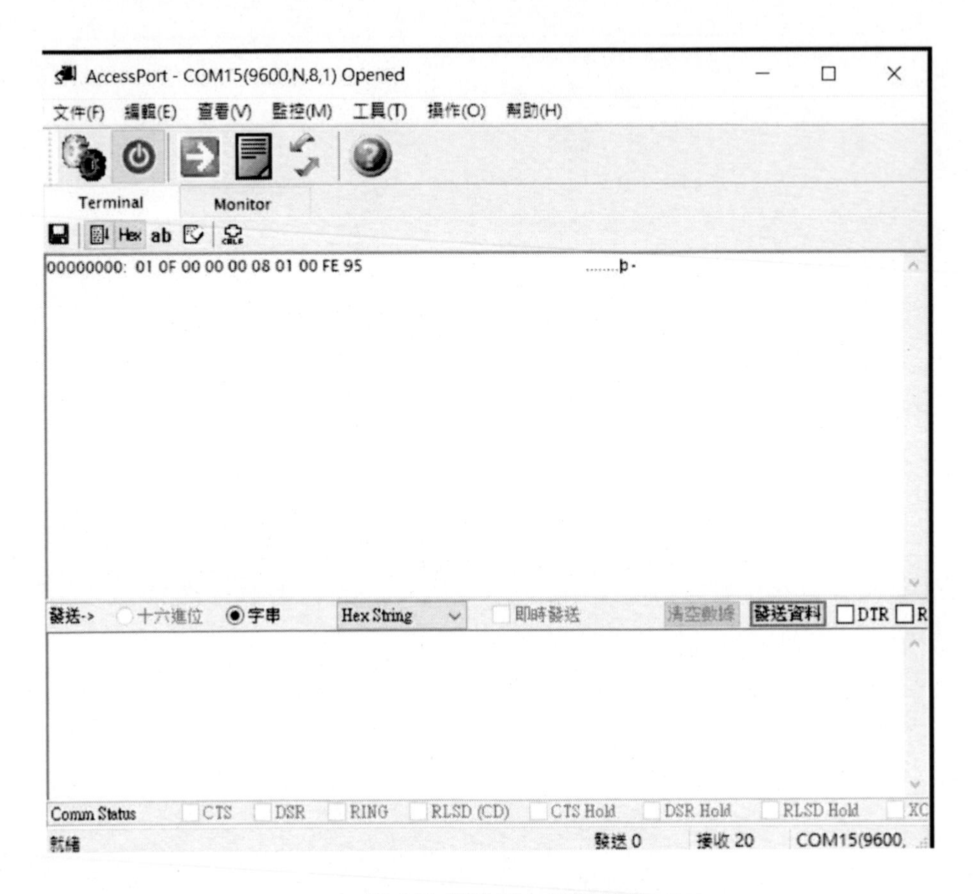

圖 395 開啟第一組繼電器

如下圖所示，為關閉第一組繼電器之 AccessPort 畫面擷取圖：

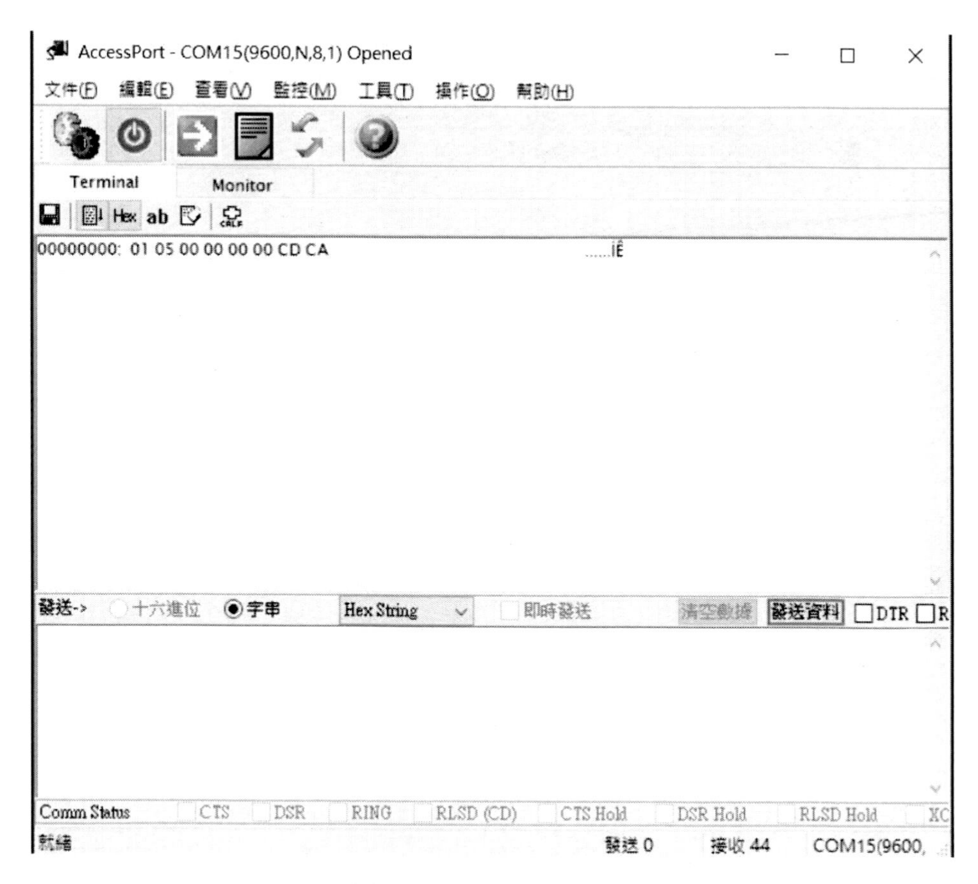

圖 396 關閉第一組繼電器

如下圖所示，為開啟第二組繼電器之 AccessPort 畫面擷取圖：

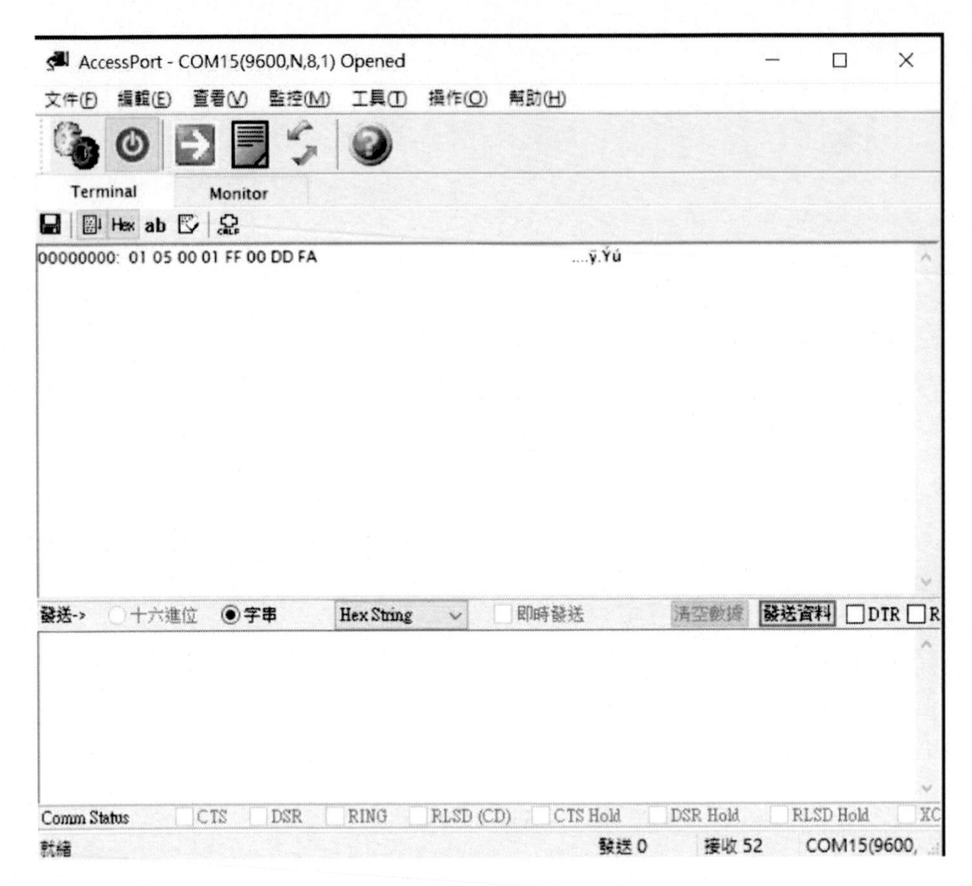

圖 397 開啟第二組繼電器

如下圖所示，為關閉第二組繼電器之 AccessPort 畫面擷取圖：

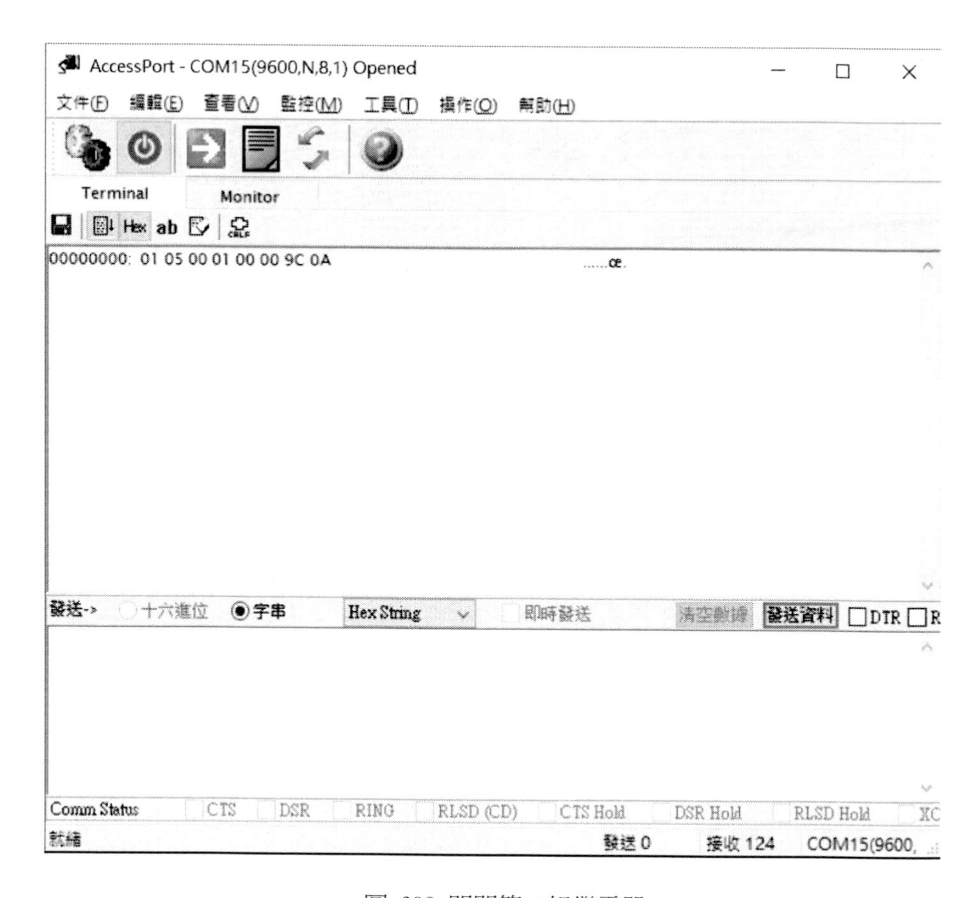

圖 398 關閉第二組繼電器

如下圖所示，為開啟第三組繼電器之 AccessPort 畫面擷取圖：

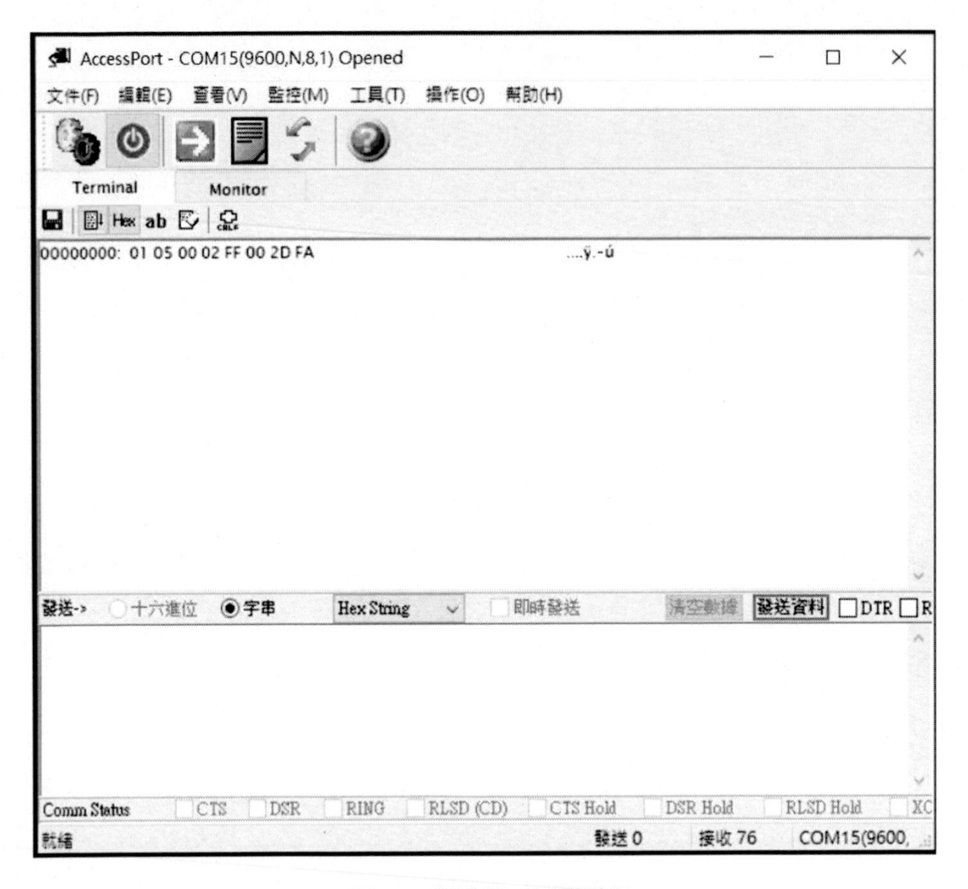

圖 399 開啟第三組繼電器

如下圖所示，為關閉第三組繼電器之 AccessPort 畫面擷取圖：

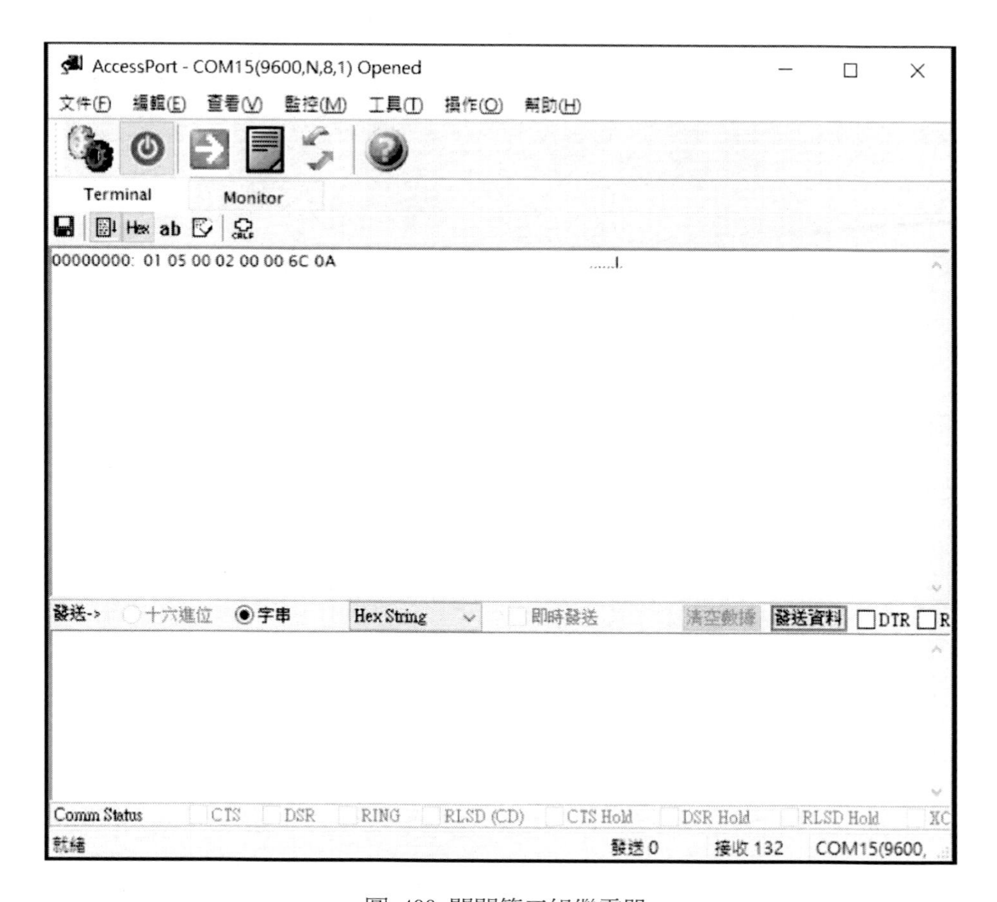

圖 400 關閉第三組繼電器

如下圖所示，為開啟第四組繼電器之 AccessPort 畫面擷取圖：

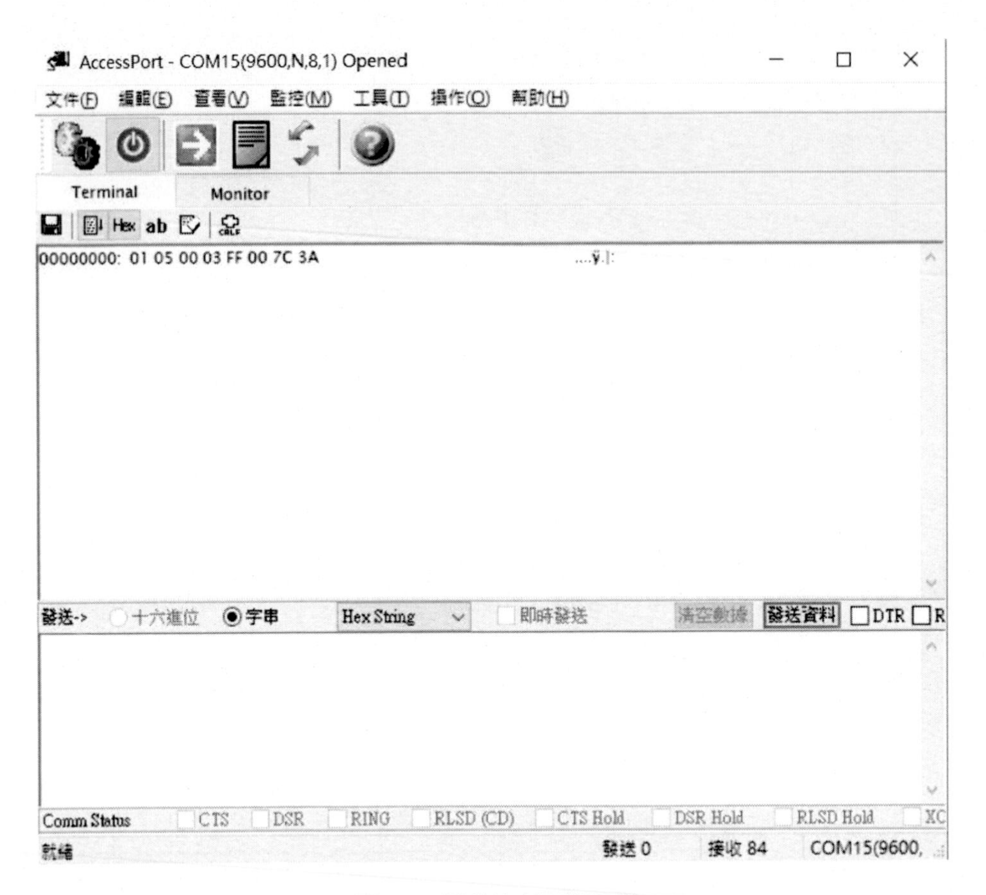

圖 401 開啟第四組繼電器

如下圖所示，為關閉第四組繼電器之 AccessPort 畫面擷取圖：

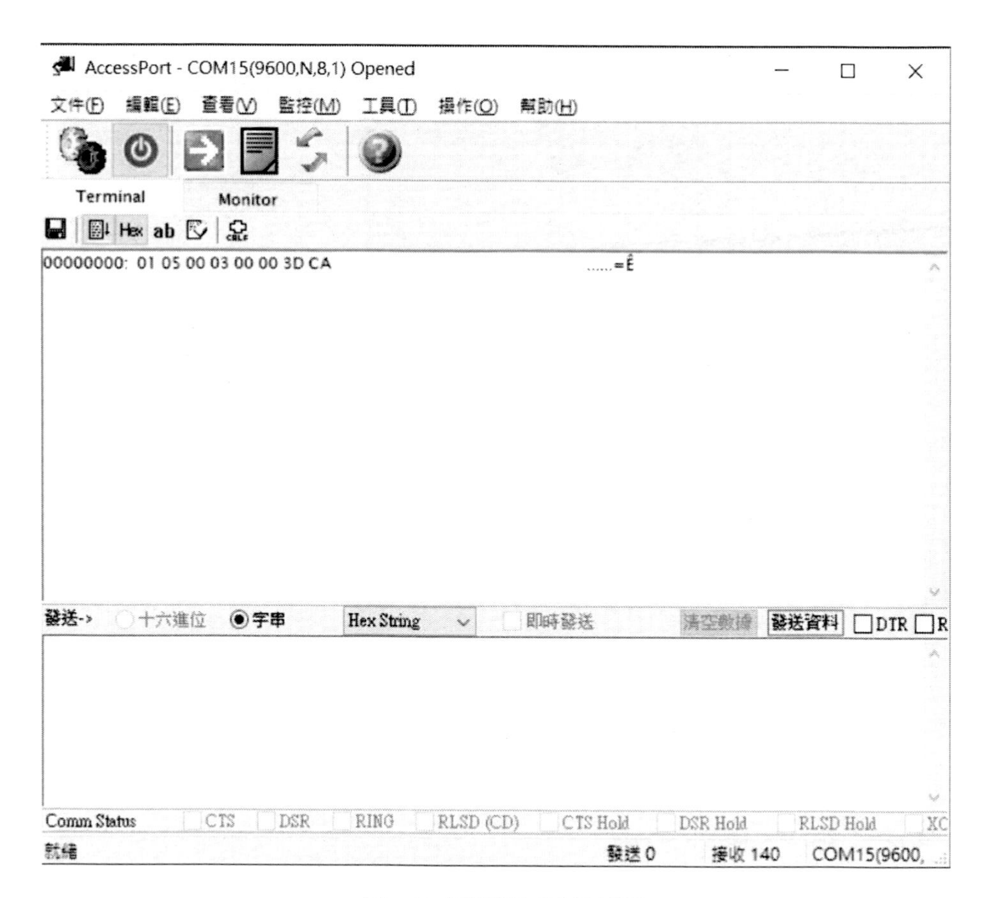

圖 402 關閉第四組繼電器

如下圖所示，為開啟第五組繼電器之 AccessPort 畫面擷取圖：

圖 403 開啟第五組繼電器

如下圖所示，為關閉第五組繼電器之 AccessPort 畫面擷取圖：

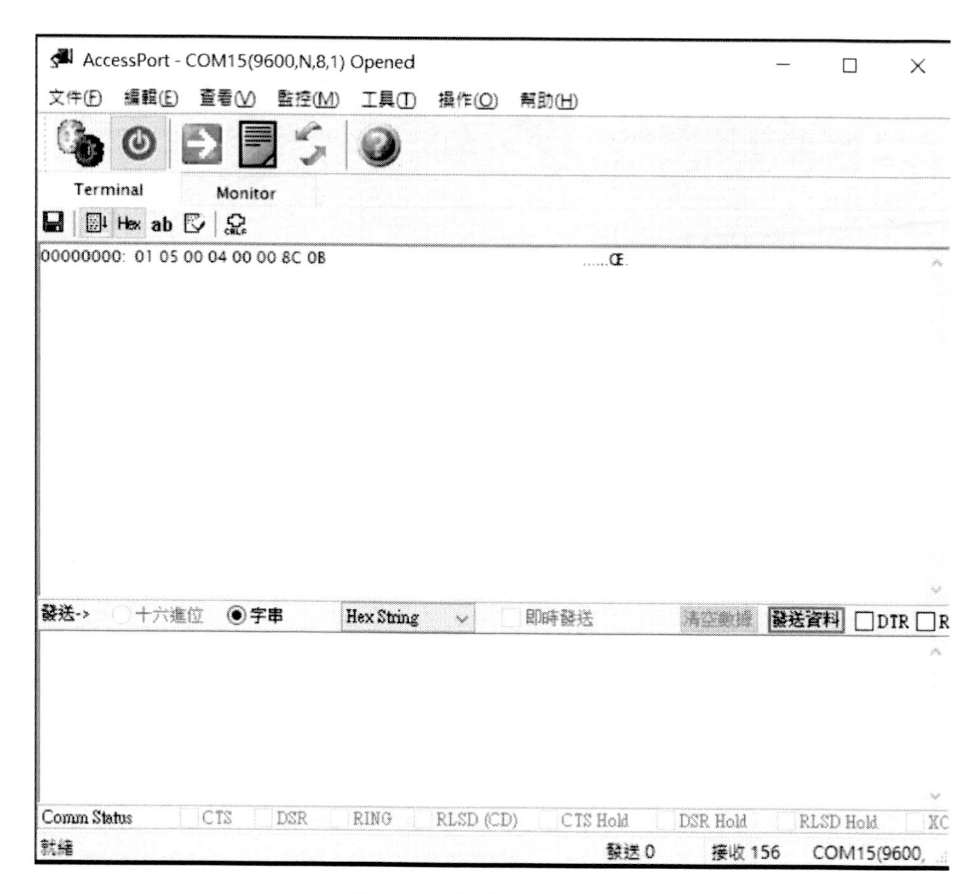

圖 404 關閉第五組繼電器

如下圖所示，為開啟第六組繼電器之 AccessPort 畫面擷取圖：

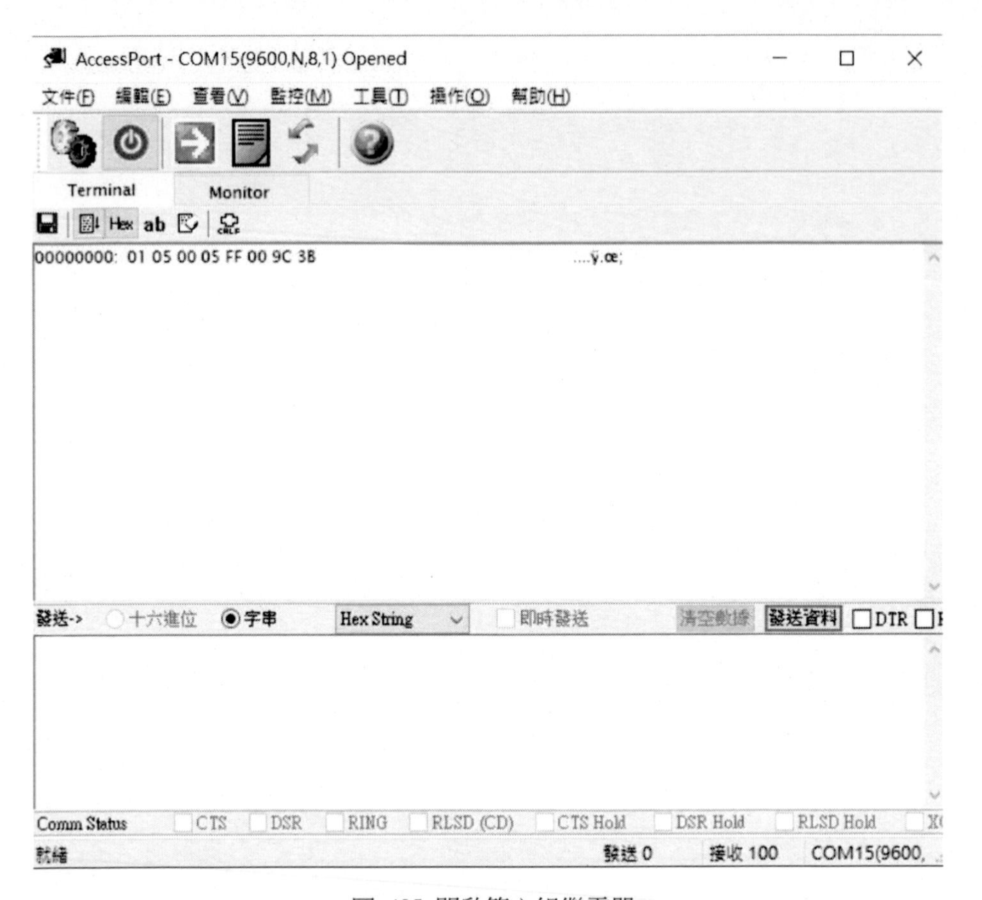

圖 405 開啟第六組繼電器

如下圖所示，為關閉第六組繼電器之 AccessPort 畫面擷取圖：

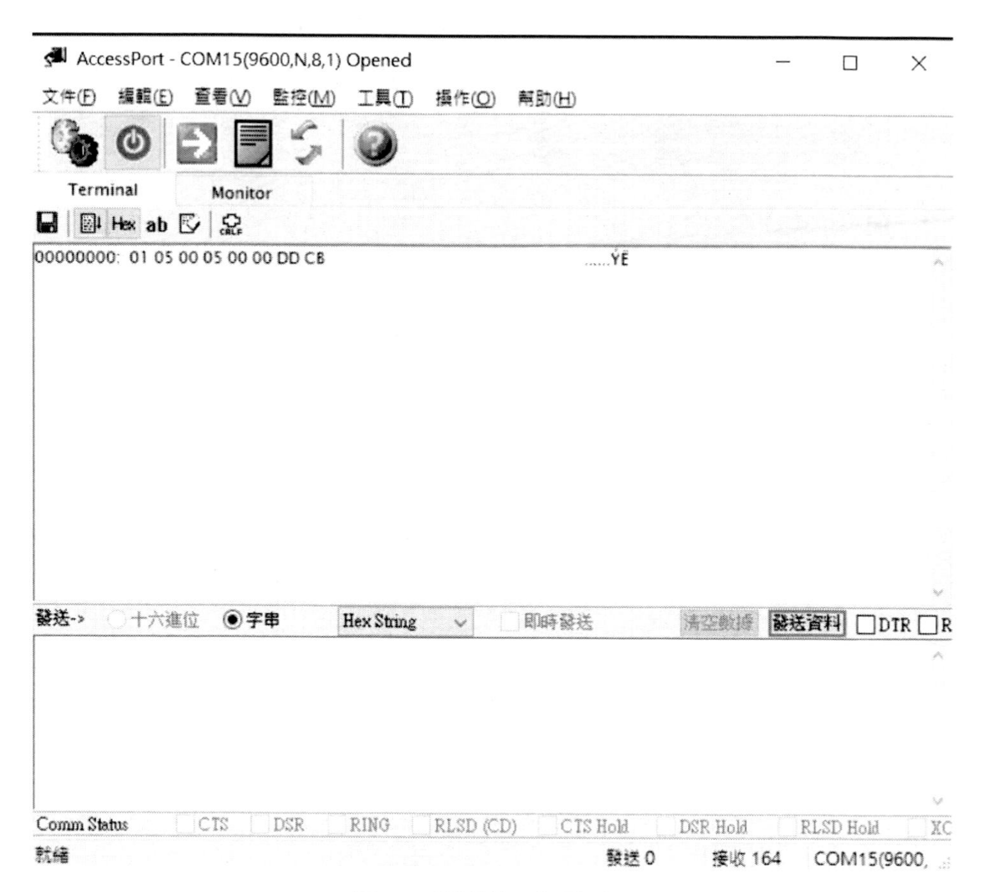

圖 406 關閉第六組繼電器

如下圖所示，為開啟第七組繼電器之 AccessPort 畫面擷取圖：

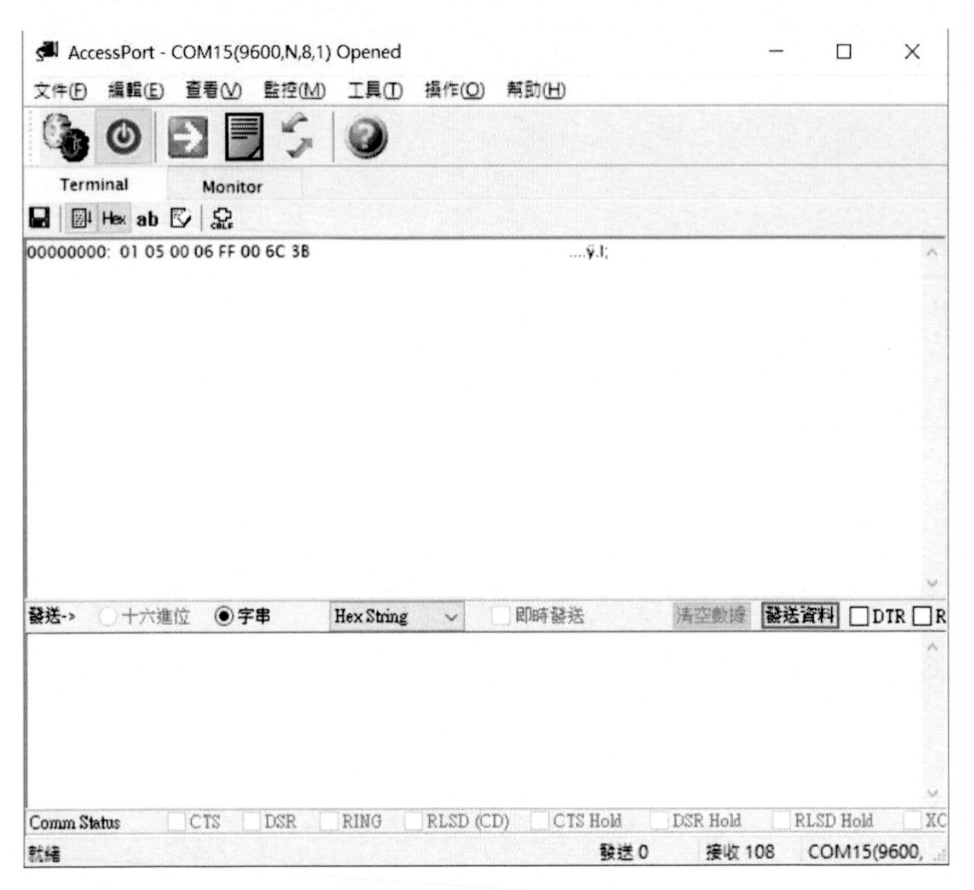

圖 407 開啟第七組繼電器

如下圖所示，為關閉第七組繼電器之 AccessPort 畫面擷取圖：

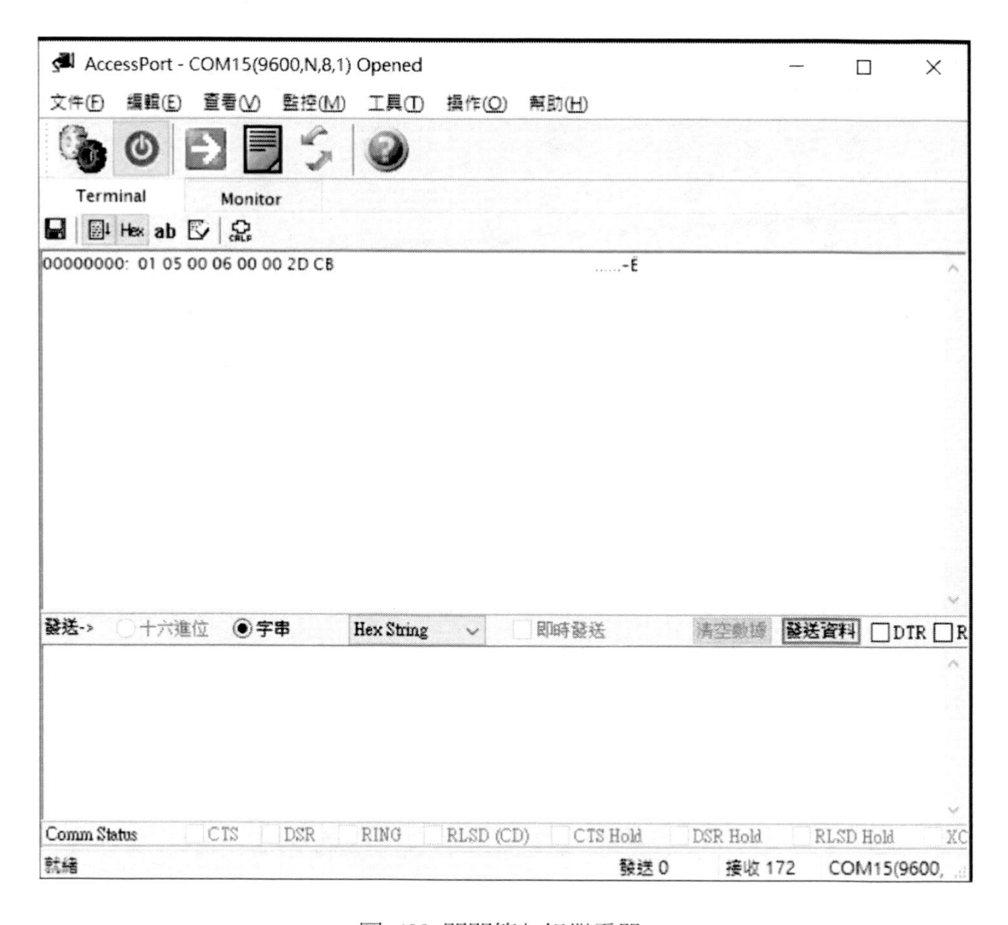

圖 408 關閉第七組繼電器

如下圖所示，為開啟第八組繼電器之 AccessPort 畫面擷取圖：

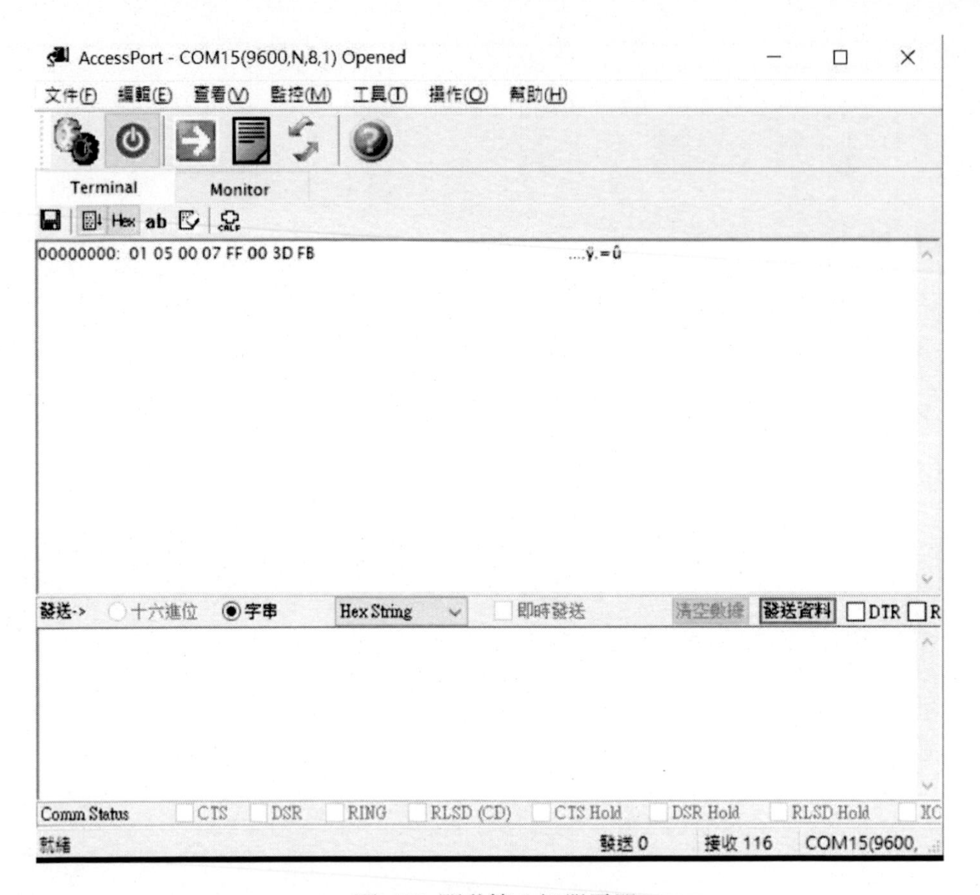

圖 409 開啟第八組繼電器

如下圖所示，為關閉第八組繼電器之 AccessPort 畫面擷取圖：

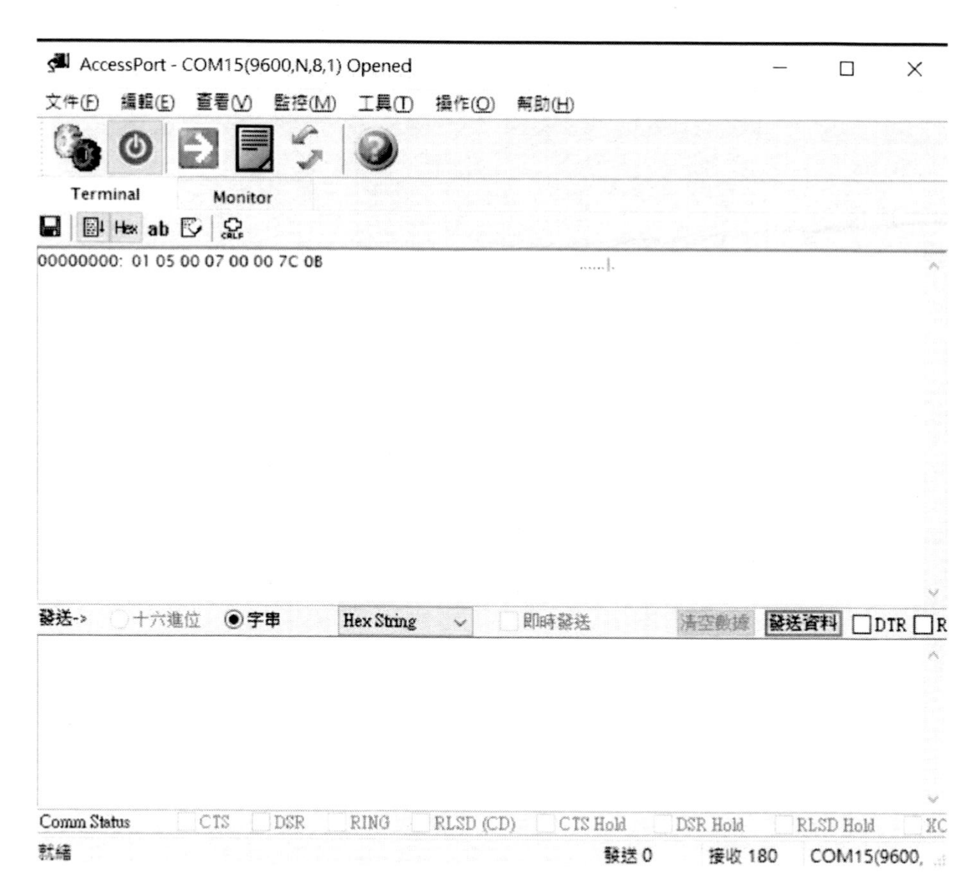

圖 410 關閉第八組繼電器

程式系統功能

如下圖所示，我們使用選擇回到開始畫面。

圖 411 選擇回到開始畫面

如下圖所示，我們看到系統開始畫面。

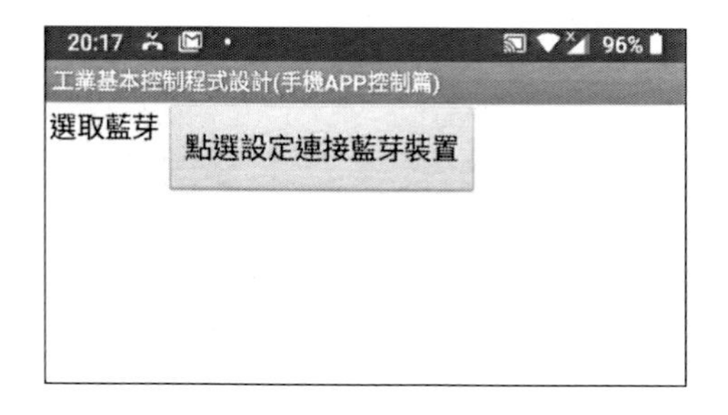

圖 412 系統開始畫面系統開始畫面

如下圖所示，我們使用選擇離開系統。

圖 413 選擇離開系統

如下圖所示，我們看到提示是否離開畫面。

圖 414 提示是否離開

如下圖所示，我們使用選擇離開系統。

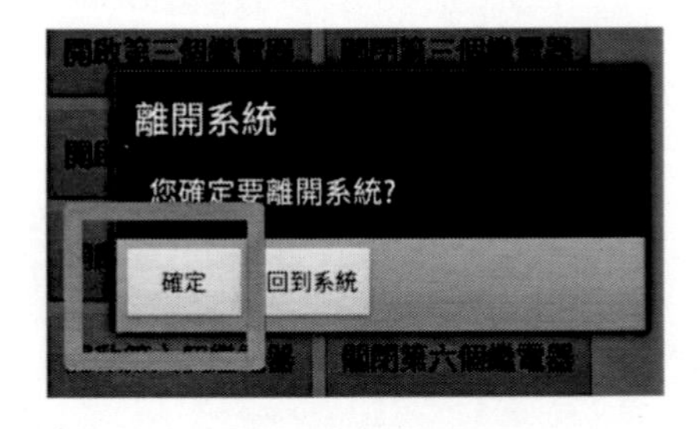

圖 415 離開系統

如下圖所示，我們回到安裝程式之桌面。

圖 416 回到安裝程式之桌面

章節小結

本章主要介紹使用 APP Inventor 開發整個系統，並透過 DB9 介面 RS232 藍牙透傳模組來連接 Modbus RTU 繼電器模組，而可以直接使用藍牙連接方式，來控制硬體系統，筆者在開發一套 APP 應用系統：工業基本控制程式設計(手機 APP 控制篇)之手機程式，來讓使用者可以輕易控制 Modbus RTU 繼電器模組，進而控制繼電器，相信這樣一步一步的開發，讀者閱讀完畢後，可以心領神會後，將能力應用到更廣的工業控制，進而進入工業開發的能力。

本書總結

筆者對於自動控制相關的書籍，也出版許多書籍，感謝許多有心的讀者提供筆者許多寶貴的意見與建議，筆者群不勝感激，許多讀者希望筆者可以推出更多的教學書籍與產品開發專案書籍給更多想要進入『工業 4.0』、物聯網』這個未來大趨勢，所有才有這個系列的產生。

本系列叢書的特色是一步一步教導大家使用更基礎的東西，來累積各位的基礎能力，讓大家能更在自我學習中，可以拔的頭籌，所以本系列是一個永不結束的系列，只要更多的東西被製造出來，相信筆者會更衷心的希望與各位永遠在這條學習路上與大家同行。

作者介紹

曹永忠 (Yung-Chung Tsao)，國立中央大學資訊管理學系博士，目前為國立暨南國際大學電機工程學系與靜宜大學資訊工程學系兼任助理教授，自由作家，專注於軟體工程、軟體開發與設計、物件導向程式設計、物聯網系統開發、Arduino開發、嵌入式系統開發。長期投入資訊系統設計與開發、企業應用系統開發、軟體工程、物聯網系統開發、軟硬體技術整合等領域，並持續發表作品及相關專業著作。

Email: prgbruce@gmail.com
Line ID：dr.brucetsao
WeChat：dr_brucetsao
作者網站：https://www.cs.pu.edu.tw/~yctsao/
臉書社群(Arduino.Taiwan)：
https://www.facebook.com/groups/Arduino.Taiwan/
Github 網站：https://github.com/brucetsao/
原始碼網址：https://github.com/brucetsao/Industry4_Gateway
Youtube：
https://www.youtube.com/channel/UCcYG2yY_u0m1aotcA4hrRgQ

許智誠 (Chih-Cheng Hsu)，美國加州大學洛杉磯分校(UCLA) 資訊工程系博士，曾任職於美國 IBM 等軟體公司多年，現任教於中央大學資訊管理學系專任副教授，主要研究為軟體工程、設計流程與自動化、數位教學、雲端裝置、多層式網頁系統、系統整合、金融資料探勘、Python 建置(金融)資料探勘系統。

Email: khsu@mgt.ncu.edu.tw
作者網頁：http://www.mgt.ncu.edu.tw/~khsu/

蔡英德 (Yin-Te Tsai)，國立清華大學資訊科學系博士，目前是靜宜大學資訊傳播工程學系教授、靜宜大學資訊學院院長，主要研究為演算法設計與分析、生物資訊、軟體開發、視障輔具設計與開發。

Email:yttsai@pu.edu.tw
作者網頁：http://www.csce.pu.edu.tw/people/bio.php?PID=6#personal_writing

參考文獻

曹永忠. (2017). 工業 4.0 實戰-透過網頁控制繼電器開啟家電. *Circuit Cellar 嵌入式科技*(國際中文版 NO.7), 72-83.

曹永忠, 許智誠, & 蔡英德. (2014a). *Arduino EM-RFID 门禁管制机设计:Using Arduino to Develop an Entry Access Control Device with EM-RFID Tags*. 台湾、彰化: 渥瑪數位有限公司.

曹永忠, 許智誠, & 蔡英德. (2014b). *Arduino EM-RFID 門禁管制機設計:The Design of an Entry Access Control Device based on EM-RFID Card* (初版 ed.). 台灣、彰化: 渥瑪數位有限公司.

曹永忠, 許智誠, & 蔡英德. (2014c). *Arduino RFID 门禁管制机设计: Using Arduino to Develop an Entry Access Control Device with RFID Tags*. 台湾、彰化: 渥瑪數位有限公司.

曹永忠, 許智誠, & 蔡英德. (2014d). *Arduino RFID 門禁管制機設計: The Design of an Entry Access Control Device based on RFID Technology* (初版 ed.). 台灣、彰化: 渥瑪數位有限公司.

曹永忠, 許智誠, & 蔡英德. (2018a). *工业基本控制程序设计(RS485 串行埠篇): An Introduction to Using RS485 to Control the Relay Device based on Internet of Thing (Industry 4.0 Series)* (初版 ed.). 台湾、彰化: 渥瑪數位有限公司.

曹永忠, 許智誠, & 蔡英德. (2018b). *工业基本控制程序设计(网络转串行端口篇): An Introduction to Modbus TCP to RS485 Gateway to Control the Relay Device based on Internet of Thing (Industry 4.0 Series)* (初版 ed.). 台湾、彰化: 渥瑪數位有限公司.

曹永忠, 許智誠, & 蔡英德. (2018c). *工業基本控制程式設計(RS485 串列埠篇): An Introduction to Using RS485 to Control the Relay Device based on Internet of Thing (Industry 4.0 Series)* (初版 ed.). 台湾、彰化: 渥瑪數位有限公司.

曹永忠, 許智誠, & 蔡英德. (2018d). *工業基本控制程式設計(網路轉串列埠篇): An Introduction to Modbus TCP to RS485 Gateway to Control the Relay Device based on Internet of Thing (Industry 4.0 Series)* (初版 ed.). 台湾、彰化: 渥瑪數位有限公司.

維基百科-繼電器. (2013). 繼電器. Retrieved from https://zh.wikipedia.org/wiki/%E7%BB%A7%E7%94%B5%E5%99%A8

趙英傑. (2013). *超圖解 Arduino 互動設計入門*. 台灣: 旗標.

趙英傑. (2014). *超圖解 Arduino 互動設計入門(第二版)*. 台灣: 旗標.

工業基本控制程式設計 (手機 APP 控制篇)

An APP to Control the Relay Device based on Automatic Control (Industry 4.0 Series)

作　　者：曹永忠、許智誠、蔡英德
發 行 人：黃振庭
出 版 者：崧燁文化事業有限公司
發 行 者：崧燁文化事業有限公司
E-mail：sonbookservice@gmail.com
粉 絲 頁：https://www.facebook.com/sonbookss/
網　　址：https://sonbook.net/
地　　址：台北市中正區重慶南路一段六十一號八樓 815 室
Rm. 815, 8F., No.61, Sec. 1, Chongqing S. Rd., Zhongzheng Dist., Taipei City 100, Taiwan
電　　話：(02) 2370-3310
傳　　真：(02) 2388-1990
印　　刷：京峯彩色印刷有限公司（京峰數位）
律師顧問：廣華律師事務所 張珮琦律師

定　　價：450 元
發行日期：2022 年 03 月第一版
◎本書以 POD 印製

國家圖書館出版品預行編目資料

工業基本控制程式設計 . 手機 APP 控制篇 = An APP to control the relay device based on automatic control(Industry 4.0 series) / 曹永忠 , 許智誠 , 蔡英德著 . -- 第一版 . -- 臺北市 : 崧燁文化事業有限公司 , 2022.03
　面； 公分
POD 版
ISBN 978-626-332-090-1(平裝)
1.CST: 自動控制 2.CST: 電腦程式設計
448.9029　　　111001408

官網

臉書